普通高等学校
电类规划教材

ARM嵌入式系统

原理与应用

◎范山岗 王奇 刘启发 赵建立 余雪勇 编著

人民邮电出版社

北　京

图书在版编目（CIP）数据

ARM嵌入式系统原理与应用 / 范山岗等编著. -- 北京 ： 人民邮电出版社，2018.11（2024.6重印）
普通高等学校电类规划教材
ISBN 978-7-115-47471-1

Ⅰ. ①A… Ⅱ. ①范… Ⅲ. ①微处理器－系统设计－高等学校－教材 Ⅳ. ①TP332

中国版本图书馆CIP数据核字(2018)第227986号

内 容 提 要

本书从实际应用的角度出发，全面介绍嵌入式系统相关的概念、ARM 体系结构、ARM 指令系统、ARM 汇编语言及 C 语言程序设计基础、嵌入式系统硬件技术基础、基于 S3C2410 的硬件结构与接口编程、嵌入式 Linux 操作系统、嵌入式系统设计方法及开发实例。

本书重点突出，层次分明，注重理论与实践的联系，不仅有详细的理论基础知识介绍，还有相关的开发案例以供参考，学习性和实用性较强。书中给出了大量实例，引导读者理解相关原理，掌握设计方法。此外，为了方便开展课堂教学，本书配套了授课电子课件。

本书可作为高等学校电子信息工程、通信工程、广播电视工程、软件工程、电气工程、自动化等相关专业的本科教材，同时也可作为从事嵌入式系统应用与开发的工程技术人员学习参考用书。

◆ 编　著　范山岗　王　奇　刘启发　赵建立　余雪勇
　　责任编辑　李　召
　　责任印制　彭志环

◆ 人民邮电出版社出版发行　　北京市丰台区成寿寺路 11 号
　　邮编　100164　　电子邮件　315@ptpress.com.cn
　　网址　http://www.ptpress.com.cn
　　北京天宇星印刷厂印刷

◆ 开本：787×1092　1/16
　　印张：18.5　　　　　　　　　　　2018 年 11 月第 1 版
　　字数：452 千字　　　　　　　　　2024 年 6 月北京第 6 次印刷

定价：56.00 元

读者服务热线：(010)81055256　印装质量热线：(010)81055316
反盗版热线：(010)81055315

嵌入式系统是融合了计算机技术、半导体技术、电子技术和通信技术，与各行业的具体应用相结合后的产物。嵌入式技术自诞生之日起就被广泛应用于军事、航空航天、工业控制、仪器仪表、汽车电子、医疗仪器等众多领域。自 20 世纪 90 年代后，信息技术和网络技术飞速发展，消费电子、通信网络、信息家电等的巨大需求加速了嵌入式技术的发展。近年来，物联网和人工智能技术的发展进一步扩大了嵌入式技术的应用领域。

嵌入式技术应用的日益广泛，加大了社会对嵌入式人才的需求。在此背景下，对嵌入式技术的学习与研究成为持续的热点，很多高校开设了嵌入式技术的相关课程。

在众多嵌入式微处理器中，ARM 处理器以其合理的结构、优良的性能、丰富的产品线和颇具市场竞争力的价格等优点，成为嵌入式微处理器的主流产品。由于 ARM 处理器的广泛应用，也使得它成为高校开展嵌入式教学的最佳选择。

本书的编写，目的在于为嵌入式教学提供一本通俗易懂、脉络清晰的教材或参考书。本书以 ARM 处理器为例，从嵌入式系统硬件结构、到操作系统基础、再到系统设计案例，详细介绍了嵌入式系统的基本原理和开发方法。本书从应用出发，结合实验教学平台，给出了大量设计实例，为初学者提供了快速入门的学习途径。

本书共分 8 章。

第 1 章　嵌入式系统概述，介绍嵌入式系统的概念、发展历史、应用领域和发展趋势。

第 2 章　ARM 体系结构，介绍 ARM 处理器的体系结构。

第 3 章　ARM 指令系统，详细介绍 ARM 寻址方式和 ARM 指令系统。

第 4 章　ARM 汇编语言及 C 语言程序设计基础，介绍 ARM 汇编语言程序设计、C 语言程序设计、汇编语言与 C 语言混合程序设计方法。

第 5 章　嵌入式系统硬件技术基础，介绍嵌入式应用的硬件基础知识，包括总线、存储系统、通信与输入/输出等。

第 6 章　基于 S3C2410 的硬件结构与接口编程，以 S3C2410 处理器为例介绍 ARM 处理器常用片内外设的工作原理和接口编程方法。

第 7 章　嵌入式 Linux 操作系统，介绍嵌入式 Linux 操作系统的基础知识、Linux 交叉开发环境的建立方法以及 Linux 操作系统的引导过程等。

第 8 章　嵌入式系统设计方法及开发实例，结合嵌入式应用实例，介绍嵌入式系统的开发流程和开发方法。

　　本书由范山岗、王奇、刘启发、赵建立、余雪勇编著。本书在编写过程中得到了北京博创兴业科技有限公司的大力支持。该公司提供的 UP-NetARM2410-S 嵌入式系统实验教学平台，为本书的编著提供了测试环境。

　　由于编者的水平有限，加之时间仓促，书中难免存在疏漏与不足之处，欢迎读者批评指正。

编　　者
2018 年 3 月

目 录

第 1 章　嵌入式系统概述

　　经过 40 多年的发展，嵌入式系统已经广泛应用在科学研究、工程设计、军事技术、各类产业、商业文化艺术、娱乐业、人们的日常生活等方方面面。随着数字信息技术和网络技术的飞速发展，计算机、通信、消费电子的一体化趋势日益明显，这必将培育出一个庞大的嵌入式应用市场。嵌入式系统技术也成为当前关注、学习、研究的热点。

1.1　嵌入式系统的概念

　　嵌入式系统是硬件和软件紧密结合的专用计算机系统。"嵌入式"反映了这些系统通常是更大系统中的一个组成部分。嵌入式系统本身是一个相对模糊的定义，不同的组织对其定义也略有不同，但大意是相同的，我们来看一下嵌入式系统的相关定义。

　　按照电气和电子工程师学会（IEEE）的定义，嵌入式系统是控制、监视或辅助机器和设备运行的装置。这个定义主要是从嵌入式系统的用途方面来进行定义的。更具一般性，也是在多数书籍资料中使用的关于嵌入式系统的定义：嵌入式系统是指以应用为中心，以计算机技术为基础，软件、硬件可剪裁，适应应用系统对功能、可靠性、成本、体积和功耗严格要求的专用计算机系统。它包括硬件和软件两部分。硬件包括处理器/微处理器、存储器及外设器件、I/O 端口、图形控制器等。软件包括操作系统软件（要求实时和多任务操作）和应用程序编程。有时设计人员把这两种软件组合在一起，应用程序控制着系统的运作和行为，而操作系统控制着应用程序编程与硬件的交互作用。

　　由以上嵌入式系统的定义可知，嵌入式系统在应用数量上远远超过了各种通用计算机，一台通用计算机的外部设备中就包含了 5～10 个嵌入式微处理器，键盘、鼠标、软驱、硬盘、显示卡、显示器、调制解调器、网卡、声卡、打印机、扫描仪、摄像头、USB 集线器等均是由嵌入式处理器控制的。

　　嵌入式计算机系统同通用型计算机系统相比具有以下特点。

　　① 嵌入式系统通常是面向特定应用的嵌入式中央微处理器（CPU），与通用型的最大不同就是嵌入式 CPU 大多工作在为特定用户群设计的系统中，执行的是带有特定要求的预先定义的任务，如实时性、安全性、可用性等。它通常具有低功耗、体积小、集成度高等特点，能够把通用 CPU 中许多由板卡完成的任务集成在芯片内部，从而有利于嵌入式系统设计趋于小型化，移动能力大大增强，跟网络的耦合也越来越紧密。

② 嵌入式系统是将先进的计算机技术、半导体技术、电子技术与各个行业的具体应用相结合的产物。这一点就决定了它必然是一个技术密集、资金密集、高度分散、不断创新的知识集成系统。

③ 嵌入式系统的硬件和软件都必须高效率地设计，量体裁衣、去除冗余。由于嵌入式系统通常需要进行大量生产，所以单个成本的节约，能够随着产量进行成百上千的放大。

④ 嵌入式系统和具体应用有机地结合在一起，它的升级换代和具体产品同步进行，嵌入式系统产品一旦进入市场，具有较长的生命周期。

⑤ 为了提高执行速度和系统可靠性，嵌入式系统中的软件一般都固化在存储器芯片中或单片机内部，而不是存储于磁盘等载体中。

⑥ 嵌入式系统本身不具备自举开发能力，即使设计完成以后用户通常也不能对其中的程序功能进行修改，必须有一套开发工具和环境才能进行开发。

1.2 嵌入式系统的历史

1. 现代计算机技术的两大分支

电子数字计算机诞生于 1946 年，在其后漫长的历史进程中，计算机始终是存放在特殊的机房中实现数值计算的大型昂贵设备。

直到 20 世纪 70 年代，微处理器的出现，计算机才出现了历史性的变化。将微型机嵌入到一个对象体系中，实现对对象体系的智能化控制。为了区别于原有的通用计算机系统，把嵌入到对象体系中，实现对象体系智能化控制的计算机，称作嵌入式计算机系统。

嵌入式系统诞生于微型机时代，嵌入式系统的嵌入性本质是将一个计算机嵌入到一个对象体系中去，这是理解嵌入式系统的基本出发点。

由于嵌入式计算机系统要嵌入到对象体系中，实现的是对象的智能化控制，因此，它有着与通用计算机系统完全不同的技术要求与技术发展方向。

早期，人们勉为其难地将通用计算机系统进行改装，在大型设备中实现嵌入式应用。然而，对于众多的对象系统（如家用电器、仪器仪表、工控单元等），无法嵌入通用计算机系统，况且嵌入式系统与通用计算机系统的技术发展方向完全不同，必须独立地发展通用计算机系统与嵌入式计算机系统，这就形成了现代计算机技术发展的两大分支。嵌入式计算机系统的诞生，则标志了计算机进入了通用计算机系统与嵌入式计算机系统两大分支并行发展时代。通用计算机系统与嵌入式计算机系统的专业化分工发展，导致 20 世纪末、21 世纪初，计算机技术的飞速发展。这两大分支的技术要求和技术发展方向如图 1-1 所示。

	技术要求	技术发展方向
通用计算机系统	高速、海量的数值计算	总线速度的无限提升，存储容量的无限扩大
嵌入式计算机系统	对象的智能化控制能力	与对象系统密切相关的嵌入性能、控制能力与控制的可靠性

图 1-1　两类计算机系统的技术要求和技术发展方向对比

- 通用计算机系统

计算机专业领域集中精力发展通用计算机系统的软、硬件技术，不必兼顾嵌入式应用要求。通用微处理器迅速从80286、80386、80486、奔腾到酷睿系列；操作系统也朝着提高资源利用率、增强计算机系统性能的方向迅速发展，使通用计算机系统进入到尽善尽美阶段。

- 嵌入式计算机系统

发展目标是单芯片化。它动员了原有的传统电子系统领域的厂家与专业人士，接过起源于计算机领域的嵌入式系统，承担起发展与普及嵌入式系统的历史任务，迅速地将传统的电子系统发展到智能化的现代电子系统时代。

因此，现代计算机技术发展的两大分支的意义在于：一是形成了计算机发展的专业化分工；二是将发展计算机技术的任务扩展到传统的电子系统领域；三是使计算机成为进入人类社会全面智能化时代的有力工具。

2．始于微型机时代的嵌入式应用

嵌入式计算机的真正发展是在微处理器问世之后。1971年11月，Intel公司成功地把算术运算器和控制器电路集成在一起，推出了第一款微处理器Intel 4004，其后各厂家陆续推出了许多8位、16位的微处理器，包括Intel 8080/8085、8086，Motorola的6800、68000，以及Zilog的Z80、Z8000等。以这些微处理器作为核心所构成的系统，广泛地应用于仪器仪表、医疗设备、机器人、家用电器等领域。微处理器的广泛应用形成了一个广阔的嵌入式应用市场，计算机厂家开始大量的以插件方式向用户提供OEM产品，再由用户根据自己的需要选择一套适合的CPU板、存储器板以及各式I/O插件板，从而构成专用的嵌入式计算机系统，并将其嵌入到自己的系统设备中。

从灵活兼容考虑，出现了系列化、模块化的单板机。流行的单板机有Intel公司的iSBC系列、Zilog公司的MCB等。后来人们可以不必从选择芯片开始来设计一台专用的嵌入式计算机，只要选择各功能模块，就能够组建一台专用计算机系统。用户和开发者都希望从不同的厂家选购最适合的OEM产品，插入外购或自制的机箱中就形成新的系统，这样就希望插件是互相兼容的，也就导致了工业控制微机系统总线的诞生。1976年Intel公司推出Multibus，1983年扩展为带宽达40MB/s的MultibusⅡ。1978年由Prolog设计的简单STD总线广泛应用于小型嵌入式系统。

20世纪80年代可以说是各种总线层出不穷、群雄并起的时代。随着微电子工艺水平的提高，集成电路制造商开始把嵌入式应用中所需要的微处理器、I/O接口、A/D转换、D/A转换、串行接口以及RAM、ROM等部件统统集成到一个VLSI中，从而制造出面向I/O设计的微控制器，即单片机，成为嵌入式计算机系统异军突起的一支新秀。其后发展的DSP产品则进一步提升了嵌入式计算机系统的技术水平，并迅速地渗入到消费电子、医用电子、智能控制、通信电子、仪器仪表、交通运输等各种领域。

20世纪90年代，在分布控制、柔性制造、数字化通信、信息家电等巨大需求的牵引下，嵌入式系统进一步加速发展。面向实时信号处理算法的DSP产品向着高速、高精度、低功耗方向发展。Texas推出的第三代DSP芯片TMS320C30，引导着微控制器向32位高速智能化发展。在应用方面，掌上电脑、便携式计算机、机顶盒技术相对成熟，发展也较为迅速。特别是掌上电脑，1997年在美国市场上掌上电脑不过四五个品牌，而1998年年底，各式各样的掌上电脑如雨后春笋般纷纷涌现出来。此外，诺基亚（Nokia）推出了智能电话，西门子

（Siemens）推出了机顶盒，美国慧智（Wyse）推出了智能终端，美国国家半导体公司（NS）推出了 WebPad。装载在汽车上的小型计算机，不但可以控制汽车内的各种设备（如音响等），还可以与 GPS 连接，从而自动操控汽车。21 世纪无疑是一个网络的时代，使嵌入式计算机系统应用到各类网络中去也必然是嵌入式系统发展的重要方向。在发展潜力巨大的"信息家电"中，嵌入式系统与人工智能、模式识别等技术的结合，将开发出各种更具人性化、智能化的实际系统。伴随网络技术、网格计算的发展，以嵌入式移动设备为中心的"无所不在的计算"将成为现实。

纵观嵌入式系统在过去发展的 40 多年中，主要经历了以下 4 个阶段。

第 1 阶段是以单芯片为核心的可编程控制器形式的系统。嵌入式系统虽然起源于微型计算机时代，然而微型计算机的体积、价位、可靠性都无法满足特定的嵌入式应用要求，因此，嵌入式系统必须走独立发展道路。这条道路就是芯片化道路，将计算机做在一个芯片上，从而开创了嵌入式系统独立发展的单片机时代。单片机就是一个最典型的嵌入式系统，这类系统大部分应用于一些专业性强的工业控制系统中，一般没有操作系统的支持，软件通过汇编语言编写。这一阶段系统的主要特点是：系统结构和功能相对单一，处理效率较低，存储容量较小，几乎没有用户接口。由于这种嵌入式系统使用简单、价格低，以前在国内工业领域应用较为普遍，但是现在已经远不能适应高效的、需要大容量存储的现代工业控制和新兴信息家电等领域的需求。

第 2 阶段是以嵌入式 CPU 为基础、以简单操作系统为核心的嵌入式系统。其主要特点是：CPU 种类繁多，通用性比较弱；系统开销小，效率高；操作系统达到一定的兼容性和扩展性；应用软件较专业化，用户界面不够友好。

第 3 阶段是以嵌入式操作系统为标志的嵌入式系统。其主要特点是：嵌入式操作系统能运行于各种不同类型的微处理器上，兼容性好；操作系统内核小、效率高，并且具有高度的模块化和扩展性；具备文件和目录管理，支持多任务，支持网络应用，具备图形窗口和用户界面；具有大量的应用程序接口 API，开发应用程序较简单；嵌入式应用软件丰富。

第 4 阶段是以 Internet 为标志的嵌入式系统。这是一个正在迅速发展的阶段。目前，大多数嵌入式系统还孤立于 Internet 之外，但随着 Internet 的发展以及 Internet 技术与信息家电、工业控制技术结合日益密切，嵌入式设备与 Internet 的结合将代表嵌入式系统的未来。

1.3 嵌入式系统的组成

1.3.1 嵌入式系统的组成结构

嵌入式系统的核心计算系统可以抽象出一个典型的组成模型：硬件层、中间层、软件层和功能层，如图 1-2 所示。

1. 硬件层

硬件层中包含嵌入式微处理器、存储器（如 SDRAM、ROM、Flash 等）、通用设备接口和 I/O 接口（如 A/D、D/A、I/O 等）。在一片嵌入式处理器基础上添加电源电路、时钟电路和存储器电路，就构成了一个嵌入式核心控制模块。其中，操作系统和应用程序都可以固化在 ROM 中。

（1）嵌入式微处理器

嵌入式系统硬件层的核心是嵌入式微处理器，嵌入式微处理器与通用 CPU 最大的不同在于嵌入式微处理器大多工作在为特定用户群所专门设计的系统中，它将通用 CPU 许多由板卡完成的任务集成在芯片内部，从而有利于嵌入式系统在设计时趋于小型化，同时还具有很高的效率和可靠性。

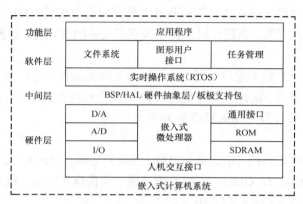

图 1-2　嵌入式系统的组成结构

嵌入式微处理器有各种不同的体系，即使在同一体系中也可能具有不同的时钟频率和数据总线宽度，或集成了不同的外设和接口。据不完全统计，目前全世界嵌入式微处理器已经超过 1 000 多种，体系结构有 30 多个系列，其中主流的体系有 ARM、MIPS（Microprocessor without Interlocked Piped Stages，无互锁流水级的微处理器）、Power PC、X86、SH 等。

（2）存储器

嵌入式系统需要存储器来存放可执行代码和数据。嵌入式系统的存储器包含 Cache、内存和外存。

① Cache：Cache 是一种容量小、速度快的存储器阵列，它位于内存和嵌入式微处理器内核之间，存放的是最近一段时间微处理器使用最多的程序代码和数据。在嵌入式系统中，Cache 全部集成在嵌入式微处理器内，可分为数据 Cache、指令 Cache 和混合 Cache，Cache 的大小依不同处理器而定。

② 内存：位于微处理器的内部，用来存放系统和用户的程序及数据。片内存储器容量小、速度快。

③ 外存：外存用来存放大数据量的程序代码或信息，它的容量大，但读取速度与内存相比慢很多，用来长期保存用户的信息。

嵌入式系统中常用的外存有硬盘、NAND Flash、CF 卡、MMC、SD 卡等。

（3）通用设备接口和 I/O 接口

嵌入式系统和外界交互需要一定形式的通用设备接口，如 A/D、D/A、I/O 等，外设通过和片外其他设备或传感器的连接来实现微处理器的输入/输出功能。每个外设通常都只有单一的功能，它可以在芯片外也可以内置芯片中。外设的种类很多，可从一个简单的串行通信设备到非常复杂的 802.11 无线设备。

目前，嵌入式系统中常用的通用设备接口有 A/D（模/数转换接口）、D/A（数/模转换接口），I/O 接口有 RS-232 接口（串行通信接口）、Ethernet（以太网接口）、USB（通用串行总线接口）、音频接口、VGA 视频输出接口、I2C（现场总线）、SPI（串行外围设备接口）、IrDA（红外线接口）等。

2．中间层

硬件层与软件层之间为中间层，也称为硬件抽象层（Hardware Abstract Layer，HAL）或板级支持包（Board Support Package，BSP），它将系统上层软件与底层硬件分离开来，使系统的底层驱动程序与硬件无关，上层软件开发人员无须关心底层硬件的具体情况，根据 BSP 层提供的接口即可进行开发。该层一般包含相关底层硬件的初始化、数据的输入/输出操作和硬件设备的配置功能。

实际上，BSP 是一个介于操作系统和底层硬件之间的软件层次，包括了系统中大部分与硬件联系紧密的软件模块。设计一个完整的 BSP 需要完成两部分工作：嵌入式系统的硬件初始化以及 BSP 功能，设计硬件相关的设备驱动。

3．软件层

软件层由嵌入式操作系统（Embedded Operation System，EOS）、文件系统、图形用户接口（Graphic User Interface，GUI）、网络系统及通用组件模块组成。EOS 是嵌入式应用软件的基础和开发平台。以下先介绍前三种。

（1）嵌入式操作系统

不同功能的嵌入式系统的复杂程度有很大不同。简单的嵌入式系统仅仅具有单一的功能，存储器中的程序就是为了这一功能设计的，其系统处理核心也是单一任务处理器。复杂的嵌入式系统不仅功能强大，往往还配有嵌入式操作系统，如功能强大的智能手机等，几乎具有与微型计算机一样的功能。

嵌入式操作系统（Embedded Operation System，EOS）是一种用途广泛的系统软件，过去它主要应用于工业控制和国防系统领域。EOS 负责嵌入系统的全部软、硬件资源的分配、任务调度，控制、协调并发活动。它必须体现其所在系统的特征，能够通过装卸某些模块来达到系统所要求的功能。目前，已推出一些应用比较成功的 EOS 产品系列。随着 Internet 技术的发展、信息家电的普及应用及 EOS 的微型化和专业化，EOS 开始从单一的弱功能向高专业化的强功能方向发展。嵌入式操作系统在系统实时高效性、硬件的相关依赖性、软件固化、应用的专用性等方面具有较为突出的特点。

（2）文件系统

嵌入式文件系统比较简单，主要提供文件存储、检索、更新等功能，一般不提供保护、加密等安全机制。它以系统调用和命令方式提供文件的各种操作，主要有设置、修改对文件和目录的存取权限，提供建立、修改、改变和删除目录等服务，提供创建、打开、读写、关闭和撤销文件等服务。

（3）图形用户接口

图形用户接口（GUI）的广泛应用是当今计算机发展的重大成就之一，它极大地方便了非专业用户的使用，人们从此不再需要死记硬背大量的命令，取而代之的是通过窗口、菜单、按键等方式来方便地进行操作。而嵌入式 GUI 具有下面几个方面的基本要求：轻型、占用资源少、高性能、高可靠性、便于移植、可配置等特点。

4．功能层

功能层也称为应用软件层，应用软件是由基于实时系统开发的应用程序组成，运行在嵌入式操作系统之上，一般情况下与操作系统是分开的。应用软件用来实现对被控对象的控制功能。功能层是要面对被控对象和用户，为方便用户操作，往往需要提供一个友好的人机界面。

1.3.2 嵌入式处理器

嵌入式处理器是嵌入式系统的核心，是控制、辅助系统运行的硬件单元。其产品范围极其广泛，从最初的 4 位处理器、目前仍在大规模应用的 8 位单片机，到最新的受到广泛青睐的 32 位、64 位嵌入式 CPU。

嵌入式系统至少包含一个主（master）处理器，作为中心控制设备，并且可能拥有额外的从（slave）处理器，在主处理器的控制下与主处理器协同工作。嵌入式电路板围绕着主处理器进行设计。主处理器的复杂性通常决定着将其归类为微处理器还是微控制器。

根据其现状，嵌入式处理器可以分成下面几类。

1．嵌入式微处理器

嵌入式微处理器（Embedded Micro Processor Unit，EMPU）的基础是通用计算机中的 CPU。在应用中，将微处理器装配在专门设计的电路板上，只保留和嵌入式应用有关的母板功能，这样可以大幅度减小系统体积和功耗。为了满足嵌入式应用的特殊要求，嵌入式微处理器虽然在功能上和标准微处理器基本是一样的，但在工作温度、抗电磁干扰、可靠性等方面一般都做了各种增强。图 1-3 是 Intel 公司出品的一款 BGA（Ball Grid Array，球状引脚栅格阵列封装）封装的嵌入式微处理器实物图。

我们以市场上较为常见的嵌入式微处理器为例进行一些分析和对比。ARM、MIPS 和 Power PC 在功能和层次上有较大差别，面向的领域不同。

ARM 在消费电子领域的优势非常明显，其原因包括配套版权完备，拥有预先设计的电路模块架构，可用于制造完整的半导体组件、价格便宜和集成使用方便等。Power PC 系

图 1-3 Intel 公司的嵌入式微处理器

列的芯片在嵌入式领域的应用属于中高端，不在消费电子领域，主要用于企业级以上的交换机、大机架上产品、网络处理器及 Sony 的游戏机等应用上。

MIPS 的嵌入产品，既有面向高端的，如 Cavium 的 MIPS 多核处理器，携带 2～4 个 1Gbit/s 的以太控制器，也有消费类的，如基于 MIPS 4K 核的 SOC。ARM 和 MIPS 在消费领域存在着竞争，MIPS 阵营的产品在功耗和面积上具有优势，但 MIPS 提供的开发工具不如 ARM 便捷。单纯从处理器体系结构的角度来讲，它们只有设计理念的差别，没有好坏的区别。

对于消费电子领域中份额越来越大的智能手机处理器来说，如高通骁龙 410/615/810，苹果的 A7、A8，英特尔 Atom，华为海思的麒麟 920，联发科的 MT6795、MT6732、MT6752 等方案，它们都已经达到了 64 位处理器的性能。

2．嵌入式微控制器

嵌入式微控制器（Embedded Microcontroller Unit，MCU）的典型代表是单片机，从 20 世纪 70 年代末单片机出现到今天，虽然已经经过了 40 多年的历史，但这种 8 位的电子器件目前在嵌入式设备中仍然有着极其广泛的应用。单片机芯片内部集成 ROM/EPROM、RAM、总线、总线逻辑、定时/计数器、看门狗、I/O、串行口、脉宽调制输出、A/D、D/A、Flash RAM、

EEPROM 等各种必要功能和外设，与嵌入式微处理器相比，微控制器的最大特点是单片化，体积大大减小，从而使功耗和成本下降、可靠性提高。微控制器是目前嵌入式系统工业的主流。微控制器的片上外设资源一般比较丰富，适合于控制，因此称为微控制器。

图 1-4 是 Intel 公司出品的 8051 单片机的管脚和内部架构示意图。目前，MCU 占嵌入式系统约 70%的市场份额。近来 Atmel 出产的 Avr 单片机由于其集成了 FPGA 等器件，所以具有很高的性价比，势必推动单片机获得更快的发展。

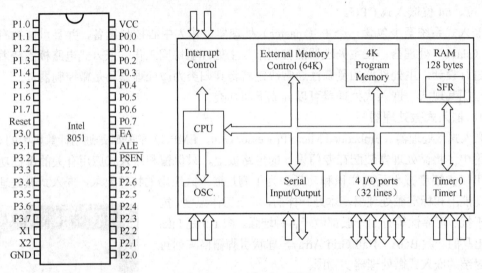

图 1-4　Intel 公司的 8051 单片机

3. 嵌入式 DSP 处理器

嵌入式 DSP 处理器（Embedded Digital Signal Processor，EDSP）是专门用于信号处理方面的处理器。DSP 处理器对系统结构和指令进行了特殊设计，其适合于执行 DSP 算法，编译效率较高，指令执行速度也较高。

DSP 的理论算法在 20 世纪 70 年代就已经出现，但是由于专门的 DSP 处理器还未出现，所以这种理论算法只能通过 MPU 等实现。当时的处理器速度较低，无法满足 DSP 的算法要求，其应用领域仅仅局限于一些尖端的高科技领域。随着大规模集成电路技术发展，1982 年世界上诞生了首枚 DSP 芯片。其运算速度比 MPU 快了几十倍，在语音合成和编码解码器中得到了广泛应用。80 年代中期，随着 CMOS 技术的进步与发展，第二代基于 CMOS 工艺的 DSP 芯片应运而生，其存储容量和运算速度都得到成倍提高，成为语音处理、图像硬件处理技术的基础。80 年代后期，DSP 的运算速度进一步提高，应用领域也从上述范围扩大到了通信和计算机方面。90 年代后，DSP 发展到了第五代产品，集成度更高，使用范围也更加广阔。随着信息、移动互联网和 4G 移动通信的飞速发展，作为最关键的核心器件的数字信号处理器，将会把人们带到更高速信息化的时代。DSP 需求增长的同时，也面临了前所未有的竞争压力，如何在处理速度、价格和功耗方面的优势取得大多数用户的信任，成为行业共同思考的问题。

4. SoC 片上系统

片上系统（System on Chip，SoC）从狭义角度讲，它是信息系统核心的芯片集成，是将系统关键部件集成在一块芯片上。除了 CPU 之外，系统级芯片还包括显卡、内存、USB 主控芯片、电源管理电路、无线芯片（Wi-Fi，3G，4G LTE 等）。从广义角度讲，SoC 是一个微小型系统，如果说中央处理器（CPU）是大脑，那么 SoC 就是包括大脑、心脏、眼睛和手的系统。国内外学术界一般倾向将 SoC 定义为将微处理器、模拟 IP 核、数字 IP 核和存储器（或片外存储控制接口）集成在单一芯片上，它通常是客户定制的，或是面向特定用途的标准产品。SoC 有两个显著的特点：一是硬件规模庞大，通常基于 IP 设计模式；二是软件比重大，需要进行软硬件协同设计。

SoC 最大的特点是成功实现了软硬件无缝结合，直接在处理器片内嵌入操作系统的代码模块。而且 SoC 具有极高的综合性，可在一个硅片内部运用 VHDL 等硬件描述语言，实现一个复杂的系统。由于绝大部分系统构件都是在系统内部，整个系统就特别简洁，不仅减小了系统的体积和功耗，而且提高了系统的可靠性，提高了设计生产效率。正是由于 SoC 芯片的高集成度以及较短的布线，它的功耗也相对低很多。而在移动领域，低功耗更是厂商所不懈追求的目标。同时把很多芯片都集成到一起，不需要单独配置更多芯片，这样能够更有效地降低生产成本，因此使用 SoC 方案成本更低。

SoC 最终将会完全取代 CPU。我们现在已经在 AMD 的 Llano 以及英特尔的 Ivy Brige 处理器上看到了端倪。这些芯片都在处理器内部集成了内存控制芯片，PCI-E 主控以及显卡核心。当然对于通用 CPU 市场，需求还是会很大，尤其是在服务器和超级计算机市场，功耗和空间都不是问题，性能才是决定性因素。

1.3.3　典型的嵌入式操作系统

嵌入式操作系统（Embedded Operating System，EOS）是一种用途广泛的系统软件，过去它主要应用于工业控制和国防系统领域。EOS 负责嵌入系统的全部软、硬件资源的分配、调度工作，控制协调并发活动；它必须体现其所在系统的特征，能够通过装卸某些模块来达到系统所要求的功能。目前，已推出一些应用比较成功的 EOS 产品系列。随着 Internet 技术的发展、信息家电的普及应用及 EOS 的微型化和专业化，EOS 开始从单一的弱功能向高专业化的强功能方向发展。嵌入式操作系统在系统实时高效性、硬件的相关依赖性、软件固态化以及应用的专用性等方面具有较为突出的特点。

从 20 世纪 80 年代开始，市场上出现各种各样的商用嵌入式操作系统，这些操作系统大部分都是为专有系统开发的，从而逐步演化成了现在多种形式的商用嵌入式操作系统百家争鸣的局面。这些操作系统有 Linux、μC/OS、μTenux、Windows Embedded "Quebec"、VxWorks、Free RTOS、苹果 iOS、Android 等。

1. Linux

在所有的操作系统中，Linux 是发展最快、应用最广泛的系统之一。Linux 本身的种种特性使其成为嵌入式开发的首选。在进入市场的前两年中，嵌入式 Linux 的设计通过广泛应用而获得巨大的成功。随着嵌入式 Linux 技术的成熟，以其按应用要求可定制系统、支持多数硬件平台等特性，已由早期的试用阶段迈进到逐渐成为嵌入式市场的主流。根据 IDC 的报告，Linux 已经成为全球第二大操作系统。Linux 发展如此之快的另一个主要原因是产品的成本。在激烈的市场竞争中，只拥有先进的技术是远远不够的，如何减少产品的投入也是需要重点考虑的问题。免费的 Linux 为厂商节约了一大笔开支，特别是对于经济实力不强的公司来说。目前 Linux 内核的最新版本已经达到 2.6.xx。

2. μC/OS

μC/OS 是一个典型的实时操作系统。该系统从 1992 年开始发展，目前流行的是第二个版本，即 µC/OS-Ⅱ。其特点具有：公开源代码，代码结构清晰、明了，注释详细，组织有条理，可移植性好，可裁剪，可固化，内核属于抢占式，最多可以管理 64 个任务。自从清华大学邵贝贝教授将 Jean J.Labrosse 的《µC/OS: the Real Time Kernel》一书翻译后，在国内掀起µC/OS Ⅱ 的学习热潮，特别是在教育研究领域（µC/OS 系统在教育研究领域是免费的）。该系统短小精悍，是研究和学习实时操作系统的首选。

3．µTenux

µTenux 是一款非常适合当下流行的物联网设备平台的开源嵌入式操作系统。其特点主要包括：开放源码、完全免费；不需要 MMU，占用 ROM/RAM 少；可移植、可固化、可裁剪；抢占式实时多任务操作系统；支持所有 32 位 ARM7/9 和 Cortex M 系列的微控制器；可配置任意多个任务、任务的优先级最多 255 个。

与收费较贵的 µC/OS-II 相比，µTenux 操作系统的开源与免费的政策非常有吸引力。而µC/OS-II 操作系统是收费的，而且很高——虽然其源代码公开。µTenux 提供和开放了多达131 个 API 函数，比较容易学习上手；其本身的代码容量非常小，能够根据用户需要裁剪大小，ROM：10KB-60KB，RAM：2KB-12KB。µTenux 操作系统的内核任务调试方式也是抢占式实时多任务；但 µTenux 的任务优先级是可以相同的，此处与 µC/OS-II 有本质上的区别。

µTenux 对于市场使用量大的主流芯片都提供了移植示例，方便工程师们移植使用，加快开发进程，也方便在校学生们下载参考、学习。

4．Windows Embedded "Quebec"

微软公司推出的代码名为"Quebec"的基于 Windows 7 的下一代嵌入式操作系统 Windows Embedded Standard，提供了功能强大的下一代的微软技术，包括 Silverlight 2、Windows Presentation Foundation 以及与 Visual Studio 2010 的互操作性。由于基于 Windows 7 的特点，Windows Embedded "Quebec" 使得 OEM 厂商们能够有机会利用精通 Visual Studio 的全球Windows 开发者社区所拥有的全部技能和知识，能够为要求具有丰富应用、服务和最终用户体验的连接设备环境迅速开发出应用和驱动程序，以满足其与基于 Windows 的 PC、服务器和 Windows Web 服务的连接需求。

微软公司通过增加多点触控和支持手势等技术增强了用户界面的功能。它拥有丰富的组件化操作系统技术和专用功能，允许开发者只保留他们需要的驱动程序、服务和应用，以此优化他们设备上的操作系统。它具有丰富的用户体验、增强的安全性和控制能力、强稳定性、扩展 Web 功能到嵌入式设备等优点。

5．VxWorks

VxWorks 是 Wind River（风河）公司专门为实时嵌入式系统开发的操作系统，提供了高效的实时任务调度、中断管理、任务间通信等功能。应用程序员可以将尽可能多的精力放在应用程序本身，而不必再去关心系统资源的管理。该系统主要应用在单板机、数据网络（以太网交换机、路由器）、通信等领域。该公司 2009 年被 Intel 所收购。

6．Free RTOS

Free RTOS 是一款较为优秀的实时操作系统（RTOS），其由 Real Time Engineers Ltd.开发与维护。该公司已发布的软件版本支持的处理器架构超过 35 种。它属于专业开发、具有严格的质量控制，良好的稳定性，强大的技术支持和免费的商业授权，从而无须将自己的源代码公布给第三方公司。

FreeRTOS 操作系统已经成为事实上的标准的 RTOS，消除了使用自由软件的弊端，并在这样做后提供了一个真正有吸引力的自由软件模式。其优点包括：严格的配置管理下的高品质的 C 源代码；严格安全标准的版本以确保可靠性；跨平台支持，有效节省移植时间；对所有支持的器件都有移植例程可参考；免费技术支持，甚至优于一些其他商业替代品；庞大且不断增长的用户群和社区等。

7. 苹果 iOS

它是由苹果公司开发的移动操作系统。苹果公司最早于 2007 年 1 月 9 日的 Macworld 大会上公布这个系统，最初是设计给 iPhone 使用的，后来陆续套用到 iPod touch、iPad 以及 Apple TV 等产品上。iOS 与苹果的 Mac OS X 操作系统一样，它也是以 Darwin 为基础的，因此同样属于类 UNIX 的商业操作系统。原本这个系统名为 iPhone OS，因为 iPad，iPhone，iPod touch 都使用 iPhone OS，所以 2010WWDC 大会上宣布改名为 iOS（iOS 为美国 Cisco 公司网络设备操作系统注册商标，苹果改名已获得 Cisco 公司授权）。

iOS 的体系架构分为四个层次：核心操作系统层，核心服务层，媒体层，可轻触层。

iOS 具有简单易用的界面、令人惊叹的功能，以及超强的稳定性，已经成为 iPhone、iPad 和 iPod touch 的强大基础。尽管其他竞争对手一直努力地追赶，iOS 内置的众多技术和功能让 Apple 设备始终保持着遥遥领先的地位。

8. Android

Android 是 Google 开发的基于 Linux 平台的开源手机操作系统。它包括操作系统、用户界面和应用程序——移动电话工作所需的全部软件，而且不存在任何以往阻碍移动产业创新的专有权障碍。Google 与开放手机联盟合作开发了 Android，这个联盟由包括中国移动、摩托罗拉、高通、宏达电和 T-Mobile 在内的 30 多家技术和无线应用的领军企业组成。Google 通过与运营商、设备制造商、开发商和其他有关各方结成深层次的合作伙伴关系，希望借助建立标准化、开放式的移动电话软件平台，在移动产业内形成一个开放式的生态系统。

1.4 嵌入式系统的特点

（1）嵌入式系统产业是不可垄断的高度分散的工业

从某种意义上来说，通用计算机行业的技术是垄断的。嵌入式系统则不同，它是一个分散的工业，充满了竞争、机遇与创新，没有哪一个系列的处理器和操作系统能够垄断全部市场。

（2）嵌入式系统面向于特定产品和具体的用户及应用领域

嵌入式系统是面向用户、面向产品、面向应用的，如果独立于应用自行发展，则会失去市场。嵌入式系统只针对一项特殊的任务，设计人员能够对它进行优化，减小尺寸降低成本。由于嵌入式系统通常进行大量生产。所以单个的成本节约，能够随着产量进行成百上千的放大。嵌入式系统和具体应用有机地结合在一起，它的升级换代也是和具体产品同步进行的，因此嵌入式系统产品一旦进入市场，具有较长的生命周期。

（3）嵌入式系统对软件有高要求

嵌入式处理器的应用软件是实现嵌入式系统功能的关键，对嵌入式处理器系统软件和应用软件的要求也和通用计算机有所不同。

由于成本和应用场合的特殊性，通常嵌入式系统的硬件资源（如内存等）都比较少，因此对嵌入式系统设计提出了较高的要求。嵌入式系统的软件设计尤其要求高质量，要在有限资源上实现高可靠性、高性能的系统。虽然随着硬件技术的发展和成本的降低，在高端嵌入式产品上也开始采用嵌入式操作系统，系统软件（OS）的高实时性是基本要求。但其和 PC 资源比起来还是少得可怜，所以嵌入式系统的软件代码依然要在保证性能的情况下，占用尽量少的资源，保证产品的高性价比，使其具有更强的竞争力。多任务操作系统是知识集成的平台和走向工业标准化道路的基础。另外，为了提高执行速度和系统可靠性，软件要求固态化存储。

（4）嵌入式系统开发需要特定的开发环境和开发工具

通用计算机具有完善的人机接口界面，在上面增加一些应用程序和开发环境即可进行对自身的开发。嵌入式系统自身资源有限，开发时大多将开发平台建立在硬件资源丰富的 PC 或工作站上，称为宿主机。应用程序的编辑、编译、链接等过程在宿主机上完成，得到能在嵌入式设备上运行的可执行文件。图 1-5 给出了嵌入式系统的交叉开发平台示意图。

（5）嵌入式系统软件需要实时操作系统

通用计算机具有完善的操作系统和应用程序接口（API），应用程序的开发以及完成后的软件都在操作系统（OS）平台上运行，但一般不是实时的。嵌入式系统则不同，大多数嵌入式应用程序都对实时性有明确要求，为了合理地调度多任务、利用系统资源，用户必须自行选配实时操作系统，这样才能保证程序执行的实时性、可靠性。

（6）嵌入式系统开发人员以应用专家为主

通用计算机的开发人员一般是计算机科学或计算机工程方面的专业人士，而嵌入式系统则是要和各个不同行业的应用相结合的，要求更多的计算机以外的专业知识，其开发人员往往是各个应用领域的专家，如图 1-6 所示。

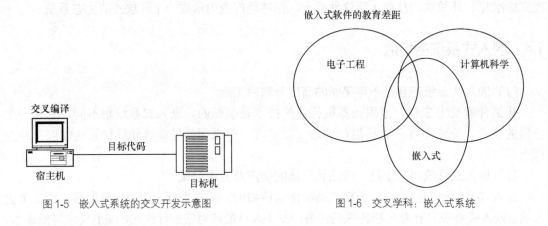

图 1-5 嵌入式系统的交叉开发示意图   图 1-6 交叉学科：嵌入式系统

1.5 嵌入式系统的应用前景

嵌入式计算机技术的应用已影响到我们生活的方方面面，几乎无处不在，我们的移动电话、家用电器、汽车等都有它的踪影。嵌入式技术将使日常使用的设备具有智能，使它们具备学习与记忆的能力，能够按照使用者的喜好及所处的环境做出回答。

嵌入式控制器因其体积小、可靠性高、功能强、灵活方便等许多优点，已深入应用到工业、农业、教育、国防以及日常生活等各个领域，对各行各业产品更新换代、加速自动化进程、提高生产率等方面起到了极其重要的推动作用，如图1-7所示。如果说推动数字革命的动力最早是大型机，第二波动力是PC机，那么嵌入式技术便是推动数字革命的第三波动力。

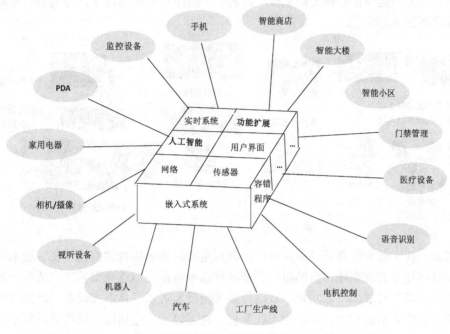

图1-7 嵌入式系统的应用

嵌入式系统产业伴随着国家产业发展，从通信、消费电子转战到汽车电子、智能安防、工业控制和北斗导航。今天，嵌入式系统无处不在，在应用数量上已远超通用计算机。据立木信息咨询发布的《中国嵌入式系统市场预测及投资战略研究报告（2017版）》显示，2015年中国嵌入式系统行业市场规模为1003亿元，占全球嵌入式系统行业总规模的9.9%，2010—2015年中国嵌入式系统行业市场规模年均复合增长率达到45.8%。未来嵌入式系统将会走进IT产业的各个领域，并成为推动整个产业发展的中坚力量。

我国资深嵌入式系统专家沈绪榜院士预言，"未来十年将会产生针头大小、具有超过一亿次运算能力的嵌入式智能芯片，将为我们提供无限的创造空间。嵌入式微控制器或者说单片机好像是一个黑洞，会把当今很多技术和成果吸引进来。中国应当注意发展智力密集型产业。"

先进的嵌入式技术正在和即将被应用于以下领域。

（1）物联网领域

物联网技术成为近几年电子信息技术最重要的主题。物联网为万物沟通提供平台，涵盖智能家居、智能医疗、智能电网、智能教育等多个热点行业应用，还与云计算、大数据、移动互联网等息息相关，拥有广阔的市场前景。物联网被认为是继房地产、互联网之后的下个经济增长点，自然成为了海内外资本市场和国家政府的关注热点。

作为物联网重要技术组成的嵌入式系统，嵌入式系统的视角有助于深刻地、全面地理解物联网的本质。物联网的核心仍然是互联网,但是其通信终端从用户延伸和扩展到了物品。为了进行信息交换和通信,普通物品必须升级为由嵌入式系统构建的智能终端。

物联网不仅仅提供了传感器的连接,其本身也具有智能处理的能力,能够对物体实施智能控制,这就是我们今天所说的嵌入式系统所能做到的。诚然,物联网将传感器和智能处理相结合,利用云计算、模式识别等各种智能技术,扩充其应用领域。从传感器获得的海量信息中分析、加工和处理出有意义的数据,以适应不同用户的不同需求,发现新的应用领域和应用模式,如图 1-8 所示。

图 1-8 嵌入式系统在物联网中的应用

随着新一代无线智能家居的普及推广,特别是物联传感将物联网技术在智能家居行业中普及,物联网凭借无需布线、自动组网、移动性强等特点,迅速赢得了广大消费者的垂青。无线智能家居具有低成本、低功耗、双向传输等特征,可以任意添加设备、即插即用,满足了人们不断升级更新的需求。即使你不在家里,也可以通过电话线、网络等对家电进行远程控制,近年来,智能家居市场一片繁荣,冰箱、空调等的网络化、智能化将引领人们的生活步入一个崭新的空间,而在这些设备中,嵌入式系统将大有用武之地。在图 1-9 中,从左至右分别是"Roto-Rooter 公司马桶组合笔记本/ipod/冰箱/Xbox360/健身""配备电子食谱的锅铲 coo.boo"和"智能型垃圾桶 i.Master"。

图 1-9 嵌入式技术的应用-智能家居

（2）智能硬件

在物联网技术中与消费者接触最为密切的应用,当属这两年兴起的智能硬件的应用。无论是物联网还是智能硬件应用,都是建立在庞大的嵌入式系统生态之上。倪光南院士认为,嵌入式系统顺应了电子信息产业的最新发展需求。"事实上,作为新一代信息技术的三大代表，物联网、云计算和移动互联网的核心组成部分，都包含了大量嵌入式系统。

生活中处处可见嵌入式操作系统，所有带有数字接口的设备都使用了嵌入式系统。智能硬件是继智能手机之后的一个科技概念，通过软硬件结合的方式，对传统设备进行改造，进而让其拥有智能化的功能。智能化之后，硬件具备连接的能力，实现互联网服务的加载，形成"云+端"的典型架构，具备了大数据等附加价值。

智能硬件已经从可穿戴设备延伸到智能电视、智能家居、智能汽车、医疗健康、智能玩具、机器人等领域。比较典型的智能硬件包括 Google Glass、三星 Gear、FitBit、麦开水杯、智能割草机、智能闹钟、咕咚手环、Tesla、乐视电视等。业界称，智能硬件应用的繁荣，直接带动了整个嵌入式技术的蓬勃发展。图 1-10 给出了可穿戴设备的 Martin Frey 和 Nike 智能手表、能阅读和纠正错误并读懂内容的智能"数字笔和数字便笺"、浙江大学智能割草机，以及智能闹钟的实物图。

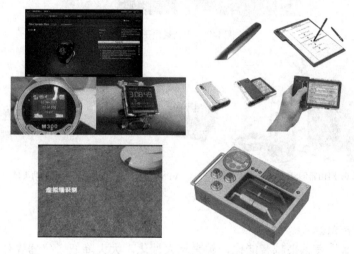

图 1-10　基于嵌入式系统的智能硬件

智能硬件行业即将迎来井喷式爆发。根据 Gartner 预测，相比 2014 年，2015 年全球互联设备将达到 49 亿台，增长 30%；2020 年规模会达到 250 亿台，思科认为是 750 亿台，IDC 预测则是 500 亿台。

（3）消费电子领域

随着技术的发展，消费电子产品正向数字化和网络化方向发展，各式各样的具有先进技术和人性化元素的数字化多媒体影音设备，如功能新颖的 iPod nano 和 Nike 的 iPod 帽、Sonos ZP80 无线音响、体感式家用游戏机 Xbox720 出现在人们的日常生活当中。电视机、冰箱、微波炉、电话等都将嵌入计算机并通过家庭控制中心与 Internet 连接，转变为智能网络家电。人们在远程用手机等就可以控制家里的电器，还可以实现远程医疗、远程教育等。目前，智能小区的发展为机顶盒打开了市场，机顶盒将成为网络终端，如 Apple TV，可以上网、视频点播、实现交互式电视，依靠网络服务器提供各种服务。嵌入式系统应用于消费电子领域如图 1-11 所示。

（4）通信网络领域

通信领域大量应用嵌入式系统，主要包括程控交换机、路由器、IP 交换机、其他传输设备等，如图 1-12 所示。可以说，Internet 的基础设施都是嵌入式应用系统，它使得嵌入式系统的应用变得越来越流行。

图 1-11　消费级电子设备

Buffalo 路由器/USB 网卡套装　　　　　VPN 产品　　　　　千兆网关防火墙

图 1-12　嵌入式系统在通信网络设备中的应用

（5）仪器仪表领域

近年来，仪器仪表越来越智能化，越来越人性化，大大降低了仪器操作人员的工作量，受到了好评，产品的检测水平也在不断增加，如图 1-13 所示。通过市场需求和行业热点来看，仪器仪表行业发展方向如下：一是微型化，微型仪器仪表将不仅具有传统的仪器仪表的功能，而且能在自动化技术、航天、军事、生物技术、医疗领域起到独特的作用；二是多功能化，这种多功能的综合型产品不但在性能上（如准确度）比专用脉冲发生器和频率合成器高，而且在各种测试功能上提供了较好的解决方案；三是智能化，利用计算机模拟人的智能，未来仪器仪表将含有一定的人工智能，即代替人的一部分脑力劳动，从而在视觉、听觉、思维等方面具有一定的能力；四是网络化，随着网络技术的飞速发展，Internet 技术正在逐渐向工业控制和智能仪器仪表系统设计领域渗透，网络化仪器仪表的概念是对传统测量仪器概念的突破，网络就是仪器的概念，确切地概述了仪器的网络化发展趋势。由此我们可以看出，未来仪器仪表的研制必须依赖于先进的嵌入式系统及其技术。

（6）工业控制领域

基于嵌入式芯片的工业自动化设备将获得长足的发展，目前已经有大量的 8 位、16 位、32 位嵌入式微控制器在应用中，网络化是提高生产效率和产品质量、减少人力资源的主要途径，如工业过程控制、数字机床、电力系统、电网安全、电网设备监测、石油化工系统。就传统的工业控制产品而言，低端型采用的往往是 8 位单片机。但是随着技术的发展，32 位、64

位的处理器逐渐成为工业控制设备的核心，在未来几年内必将获得长足的发展。

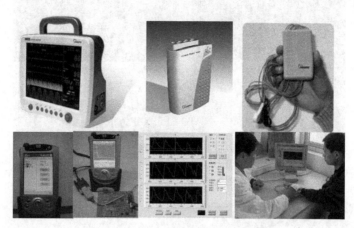

图 1-13　嵌入式系统在仪器仪表中的应用

（7）交通管理与汽车电子领域

车载信息娱乐业务涉及汽车音响、汽车导航、汽车总线、个人导航及位置服务、电子地图、车载信息资讯等产品、解决方案和服务。在车辆导航、流量控制、信息监测与汽车服务方面，嵌入式系统技术已经获得了广泛的应用，内嵌 GPS 模块，GSM 模块的移动定位终端已经在各种运输行业获得了成功的使用。就汽车电子系统而言，目前的大多数高档轿车每辆拥有约 50 个嵌入式微处理器，如图 1-14 所示。如 BMW7 系列轿车，则平均安装有 63 个嵌入式微处理器。

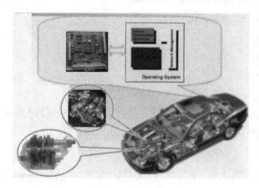

图 1-14　汽车电子系统及改装遮阳板 DVD/TV/MP3

（8）国防和航空航天领域

嵌入式系统最早的应用是在军事和航空航天领域。目前，军事应用的范围继续拓广，如各种武器控制系统（火炮控制、导弹控制、智能炸弹的制导引爆）、坦克、舰艇、战斗机等陆、海、空军用电子装备，雷达，电子对抗军事通信装备，各种野战指挥作战专用设备等。航空航天领域的应用更是不胜枚举，航空电子设备、卫星、导航、航天测控等系统中到处都可以见到嵌入式系统。在航空电子中，嵌入式软件的开发成本占整个飞机研制成本的 50%。国防与航天领域的应用如图 1-15 和图 1-16 所示。

图 1-15　国防领域的应用

图 1-16　航天领域的应用

1.6　嵌入式系统的发展趋势

网络、通信、微电子的发展为嵌入式技术提供了更广阔的发展创新空间。面对发展如此迅速的嵌入式技术，嵌入式系统未来呈现的发展趋势主要有以下几点。

1．小型化、智能化、网络化、信息化

随着技术水平的提高和人们生活的需要，嵌入式设备（尤其是消费类产品）正朝着小型化便携式和智能化的方向发展。目前的平板电脑、可穿戴设备（移动互联网设备）、便携投影仪等都是因类似的需求而出现的。以往单一功能的设备如电话、手机、冰箱、微波炉等功能不再单一，结构更加复杂。这就要求芯片设计厂商在芯片上集成更多的功能，为了满足应用功能的升级，设计师们一方面采用更强大的嵌入式处理器如 32 位、64 位 RISC 芯片或信号处理器 DSP 增强处理能力，同时增加功能接口，如 USB；扩展总线类型，如 CANBUS，加强对多媒体、图形等的处理，逐步实施片上系统（SOC）的概念。网络化、信息化的要求随着因特网技术的成熟、带宽的日益提高。对嵌入式而言，可以说是已经进入了"嵌入式+互联网+移动"时代，嵌入式设备（包括传感器、RFID）、多协议无线接入网关和互联网的紧密结合，更为我们的日常生活带来了极大的方便和无限的想象空间。嵌入式设备功能越来越强大，

未来的家用电器、生产设备（生产原材料、车间控制机器，调度设施等）、公共服务设施（安检、消防、水电气管道控制设备等）都将实现网上控制；异地通信、协同工作、无人操控场所、安全监控场所等的可视化也已经成为了现实。人工智能、模式识别技术也将在嵌入式系统中得到应用，使得嵌入式系统更具人性化、智能化。软件方面，采用实时多任务编程技术和交叉开发工具技术来控制功能复杂性，简化应用程序设计、保障软件质量和缩短开发周期。

2．嵌入式软件开发平台化、标准化、系统可升级，代码可复用将更受重视

嵌入式操作系统将进一步走向开放、开源、标准化、组件化。Linux 正逐渐成为嵌入式操作系统的主流；J2ME 技术也将对嵌入式软件的发展产生深远影响。目前自由软件技术备受青睐，并对软件技术的发展产生了巨大的推动作用。嵌入式操作系统内核不仅需要具有微型化、高实时性等基本特征，还将向高可信性、自适应性、构件组件化方向发展；支撑开发环境将更加集成化、自动化、人性化；系统软件对无线通信和能源管理的功能支持将日益重要。同时随着系统复杂程度的提高，系统可升级和代码复用技术在嵌入式系统中得到更多的应用。另外，因为嵌入式系统采用的微处理器种类多，缺乏标准化，所以在嵌入式软件开发中将更多地使用跨平台的软件开发语言与工具。近几年来，为了使嵌入式设备更有效地支持 Web 服务而开发的操作系统不断推出。这种操作系统在体系结构上采用面向构件、中间件技术，为应用软件乃至硬件的动态加载提供支持，即所谓的"即插即用"，在克服以往的嵌入式操作系统的局限性方面显示出明显的优势。

3．低功耗（节能）、低成本

嵌入式系统在相当长的一段时间内都将通过精简系统内核、算法，来实现功耗和软硬件成本的降低。在嵌入式系统的硬件和软件设计中都在追求更低的功耗，以求嵌入式系统能获得更长的可靠工作时间。未来的嵌入式产品是软硬件紧密结合的设备，为了减低功耗和成本，需要设计者尽量精简系统内核，只保留和系统功能紧密相关的软硬件，利用最低的资源实现最适当的功能，这就要求设计者选用最佳的编程模型和不断改进算法，优化编译器性能。因此，既要软件人员有丰富的硬件知识，又需要发展先进嵌入式软件技术，如 Java、Web 和 WAP 等。

4．云计算、可重构、虚拟化等技术被进一步应用到嵌入式系统中

云计算是将计算分布在大量的分布式计算机上，这样我们只需要一个终端，就可以通过网络服务来实现所需要的计算任务，甚至是超级计算任务。云计算（Cloud Computing）是分布式处理（Distributed Computing）、并行处理（Parallel Computing）和网格计算（Grid Computing）的发展，或者说是这些计算机科学概念的商业实现。在未来几年里，云计算将得到进一步发展与应用。

可重构性是指在一个系统中，其硬件模块或（和）软件模块均能根据变化的数据流或控制流对系统结构和算法进行重新配置（或重新设置）。可重构系统最突出的优点就是能够根据不同的应用需求，改变自身的体系结构，以便与具体的应用需求相匹配。

虚拟化是指计算机软件在一个虚拟的平台上而不是真实的硬件上运行。虚拟化技术可以简化软件的重新配置过程，易于实现软件的标准化。其中 CPU 的虚拟化可以以单 CPU 模拟多 CPU 并行运行，允许一个平台同时运行多个操作系统，并且都可以在相互独立的空间内运行而互不影响，从而提高工作效率和安全性，虚拟化技术是降低多内核处理器系统开发成本

的关键。虚拟化技术是未来几年最值得期待和关注的关键技术之一。

随着各种技术的成熟与在嵌入式系统中的应用，将不断为嵌入式系统增添新的魅力和发展空间。

5. 嵌入式系统软件将逐渐 PC 化

需求和网络技术的发展是嵌入式系统发展的一个源动力，随着移动互联网的发展，将进一步促进嵌入式系统软件 PC 化。如前所述，结合跨平台开发语言的广泛应用，那么未来嵌入式软件开发的概念将被逐渐淡化，也就是嵌入式软件开发和非嵌入式软件开发的区别将逐渐减小。

6. 融合趋势

嵌入式系统软硬件融合、产品功能融合、嵌入式设备和（移动）互联网的融合趋势加剧。嵌入式系统设计中软、硬件结合将更加紧密，软件将是其核心。消费类产品将在运算能力和便携方面进一步融合。传感器网络将迅速发展，其将极大地促进嵌入式技术和互联网技术的融合。

网络互联成为必然趋势。未来的嵌入式设备为了适应网络发展的要求，必然要求硬件上提供各种网络通信接口。传统的单片机对于网络支持不足，而新一代的嵌入式处理器已经开始内嵌网络接口，除了支持 TCP/IP，还有的支持 IEEE1394、USB、CAN、Bluetooth 或 IrDA 以及更新的通信接口中的一种或者几种，同时也需要提供相应的通信组网协议软件和物理层驱动软件。软件方面操作系统内核支持网络模块，普遍实现设备上嵌入 Web 浏览器，真正实现随时随地用各种设备上网。Java 虚拟机与嵌入式 Java 将成为开发嵌入式系统的有力工具。嵌入式系统的多媒体化将变成现实。它在网络环境中的应用已是不可抗拒的潮流，并将占领网络接入设备的主导地位。

7. 安全性

随着嵌入式技术和互联网技术的结合发展，由此带来的大量数据通信、数据分析等，将会对整个系统的安全与可靠性提出更高要求，并对可信嵌入式系统的发展提出新的需求，可信嵌入式系统是以一种系统性的严格标准，研发、生产出安全可靠的嵌入式系统，在医疗、航天航空、核工业对信息安全要求严格的领域，有着广泛需求和应用。

嵌入式系统历来都会使用大量专有组件，并没有与其他系统共享太多共同电路，这意味着当发现漏洞时，由于成本或资源限制，漏洞不太可能得到修复。我们需要从两个方面入手：一是通信链路的安全，二是设备本身的安全。一套嵌入式系统需要通过保护、检测、回应这三部分安全措施来防范安全问题。这些对策必须基于系统已知威胁来合理地共同工作。这些技术采取许多形式，互相配合，可以阻止潜在的攻击。

思考题与习题

1. 什么是嵌入式系统？试简单列举一些生活中常见的嵌入式系统的实例。
2. 嵌入式系统具有哪些特点？
3. 嵌入式系统与通用计算机相比有哪些区别？
4. 嵌入式系统有哪些组成部分？简单说明各部分的功能与作用。
5. 结合嵌入式系统的应用，简要分析嵌入式系统的应用现状和未来趋势。

第2章 ARM 体系结构

目前嵌入式处理器以 32 位为主，其中以 ARM 处理器应用最为广泛，本章主要讲解 ARM 处理器的体系结构。

2.1 ARM 体系结构概述

2.1.1 ARM 技术简介

ARM（Advanced RISC Machines）公司于 1990 年成立，由苹果电脑、Acorn 计算机公司和 VLSL Technology 合资组建，主要推广 Acorn 公司研发的首个商用 RISC（Reduced Instruction Set Computer，精简指令集计算机）处理器——ARM 处理器，因此 ARM 既可以认为是一个公司的名字，也可以认为是对一类微处理器的通称，还可以认为是一种技术的名字。

ARM 公司是专门从事基于 RISC 技术芯片设计开发的公司，作为知识产权供应商，本身不直接从事芯片生产，仅转让设计许可，由合作公司生产各具特色的芯片。世界各大半导体生产商从 ARM 公司购买其 ARM 微处理器核，根据各自不同的应用领域，加入适当的外围电路，形成自己的 ARM 微处理器芯片产品进入市场。

目前，采用 ARM 技术知识产权（IP）核的微处理器，即通常所说的 ARM 微处理器，已遍及工业控制、消费类电子产品、通信系统、网络系统、无线系统、军用系统等各类产品市场，基于 ARM 技术的微处理器应用约占据了 32 位 RISC 微处理器 70%以上的市场份额，ARM 技术正在逐步渗入到我们生活的各个方面。

采用 RISC 架构的 ARM 微处理器一般具有如下特点。

① 体积小、低功耗、低成本、高性能。

② 支持 Thumb（16 位）/ARM（32 位）双指令集，能很好地兼容 8/16 位器件。

③ 大量使用寄存器，指令执行速度更快。

④ 大多数数据操作都在寄存器中完成。

⑤ 寻址方式灵活简单，执行效率高。

⑥ 指令长度固定。

2.1.2 ARM 体系结构的版本

为了精确表述在 ARM 体系结构和实现中所使用的指令集，迄今为止，将其定义了 8 种主要版本，分别用版本号 1~8 表示。表 2-1 所示为体系结构版本和处理器内核的对应关系。

表 2-1　　　　　　　　　　体系结构版本和处理器内核的对应关系

版　　本	版 本 变 种	处理器内核
v1	v1	ARM1
v2	v2	ARM2
	v2a	ARM2aS
		ARM3
v3	v3	ARM6、ARM600、ARM610
		ARM7、ARM700、ARM710
v4	v4T	ARM7TDMI、ARM710T、ARM720T、ARM740T
	v4	StrongARM、ARM8、ARM810
	v4T	ARM9TDMI、ARM920T、ARM940T
v5	v5TE	ARM9E-S
		ARM10TDMI、ARM1020E
v6	v6	ARM11、ARM11562-S、ARM1156T2F-S、ARM11JZF-S
v7	v7-A	Cortex-A5、Cortex-A7、Cortex-A9、Cortex-A15、Cortex-A17
	v7-R	Cortex-R4、Cortex-R5、Cortex-R7
	v7-M	Cortex-M3、Cortex-M4、Cortex-M7
v8	v8-A	Cortex-A53、Cortex-A57、Cortex-A72

其中，版本 v1、v2、v3 主要是处于开发和试验阶段，功能相对比较单一，并没有大规模占领市场。

版本 v4 是第 1 个具有全部正式定义的体系结构版本。它具有 32 位寻址空间和 7 种工作模式，增加了有符号、无符号半字和有符号字节的加载/存储指令，并为结构定义的操作预留一些 SWI 空间；引入了系统模式，并将几个未使用指令空间的角落作为未定义指令使用。在体系结构版本 4 的变种版本 4T 中，引入了 16 位 Thumb 压缩形式的指令集。ARM 技术从版本 v4 开始成熟，基于该版本的典型内核有 ARM7TDMI、ARM720T、ARM9TDMI、ARM940T。其中 ARM7 芯片获得极大成功，占领了近 70%市场份额，奠定了 ARM 在嵌入式处理器领域的领先地位。

版本 v5 通过增加一些指令以及对现有指令的定义略作修改，对版本 v4 进行了扩展。版本 v5 主要由两个变种版本 v5T 和 v5TE 组成。

新版本 v6 发布于 2001 年。v6 引入了针对多媒体的 32 位 SIMD 扩展功能，提供高性能多媒体处理能力。使其在不增加功耗的情况下，对视频和语音信号的处理能力提高了 2 倍。此外，版本 v6 还支持多种微处理器内核版本，支持 Thumb-2 指令集，具有 NEON 媒体引擎，同时采用了 Jazellec-RCT 技术，极大改善了 ARM 对多媒体和 Java 的支持。

版本 v7 采用了 Thumb-2 技术，Thumb-2 技术是在 ARM 的 Thumb 代码压缩技术的基础上发展起来的，并且保持了对现存 ARM 解决方案的完整的代码兼容性。Thumb-2 技术比纯 32 位代码少使用 31%的内存，减小了系统开销。同时能有比基于 Thumb 技术的解决方案高出 38%的性能。ARMv7 结构还采用了 NEON 技术，将 DSP 和媒体处理能力提高了近 4 倍，并支持改良的浮点运算，满足下一代 3D 图形、游戏物理应用以及传统嵌入式控制应用的需求。

ARMv8-A 首次在 ARM 结构中支持 64 位的架构，其中包括：64 位通用寄存器、SP（堆栈指针）、PC（程序计数器）以及 64 位数据处理和扩展的虚拟寻址。两种主要执行状态：AArch64、AArch32，设计了 64 位的指令集，并向下兼容原 32 位指令集。

2.1.3　ARM 处理器内核系列

ARM 微处理器目前包括 ARM7 系列、ARM9 系列、ARM9E 系列、ARM10E 系列、SecurCore 系列、Intel 的 StrongARM、Xscale 以及 ARM Cortex 等多个系列，除了具有 ARM 体系结构的共同特点，每一个系列的 ARM 微处理器都有各自的特点和应用领域。ARM 公司给每个内核都有命名，通过内核的名字能够看到处理器内核的部分信息。

1．ARM 内核版本命名规则

ARM 内核命名时以数字表示内核的系列号，以字母表示内核所支持的额外功能。规则如下。

$$\text{ARM}\{x\}\{y\}\{z\}\{T\}\{D\}\{M\}\{I\}\{E\}\{J\}\{F\}\{-S\}$$

大括号内的字母是可选的，各个字母的含义如下。

x——系列号，如 ARM7 中的 "7"、ARM9 中的 "9"。

y——内部存储管理/保护单元，如 ARM72 中的 "2"、ARM94 中的 "4"。

z——内含有高速缓存（Cache）。

T——支持 16 位的 Thumb 指令集。

D——支持 JTAG 片上调试。

M——支持用于长乘法操作（64 位结果）的 ARM 指令，包含快速乘法器。

I——带有嵌入式追踪宏单元 ETM（Embedded Trace Macro），用来设置断点和观察点的调试硬件。

E——增强型 DSP 指令（基于 TDMI）。

J——含有 Java 加速器 Jazelle，与 Java 虚拟机相比，Jazelle 使 Java 代码运行速度提高了 8 倍，功耗降低到原来的 80%。

F——向量浮点单元。

S——可综合版本，意味着处理器内核是以源代码形式提供的。这种源代码形式又可以被编译成一种易于 EDA 工具使用的形式。

其中 ARM7TDMI 后所有的 ARM 内核都包含了 TDMI 的特性。基于 ARMV7 体系架构的内核命名方法有所不同，以 ARM Cortex 开头，后附加字母数字表示处理器的市场定向。

ARM 处理器内核中 ARM7、ARM9、ARM9E 和 ARM10 为 4 个通用处理器系列，每一个系列提供一套相对独特的性能来满足不同应用领域的需求。SecurCore 系列专门为安全要求较高的应用设计。下面详细介绍各种处理器的特点及其应用领域。

2．ARM7 系列

ARM7 系列微处理器为低功耗的 32 位 RISC 处理器，最适合用于对价位和功耗要求比较严格的消费类应用。ARM7 微处理器系列具有如下特点。

① 具有嵌入式 ICE-RT 逻辑，调试开发方便。

② 极低的功耗，适合对功耗要求严格的应用，如便携式产品。

③ 能够提供 0.9MIPS/MHz 的三级流水线结构。

④ 代码密度高并兼容 16 位的 Thumb 指令集。

⑤ 对操作系统的支持广泛，包括 Windows CE、Linux、Palm OS 等。

⑥ 指令系统与 ARM9、ARM9E 和 ARM10E 系列兼容，便于用户的产品升级换代。

⑦ 主频最高可达 130MIPS，高速的运算处理能力能胜任绝大多数的复杂应用。

ARM7 系列微处理器的主要应用领域为工业控制、Internet 设备、网络和调制解调器设备、移动电话等多种多媒体和嵌入式应用。

ARM7 系列微处理器包括如下几种类型的核：ARM7TDMI、ARM7TDMI-S、ARM720T、ARM7EJ。其中，ARM7TMDI 是目前使用最广泛的 32 位嵌入式 RISC 处理器，属低端 ARM 处理器核。

3．ARM9 系列

ARM9 系列微处理器在高性能和低功耗特性方面提供最佳的性能，具有以下特点。

① 提供 1.1MIPS/MHz 5 级流水线结构。

② 支持 32 位 ARM 指令集和 16 位 Thumb 指令集。

③ 支持 32 位的高速 AMBA 总线接口。

④ 全性能 MMU，支持 Windows CE、Linux、Palm OS 等主流嵌入式操作系统。

⑤ MPU 支持实时操作系统。

⑥ 支持数据 Cache 和指令 Cache，具有更高的指令和数据处理能力。

ARM9 系列微处理器主要应用于无线设备、仪器仪表、安全系统、机顶盒、高端打印机、数字照相机、数字摄像机等领域。它包含 ARM920T、ARM922T 和 ARM940T 3 种类型。

4．ARM10E 系列

ARM10E 系列微处理器具有高性能、低功耗的特点，由于采用了新的体系结构，与同等的 ARM9 器件相比较，在同样的时钟频率下，性能提高了近 50%，同时，ARM10E 系列微处理器采用了两种先进的节能方式，使其功耗极低。

ARM10E 系列微处理器的主要特点如下。

① 支持 DSP 指令集，适合于需要高速数字信号处理的场合。

② 6 级整数流水线，指令执行效率更高。

③ 支持 32 位 ARM 指令集和 16 位 Thumb 指令集。

④ 支持 32 位的高速 AMBA 总线接口。

⑤ 支持 VFP10 浮点处理协处理器。

⑥ 全性能 MMU，支持 Windows CE、Linux、Palm OS 等主流嵌入式操作系统。

⑦ 支持数据 Cache 和指令 Cache，具有更高的指令和数据处理能力。

⑧ 主频最高可达 400MIPS。

⑨ 内嵌并行读/写操作部件。

ARM10E 系列微处理器主要应用于下一代无线设备、数字消费品、成像设备、工业控制、通信和信息系统等领域。它包含 ARM1020E、ARM1022E 和 ARM1026EJ-S 3 种类型。

5. ARM11 系列

ARM11 系列微处理器由 ARM 新指令架构——ARMv6 的第一代设计实现，具有强大的媒体处理能力和低功耗特点，特别适用于无线和消费类电子产品。

① 8 级流水线比以前的 ARM 内核提高了至少 40% 的吞吐量。

② 低功耗，ARM11 处理器是为了有效地提供高性能处理能力而设计的。在这里需要强调 ARM 并不是不能设计出运行在更高频率的处理器，而是在处理器能提供超高性能的同时，还要保证功耗、面积的有效性。

③ ARM11 处理器软件可以与以前所有 ARM 处理器兼容，并引入了用于媒体处理的 32 位 SIMD、用于提高操作系统上下文切换性能的物理标记高速缓存、强制实施硬件安全措施的 TrustZone 以及针对实时应用的紧密耦合内存。

6. ARM Cortex 系列

从 ARMv7 架构开始，为了更好适应不同应用对内核的需求，ARM 内核首次从单一款式变成 3 种款式，命名格式也改为：Cortex+内核类型+编号。

Cortex-A 系列处理器适用于具有高计算要求、运行复杂操作系统以及提供交互媒体和图形体验的应用领域。从最新技术的移动 Internet 必备设备（如手机、超便携的上网本或智能本）到汽车信息娱乐系统和下一代数字电视系统，性能较以往内核有很大提高，如入门级的 ARM Cortex-A8 核心能够提供 3 倍于 ARM11 的性能，而最新的 Cortex-A72 采用 16 纳米 FinFET 工艺，在移动设备的耗电环境下可以达到 2.5GHz 频率。Cortex-A72 相较于 2014 年发布基于 Cortex-A15 处理器、28 纳米工艺节点的设备，性能可提升 3.5 倍，并且具备多项基于 ARMv8-A 架构的微架构改善，在浮点、整数和内存性能等方面提升后，可改进每一项主要工作负载的执行效率，提高了效能的同时，还能够使能耗显著下降 75%。Cortex-A72 可在芯片上单独实现，也可以搭配 Cortex-A53 处理器与 ARM CoreLinkTM CCI 高速缓存一致性互连构成 ARM big.LITTLETM 配置，从而在性能和功耗两个方面都获得满意的表现。

Cortex-R 系列专为高性能、可靠性和容错能力而设计的，其行为具有高确定性，同时保持很高的能效和成本效益。目标应用包括智能手机和基带调制解调器、硬盘驱动器、家庭消费性电子产品、工业和汽车行业的可靠系统的嵌入式微控制器。在这些应用中，采用的是对处理响应设置硬截止时间的系统，如果要避免数据丢失或机械损伤，则必须符合所设置的这些硬截止时间。

ARM Cortex-M 处理器系列是一系列可向上兼容的高能效、易于使用的处理器，这些处理器旨在帮助开发人员满足将来的嵌入式应用的需要。这些需要包括以更低的成本提供更多功能、不断增加连接、改善代码重用和提高能效。Cortex-M 系列针对成本和功率敏感的 MCU 和混合信号 SoC 进行了优化，适用于以下应用：智能测量、人机接口设备、汽车和工业控制系统、大型家用电器、消费性产品和医疗器械等。

2.2 ARM 体系架构分析

2.2.1 复杂指令集和精简指令集

微处理器的架构根据指令结构可以分为复杂指令集（Complex Instruction Set Computer，

CISC）架构和精简指令集（Reduced Instruction Set Computer，RISC）架构，CISC 架构采用庞大的指令集，可以减少编程所需要的代码行数，减轻程序员的负担，RISC 采用精简指令集，包含了简单、基本的指令，通过这些简单、基本的指令，就可以组合成复杂指令，二者各有优缺点。CISC 在桌面计算机和服务器中应用广泛，而 RISC 在嵌入式微处理器中则占有较大的市场份额。ARM 系列的芯片全部基于 RISC 技术。

2.2.2 普林斯顿结构和哈佛结构

微处理器根据存储器结构可以分为哈佛（Harvard）结构和普林斯顿（Princeton）结构。ARM 内核中 ARM7 系列基于普林斯顿结构，ARM9 系列之后基本都为哈佛结构。

普林斯顿结构也称冯·诺依曼结构，是一种将程序指令存储器和数据存储器合并在一起的存储器结构。程序指令存储地址和数据存储地址指向同一个存储器的不同物理位置，因此，程序指令和数据的宽度相同。哈佛结构是一种将程序指令存储和数据存储分开的存储器结构。中央处理器首先到程序指令存储器中读取程序指令内容，解码后得到数据地址，再到相应的数据存储器中读取数据，并进行下一步的操作（通常是执行）。程序指令存储和数据存储分开，可以使指令和数据有不同的数据宽度。其结构比较如图 2-1 所示。

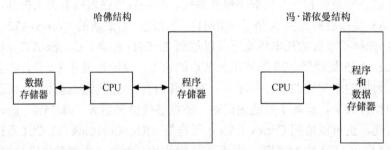

图 2-1 哈佛结构和冯·诺依曼结构比较图

2.2.3 流水线技术

流水线技术是指将一个重复的时序过程分解成为若干个子过程，而每个子过程都可有效地在其专用功能段上与其他子过程同时执行。流水线技术通过多个功能部件并行工作来缩短程序执行时间，提高处理器的效率和吞吐率，从而成为微处理器设计中最为重要的技术之一。

（1）三级流水线技术

ARM7 系列内核采用冯·诺依曼结构，与之对应采用了三级流水线的内核结构，如图 2-2 所示。

在流水线中各级的功能如下。

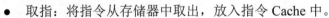

图 2-2 三级流水线示意图

- 取指：将指令从存储器中取出，放入指令 Cache 中。
- 译码：由译码逻辑单元完成，是将在上一步指令 Cache 中的指令进行解释，告诉 CPU 将如何操作。
- 执行：这阶段包括移位操作、读通用寄存器内容、输出结果、写通用寄存器等。

流水线上虽然一条指令仍需 3 个时钟周期来完成，但通过多个部件并行，使得处理器在处理简单的寄存器操作指令时，吞吐率为平均每个时钟周期一条指令。图 2-3 所示为流水线的最佳运行情况，图 2-3 中的 MOV、ADD、SUB 指令为单周期指令。从 T_1 开始，用 3 个时钟周期执行了 3 条指令，指令平均周期数（CPI）等于 1 个时钟周期。

图 2-3　三级流水运行分析

但是 ARM7 的三级流水线在执行单元完成了大量的工作，包括与操作数相关的寄存器和存储器读写操作、ALU 操作以及相关器件之间的数据传输。执行单元的工作往往占用多个时钟周期，从而成为系统性能的瓶颈。在存在存储器访问指令、跳转指令的情况下会出现流水线阻断情况，导致流水线的性能下降。图 2-4 所示为带有存储器访问指令的流水线工作情况。

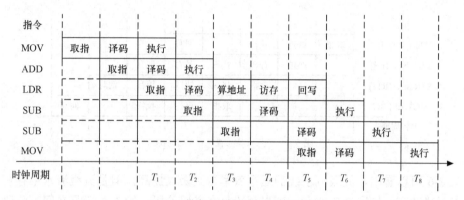

图 2-4　带有存储器访问指令的流水线

对存储器的访问指令 LDR 就是非单周期指令，如图 2-4 所示。这类指令在执行阶段，首先要进行存储器的地址计算，占用控制信号线，而译码的过程同样需要占用控制信号线，所以下一条指令（第 1 个 SUB）的译码被阻断，并且由于 LDR 访问存储器和回写寄存器的过程中需要继续占用执行单元，所以下一条指令（第 1 个 SUB）的执行也被阻断。由于采用冯·诺依曼体系结构，不能够同时访问数据存储器和指令存储器，当 LDR 处于访存周期的过程中时，MOV 指令的取指被阻断。同时分支或中断也会造成流水线阻断情况。在三级流线水下可达到 0.9MIPS/MHz 的指令执行速度。

在三级流水线下，通过 R15 访问 PC（程序计数器）时会出现取指位置和执行位置不同的现象。这须结合流水线的执行情况考虑，取指部件根据 PC 取指，取指完成后 PC+4 送到 PC，并把取到的指令传递给译码部件，然后取指部件根据新的 PC 取指。因为每条指令 4 字节，故 PC 值等于当前程序执行位置+8。

（2）五级流水线技术

ARM9 采用哈佛架构，避免了数据访问和取指的总线冲突，采用更为高效的五级流水线设计。如图 2-5 所示，在指令操作上采用五级流水线。各级的功能如下。

● 取指：从指令 Cache 中读取指令。

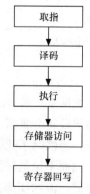

图 2-5　五级流水线示意图

- 译码：对指令进行译码，识别出是对哪个寄存器进行操作并从通用寄存器中读取操作数。
- 执行：进行 ALU 运算和移位操作，如果是对存储器操作的指令，则在 ALU 中计算出要访问的存储器地址。
- 存储器访问：如果是对存储器访问的指令，用来实现数据缓冲功能（通过数据 Cache）。
- 寄存器回写：将指令运算或操作结果写回到目标寄存器中。

这种五级流水技术把三级流水线中的执行单元进一步细化，减少了在每个时钟周期内必须完成的工作量，进而允许使用较高的时钟频率，且具有分开的指令和数据存储器，解决了三级流水线中存储器访问指令在指令执行阶段的延迟问题。有资料表明，同样主频下 ARM9 的处理性能比 ARM7 高 20%～30%。图 2-6 为五级流水线的最佳运行示意图。

图 2-6　五级流水线最佳运行示意图

从图 2-6 可以看出，五级流水线的运行效率得到极大提高，但是五级流水中存在一种互锁，即寄存器冲突，如图 2-7 所示。读寄存器是在译码阶段，写寄存器是在回写阶段。如果当前指令（A）的目的操作数寄存器和下一条指令（B）的源操作数寄存器一致，B 指令就需要等 A 回写之后才能译码。这就是五级流水线中的寄存器冲突。

命令											
MOV R0, R1	取指	译码	执行		回写						
STR R3, [R4]		取指	译码	执行	访问	回写					
LDR R9, [R13]			取指	译码	执行	访存	回写				
MOV R6, R9				取指	互锁	互锁	译码	执行		回写	
MOV R8, R7					取指	译码	执行		回写	
时钟周期				T_1	T_2	T_3	T_4	T_5	T_6	T_7	

图 2-7　五级流水互锁示意图

如图 2-7 所示，LDR 指令写 R9 是在回写阶段，而 MOV 中需要用到的 R9 正是 LDR 在回写阶段将会重新写入的寄存器值，MOV 译码需要等待，直到 LDR 指令的寄存器回写操作完成。当然除了死锁外，分支指令和中断的发生仍然会阻断五级流水线。

然而不论是三级流水线还是五级流水线，当出现多周期指令、跳转分支指令和中断发生的时候，流水线都会发生阻塞，而且相邻指令之间也可能因为寄存器冲突导致流水线阻塞，降低流水线的效率。

2.3　ARM 处理器模式与寄存器

2.3.1　ARM 处理器模式

为了安全起见，ARM 处理器分为用户模式和特权模式，大多数的应用程序运行在用户模式下，当处理器运行在用户模式下时，某些被保护的系统资源是不能被访问的。更进一步，ARM 微处理器支持 7 种运行模式。

① 用户模式（usr）：ARM 处理器正常的程序执行状态。

② 快速中断模式（fiq）：用于高速数据传输或通道处理。

③ 外部中断模式（irq）：用于通用的中断处理。

④ 管理模式（svc）：操作系统使用的保护模式。

⑤ 数据访问终止模式（abt）：当数据或指令预取终止时进入该模式，可用于虚拟存储及存储保护。

⑥ 系统模式（sys）：运行具有特权的操作系统任务。

⑦ 未定义指令中止模式（und）：当未定义的指令执行时进入该模式，可用于支持硬件协处理器的软件仿真。

ARM 微处理器的运行模式可以通过软件改变，也可以通过外部中断或异常处理改变。除用户模式以外，其余的所有 6 种模式称之为非用户模式或特权模式（Privileged Modes），其中除去用户模式和系统模式以外的 5 种又称为异常模式（Exception Modes），常用于处理中断或异常，以及需要访问受保护的系统资源等情况。不同模式有自己的状态寄存器和堆栈空间，用来在模式切换时保存自己的状态和数据。

2.3.2　ARM 内部寄存器

ARM 体系结构除了支持 32 位 ARM 指令集以外，同时支持 16 位的 Thumb 指令集。当处理器在执行 ARM 程序段时，称 ARM 处理器处于 ARM 工作状态，当处理器在执行 Thumb 程序段时，称 ARM 处理器处于 Thumb 工作状态。在两种状态下寄存器的组织和使用不尽相同，下面重点介绍在 ARM 状态下内部寄存器的分类和使用知识。

ARM 微处理器共有 37 个 32 位寄存器，其中 31 个为通用寄存器，6 个为状态寄存器，如图 2-8 所示。但是这些寄存器不能被同时访问，具体哪些寄存器是可编程访问的，取决微处理器的工作状态及具体的运行模式。通常在任何时候通用寄存器 R14～R0、程序计数器 PC（R15）、一个或两个状态寄存器都是可访问的。

1．通用寄存器

通用寄存器包括 R0～R15，可以分为未分组寄存器（R0～R7）、分组寄存器（R8～R14）和程序计数器 PC（R15）3 类。

（1）未分组寄存器 R0～R7

在所有的运行模式下，未分组寄存器都指向同一个物理寄存器，它们未被系统用作特殊的用途，因此，在中断或异常处理进行运行模式转换时，由于不同的处理器运行模式均使用相同的物理寄存器，可能会造成寄存器中数据的破坏，这一点在进行程序设计时应引起注意。

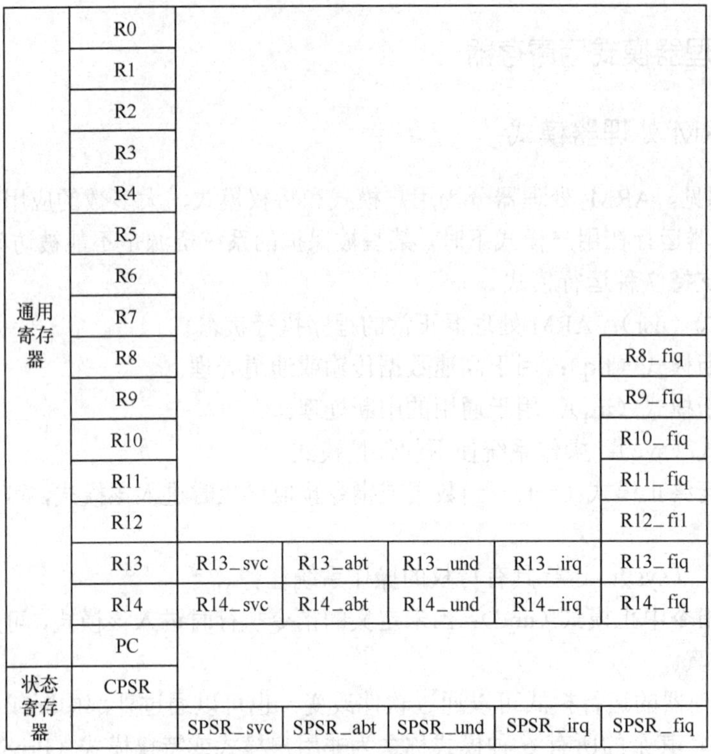

	R0					
通用寄存器	R1					
	R2					
	R3					
	R4					
	R5					
	R6					
	R7					
	R8					R8_fiq
	R9					R9_fiq
	R10					R10_fiq
	R11					R11_fiq
	R12					R12_fi1
	R13	R13_svc	R13_abt	R13_und	R13_irq	R13_fiq
	R14	R14_svc	R14_abt	R14_und	R14_irq	R14_fiq
	PC					
状态寄存器	CPSR					
		SPSR_svc	SPSR_abt	SPSR_und	SPSR_irq	SPSR_fiq

图 2-8　ARM 处理器中寄存器示意图

（2）分组寄存器 R8～R14

对于分组寄存器，它们每一次所访问的物理寄存器与处理器当前的运行模式有关。

对于 R8～R12 来说，每个寄存器对应两个不同的物理寄存器，当使用 fiq 模式时，访问寄存器 R8_fiq～R12_fiq；当使用除 fiq 模式以外的其他模式时，访问寄存器 R8_usr～R12_usr。

对于 R13、R14 来说，每个寄存器对应 6 个不同的物理寄存器，其中的一个是用户模式与系统模式共用，另外 5 个物理寄存器对应于其他 5 种不同的运行模式。

采用以下的记号来区分不同的物理寄存器：

R13_<mode>

R14_<mode>

其中，mode 为以下几种模式之一：usr、fiq、irq、svc、abt、und。

寄存器 R13 在 ARM 指令中常用作堆栈指针，但这只是一种习惯用法，用户也可使用其他的寄存器作为堆栈指针。而在 Thumb 指令集中，某些指令强制性地要求使用 R13 作为堆栈指针。

由于处理器的每种运行模式均有自己独立的物理寄存器 R13，在用户应用程序的初始化部分，一般都要初始化每种模式下的 R13，使其指向该运行模式的栈空间，这样，当程序的运行进入异常模式时，可以将需要保护的寄存器放入 R13 所指向的堆栈，而当程序从异常模式返回时，则从对应的堆栈中恢复，采用这种方式可以保证异常发生后程序的正常执行。

R14 也称为子程序连接寄存器（Subroutine Link Register）或连接寄存器（LR）。当执行 BL 子程序调用指令时，R14 中得到 R15（程序计数器 PC）的备份。其他情况下，R14 用作通用寄存器。与之类似，当发生中断或异常时，对应的分组寄存器 R14_svc、R14_irq、R14_fiq、R14_abt 和 R14_und 用来保存 R15 的返回值。

（3）程序计数器 PC（R15）

寄存器 R15 用作程序计数器（PC）。在 ARM 状态下，位[1:0]为 0，位[31:2]用于保存 PC；在 Thumb 状态下，位[0]为 0，位[31:1]用于保存 PC。R15 虽然可以用作通用寄存器，但是有一些指令在使用 R15 时有一些特殊限制，若不注意，执行的结果将是不可预料的。在 ARM 状态下，PC 的 0 和 1 位是 0，在 Thumb 状态下，PC 的 0 位是 0。

2．程序状态寄存器

寄存器 R16 用作当前程序状态寄存器（Current Program Status Register，CPSR），CPSR 可在任何运行模式下被访问，它包括条件标志位、中断禁止位、当前处理器模式标志位，以及其他一些相关的控制和状态位。

每一种运行模式下又都有一个专用的物理状态寄存器，称为备份的程序状态寄存器（Saved Program Status Register，SPSR），当异常发生时，SPSR 用于保存 CPSR 的当前值，从异常退出时则可由 SPSR 来恢复 CPSR。由于用户模式和系统模式不属于异常模式，它们没有 SPSR，当在这两种模式下访问 SPSR，结果是未知的。

程序状态寄存器的功能包括保存 ALU 中的当前操作信息、控制允许和禁止中断、设置处理器的运行模式，程序状态寄存器的每一位的安排如图 2-9 所示。

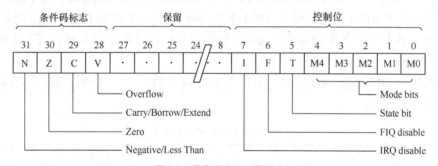

图 2-9　程序状态寄存器格式

（1）条件码标志

N、Z、C、V 均为条件码标志位（Condition Code Flags）。它们的内容可被算术或逻辑运算的结果所改变，并且可以决定某条指令是否被执行。在 ARM 状态下，绝大多数的指令都是有条件执行的。在 Thumb 状态下，仅有分支指令是有条件执行的。各标志位的具体含义如表 2-2 所示。

表 2-2　　　　　　　　　　　　　　　条件码标志的具体含义

标　志　位	含　　义
N	当用两个补码表示的带符号数进行运算时，N=1 表示运算的结果为负数；N=0 表示运算的结果为正数或零
Z	Z=1 表示运算的结果为零；Z=0 表示运算的结果为非零

标　志　位	含　　义
C	可以有 4 种方法设置 C 的值 — 加法运算（包括比较指令 CMN）：当运算结果产生了进位时（无符号数溢出），C=1，否则 C=0 — 减法运算（包括比较指令 CMP）：当运算时产生了借位（无符号数溢出），C=0，否则 C=1 — 对于包含移位操作的非加/减运算指令，C 为移出值的最后一位 — 对于其他的非加/减运算指令，C 的值通常不改变
V	可以有 2 种方法设置 V 的值 — 对于加/减法运算指令，当操作数和运算结果为二进制的补码表示的带符号数时，V=1 表示符号位溢出 — 对于其他的非加/减运算指令，V 的值通常不改变
Q	在 ARM v5 及以上版本的 E 系列处理器中，用 Q 标志位指示增强的 DSP 运算指令是否发生了溢出。在其他版本的处理器中，Q 标志位无定义

（2）控制位

PSR 的低 8 位（包括 I、F、T 和 M[4：0]）称为控制位，当发生异常时这些位可以被改变。如果处理器运行特权模式，这些位也可以由程序修改。

I、F 为中断禁止位，I=1 禁止 IRQ 中断，F=1 禁止 FIQ 中断；T 标志位反映处理器的运行状态，运行模式位 M 决定了处理器的运行模式。

对于 ARM 体系结构 v5 及以上的版本的 T 系列处理器，当该位为 1 时，程序运行于 Thumb 状态，否则运行于 ARM 状态。对于 ARM 体系结构 v5 及以上的版本的非 T 系列处理器，当该位为 1 时，执行下一条指令以引起为定义的指令异常；当该位为 0 时，表示运行于 ARM 状态。

运行模式位 M[4：0]：M0、M1、M2、M3、M4 是模式位。这些位决定了处理器的运行模式，如表 2-3 所示。

表 2-3　　　　　　　　　　运行模式位 M[4：0]的具体含义

M[4：0]	处理器模式
0b10000	用户模式
0b10001	FIQ 模式
0b10010	IRQ 模式
0b10011	管理模式
0b10111	中止模式
0b11011	未定义模式
0b11111	系统模式

由表 2-3 可知，并不是所有的运行模式位的组合都是有效的，其他的组合结果会导致处理器进入一个不可恢复的状态。

（3）保留位

PSR 中的其余位为保留位，当改变 PSR 中的条件码标志位或者控制位时，保留位不要被改变，在程序中也不要使用保留位来存储数据。保留位将用于 ARM 版本的扩展。

3．不同模式下寄存器组织

在 ARM 状态下，任一时刻可以访问以上所讨论的 16 个通用寄存器和 1～2 个状态寄存器。在非用户模式（特权模式）下，则可访问到特定模式分组寄存器，图 2-10 所示为在每一种运行模式下，哪一些寄存器是可以访问的，其中系统模式和用户模式使用的寄存器相同。

用户模式	管理模式	中止模式	未定义模式	IRQ 模式	FIQ 模式
R0	R0	R0	R0	R0	R0
R1	R1	R1	R1	R1	R1
R2	R2	R2	R2	R2	R2
R3	R3	R3	R3	R3	R3
R4	R4	R4	R4	R4	R4
R5	R5	R5	R5	R5	R5
R6	R6	R6	R6	R6	R6
R7	R7	R7	R7	R7	R7
R8	R8	R8	R8	R8	R8_fiq
R9	R9	R9	R9	R9	R9_fiq
R10	R10	R10	R10	R10	R10_fiq
R11	R11	R11	R11	R11	R11_fiq
R12	R12	R12	R12	R12	R12_fiq
R13	R13_svc	R13_abt	R13_und	R13_irq	R13_fiq
R14	R14_svc	R14_abt	R14_und	R14_irq	R14_fiq
PC	PC	PC	PC	PC	PC
CPSR	CPSR	CPSR	CPSR	CPSR	CPSR
	SPSR_svc	SPSR_abt	SPSR_und	SPSR_irq	SPSR_fiq

图 2-10　ARM 状态下各模式下寄存器使用图

2.4　ARM 体系的异常处理

当正常的程序执行流程发生暂时的停止时，称之为异常，如处理一个外部的中断请求。在处理异常之前，当前处理器的状态必须保留，这样当异常处理完成之后，当前程序可以继续执行。处理器允许多个异常同时发生，它们将会按固定的优先级进行处理。ARM 体系结构中的异常，与 8 位/16 位体系结构的中断有很大的相似之处，但异常与中断的概念并不完全等同。

1．异常类型

ARM 所支持的异常类型共有 7 种，其具体含义如表 2-4 所示。

表 2-4	ARM 体系结构所支持的异常
异 常 类 型	含 义
复位	当处理器的复位电平有效时，产生复位异常，程序跳转到复位异常处理程序处执行
未定义指令	当 ARM 处理器或协处理器遇到不能处理的指令时，产生未定义指令异常。可使用该异常机制进行软件仿真
软件中断	该异常由执行 SWI 指令产生，可用于用户模式下的程序调用特权操作指令。可使用该异常机制实现系统功能调用
指令预取中止	若处理器预取指令的地址不存在，或该地址不允许当前指令访问，存储器会向处理器发出中止信号，但当预取的指令被执行时，才会产生指令预取中止异常
数据中止	若处理器数据访问指令的地址不存在，或该地址不允许当前指令访问时，产生数据中止异常
IRQ（外部中断请求）	当处理器的外部中断请求引脚有效，且 CPSR 中的 I 位为 0 时，产生 IRQ 异常。系统的外设可通过该异常请求中断服务
FIQ（快速中断请求）	当处理器的快速中断请求引脚有效，且 CPSR 中的 F 位为 0 时，产生 FIQ 异常

2．处理流程

当一个异常出现以后，ARM 微处理器会执行以下几步操作。

① 将下一条指令的地址存入相应连接寄存器 LR，以便程序在处理异常返回时能从正确的位置重新开始执行。若异常是从 ARM 状态进入，LR 寄存器中保存的是下一条指令的地址（当前 PC+4 或 PC+8，与异常的类型有关）；若异常是从 Thumb 状态进入，则在 LR 寄存器中保存当前 PC 的偏移量，这样，异常处理程序就不需要确定异常是从何种状态进入的。例如，在软件中断异常 SWI，指令 MOV PC，R14_svc 总是返回到下一条指令，不管 SWI 是在 ARM 状态执行，还是在 Thumb 状态执行。

② 将 CPSR 复制到相应的 SPSR 中。

③ 根据异常类型，强制设置 CPSR 的运行模式位。

④ 强制 PC 从相关的异常向量地址取下一条指令执行，从而跳转到相应的异常处理程序处。还可以设置中断禁止位，以禁止中断发生。如果异常发生时，处理器处于 Thumb 状态，则当异常向量地址加载入 PC 时，处理器自动切换到 ARM 状态。

ARM 微处理器对异常的响应过程用伪代码描述如下。

```
R14_<Exception_Mode> = Return Link
SPSR_<Exception_Mode> = CPSR
CPSR[4:0] = Exception Mode Number
CPSR[5] = 0                            ;当运行于ARM工作状态时
If <Exception_Mode> == Reset or FIQ then
                                       ;当响应FIQ异常时，禁止新的FIQ异常
CPSR[6] = 1
CPSR[7] = 1
PC = Exception Vector Address
```

⑤ 异常处理完毕之后，ARM 微处理器会执行以下几步操作从异常返回。

● 将连接寄存器 LR 的值减去相应的偏移量后送到 PC 中。

- 将 SPSR 复制到 CPSR 中。
- 若在进入异常处理时设置了中断禁止位，要在此清除。

可以认为应用程序总是从复位异常处理程序开始执行的。因此，复位异常处理程序不需要返回。

3．优先级

当多个异常同时发生时，系统根据固定的优先级（Exception Priorities）决定异常的处理次序。异常优先级由高到低的排列次序如表 2-5 所示。

表 2-5　　　　　　　　　　　　　　异常优先级

优　先　级	异　　　常
1（最高）	复位
2	数据中止
3	FIQ
4	IRQ
5	预取指令中止
6（最低）	未定义指令、SWI

2.5　ARM 体系的存储系统

基于 ARM 内核的嵌入式系统可能包含 Flash、ROM、SRAM、SDRAM 等多种类型的存储器，不同类型的存储器存取速度和数据宽度等都不尽相同。下面从地址空间、存储器格式和存储器访问对准 3 个方面来描述。

1．地址空间

ARM 体系结构将存储器看作是从零地址开始的字节的线性组合。从 0 字节到 3 字节放置第 1 个存储的字数据，从第 4 个字节到第 7 个字节放置第 2 个存储的字数据，依次排列。作为 32 位的微处理器，ARM 体系结构所支持的最大寻址空间为 4GB（2^{32} 字节）。当程序正常执行时，每执行一条 ARM 指令，当前指令计数器的值加 4；每执行一条 Thumb 指令，当前指令计数器的值加 2。

2．存储器格式

ARM 体系结构可以用两种方法存储字数据，称之为大端格式和小端格式。大端格式中字数据的高字节存储在低地址中，而字数据的低字节则存放在高地址中。小端格式与大端存储格式相反，在小端存储格式中，低地址中存放的是字数据的低字节，高地址存放的是字数据的高字节。图 2-11 和图 2-12 给出将 0x12345678 分别按大端格式和小端格式存储的结果。

	A3	A2	A1	A0
字：	78	56	34	12

图 2-11　以大端格式存储字数据

	A3	A2	A1	A0
字：	12	34	56	78

图 2-12　以小端格式存储字数据

3．存储器访问对准

ARM 系统中无论取指还是内存访问都应根据指令以字、半字或字节对准访问，如果出现非对齐的情况，将发生错误。

（1）非对齐的指令预取操作

如果是在 ARM 状态下将一个非对齐地址写入 PC，则数据在写入 PC 时，数据的第 0 位和第 1 位被忽略，最终 PC 的 bit[1：0]为 0；如果是在 Thumb 状态下将一个非对齐地址写入 PC，则数据在写入 PC 时，数据的第 0 位被忽略，最终 PC 的 bit[0]为 0。

（2）非对齐地址内存的访问操作

对于 LOAD/STORE 操作，系统定义了下面 3 种可能的结果。

① 执行结果不可预知。

② 忽略字单元地址低两位的值，即访问地址为字单元；忽略半字单元最低位的值，即访问地址为半字单元。这种忽略是由存储系统自动实现的。

③ 在 LDR 和 SWP 指令中，对存储器访问忽略造成地址不对齐的低地址位，然后使用这些低地址位控制装载数据的循环。

思考题与习题

1. 简述 ARM 体系结构版本的演化过程。
2. 试述 ARM 体系结构版本的命名规则，说明 ARM7TDMI 的含义。
3. 分析 ARM7 和 ARM9 采用的体系架构，并说明采用的流水线技术。
4. ARM 处理器的工作模式有哪几种？什么情况下会改变工作模式？
5. 说明 ARM 处理器的寄存器分类及各自的功能。
6. 说明 CPSR 寄存器状态位的作用。
7. 什么叫异常？说明异常的响应过程。
8. 思考如何判断你所用 PC 或开发板的存储格式，并编程实现。

第3章 ARM 指令系统

3.1 指令集概述

ARM 内核属于 RISC 结构，所以其指令集有着一些独特的特点：ARM 处理器的指令集是加载/存储型的，也即指令集仅能处理寄存器中的数据，而且处理结果都要放回寄存器中，而对系统存储器的访问则需要通过专门的加载/存储指令来完成；指令长度固定，指令格式的种类少，寻址方式简单。随着 ARM 体系结构的发展，ARM 先后推出多个指令集，不同的 ARM 芯片支持的指令集也有所不同，下面介绍常用的指令集。

1. ARM 指令集

ARM 内核工作在 ARM 状态时，使用固定长度 32 位 ARM 指令集，处理器内部的指令译码采用硬布线逻辑，不使用微程序控制，以减少指令的译码时间，大部分指令可以在一个时钟周期内完成。也是使用最多的指令集。

2. Thumb 指令集

为兼容数据总线宽度为 16 位的应用系统，ARM 体系结构除了支持执行效率很高的 32 位 ARM 指令集以外，同时支持 16 位的 Thumb 指令集，Thumb 指令集可以看作是 ARM 指令压缩形式的子集，Thumb 指令只支持一些通用功能，必要时（如异常处理）还要跳转为 ARM 状态，借助完善的 ARM 指令集来处理一些复杂功能。

3. Thumb-2 指令集

ARM 指令集效率高，Thumb 指令集代码密度高，但是二者混合使用并不方便，程序员需要显式声明并管理状态，然后才能执行各自指令，ARM 公司推出的 Thumb-2 指令集是 ARM 指令集和 Thumb 指令集的超集，综合了上述两种指令集的优点，完全兼容 32 位和 16 位的指令，并且可以混合编程而不需要声明和管理状态。某些芯片（如 ARM Cortex-M3）仅支持 Thumb-2 指令集。

4. A64 指令集

随着技术的发展，ARM 为适应高性能芯片的发展潮流，全新开发了专用的 64 位指令，该指令集仅工作在 AArch64 状态，对 32 位指令并不兼容，如需运行 32 位指令需要做状态切换。ARMv8 是首个支持 A64 的体系版本，架构中专门增加了 31 个 64 位寄存器。

考虑实际教学需要，本书中仅以 ARMv4 版本对应的指令集为蓝本，介绍 ARM 指令集

和 Thumb 指令集中常用且变化较少的指令。有关 Thumb-2 和 A64 指令的内容，同学们可从
ARM 官网下载相关资料。书中所有的例子调试环境为 ARM720T 芯片。

3.2 ARM 指令集

3.2.1 ARM 指令格式

每条 ARM 指令都是 32 位的，其编码格式如下：

| 31 | 28 | 27 | 25 | 24 | | 21 | 20 | 19 | | 16 | 15 | | 12 | 11 | | 0 |

条件码	类别码	操作码	S	目的寄存器	第 1 操作数	第 2 操作数

用 ARM 指令助记符表示为：

$$\text{<opcode> {<cond>} {S} <Rd>, <Rn>, <shift\_op2>}$$

每个域的含义如下。

① <opcode>：操作码域，指令编码的助记符。

② {<cond>}：条件码域，指令允许执行的条件编码。花括号表示此项可默认。

ARM 指令的一个重要特点是可以条件执行，每条 ARM 指令的条件码域包含 4 位条件码，
共 16 种。几乎所有指令均根据 CPSR 中条件码的状态和指令条件码域的设置有条件地执行。
当指令执行条件满足时，指令被执行，否则被忽略。指令条件码及其助记符后缀表示如表 3-1
所示。

表 3-1　　　　　　　　　　　　　　指令的条件码

条 件 码	助记符后缀	标　　志	含　　义
0000	EQ	Z 置位	相等
0001	NE	Z 清零	不相等
0010	CS	C 置位	无符号数大于或等于
0011	CC	C 清零	无符号数小于
0100	MI	N 置位	负数
0101	PL	N 清零	正数或零
0110	VS	V 置位	溢出
0111	VC	V 清零	未溢出
1000	HI	C 置位 Z 清零	无符号数大于
1001	LS	C 清零 Z 置位	无符号数小于或等于
1010	GE	N 等于 V	带符号数大于或等于
1011	LT	N 不等于 V	带符号数小于
1100	GT	Z 清零且（N 等于 V）	带符号数大于
1101	LE	Z 置位或（N 不等于 V）	带符号数小于或等于
1110	AL	忽略	无条件执行

每种条件码可用两个字符表示，这两个字符可以作为后缀添加在指令助记符的后面和指
令同时使用。例如，跳转指令 B 可以加上后缀 EQ 变为 BEQ，表示"相等则跳转"，即当 CPSR

中的 Z 标志置位时发生跳转。

③ {S}：条件码设置域。这是一个可选项，当在指令中设置{S}域时，指令执行的结果将会影响程序状态寄存器 CPSR 中相应的状态标志。

例如：

```
ADD   R0,R1,R2              ;R1 与 R2 的和存放到 R0 寄存器中，不影响状态寄存器
ADDS  R0,R1,R2              ;执行加法的同时影响状态寄存器
```

指令中比较特殊的是 CMP 指令，它不需要加 S 后缀就默认地根据计算结构更改程序状态寄存器。

④ <Rd>：目的操作数。ARM 指令中的目的操作数总是一个寄存器。如果<Rd>与第 1 操作数寄存器<Rn>相同，也必须要指明，不能默认。

⑤ <Rn>：第 1 操作数。ARM 指令中的第 1 操作数也必须是个寄存器。

⑥ <shift_op2>：第 2 操作数。在第 2 操作数中可以是寄存器、内存存储单元或者立即数。

由于第 2 操作数只有 12 个 bit，用第 2 操作数表示立即数时，其取值范围为 $0 \sim 2^{12}-1$，要表示超出这个范围的立即数，通常要依靠伪指令实现。

3.2.2　ARM 指令寻址方式

所谓寻址方式就是处理器根据指令中给出的地址信息来寻找物理地址的方式。目前 ARM 指令系统支持如下几种常见的寻址方式。

1. 立即寻址

立即寻址也叫立即数寻址，操作数本身就在指令中给出，只要取出指令也就取到了操作数。这个操作数被称为立即数，对应的寻址方式也就叫作立即寻址。例如，以下指令：

```
ADD  R0,R0,#1              ;R0←R0+1
```

立即数的表示以"#"为前缀，十六进制的立即数在"#"后面加"&"符号，以二进制表示的立即数，要求在"#"后加上"%"。

2. 寄存器寻址

指令地址码给出寄存器的编号，寄存器中的内容为操作数，这种寻址方式是各类微处理器经常采用的一种方式，也是一种执行效率较高的寻址方式。例如，以下指令：

```
ADD  R0, R1, R2            ;R0←R1 + R2
```

写操作数的顺序为：第 1 个寄存器 R0 为结果寄存器，第 2 个寄存器 R1 为第 1 操作数寄存器，第 3 个寄存器 R2 为第 2 操作数寄存器。

3. 寄存器间接寻址

寄存器间接寻址就是以寄存器中的值作为操作数的地址，而操作数本身存放在存储器中。例如，以下指令：

```
LDR R0,[R1]               ;R0 ← [R1]
STR R0,[R1]               ;[R1]←R0
```

第 1 条指令将以 R1 的值为地址的存储器中的数据传送到 R0 中。

第 2 条指令将 R0 的值传送到以 R1 的值为地址的存储器中。

4. 基址变址寻址

基址变址寻址就是将寄存器（该寄存器一般称作基址寄存器）的内容与指令中给出的地址偏移量相加，从而得到一个操作数的有效地址。变址寻址方式常用于访问某基地址附近的地址单元，包括基址加偏移量寻址和基址加索引寻址，可以将寄存器间接寻址看作是位移量为 0 的基址加偏移量寻址。

前索引寻址举例：

```
LDR R0,[R1, # 4]                    ;R0←[R1 + 4]
```

后索引寻址举例：

```
LDR R0,[R1] , # 4                   ;R0←[R1]
                                    ;R1←R1 + 4
```

带自动索引的前索引寻址举例：

```
LDR R0,[R1, # 4]!                   ;R0←[R1 + 4]
                                    ;R1←R1 + 4
```

基址加索引寻址举例：

```
LDR R0,[R1,R2]                      ;R0←[R1 + R2]
```

5. 多寄存器寻址

多寄存器寻址是指一次可以传送多个寄存器的值，允许一条指令可以传送 16 个寄存器的任何子集。多寄存器寻址对应后缀的含义如下：

I：Increment   地址递增
D：Decrement   地址递解
A：After   传送后地址才开始变化
B：Before   地址先变化后才开始传送

例如，以下指令：

```
LDMIA R0,{R1,R2,R3,R4}             ;R1←[R0]
                                   ;R2←[R0 + 4]
                                   ;R3←[R0 + 8]
                                   ;R4←[R0 + 12]
```

该指令的后缀 IA 表示在每次执行完加载/存储操作后，R0 按字长度增加。因此，指令可将连续存储单元的值传送到 R1~R4。

多个连续的寄存器可以用 "-" 符号连接；不连续的寄存器用 "," 分隔书写，如上例可写成：

```
LDMIA R0,{R1-R4}
LDMIA R0,{R1-R3,R4}
```

6. 寄存器移位寻址

寄存器移位寻址是 ARM 指令集特有的寻址方式。ARM 处理器内嵌桶型移位器（Barrel Shifter），支持数据的各种移位操作。当第 2 操作数为寄存器时，可以加入移位操作选项对它进行各种移位操作。

移位操作包括如下 5 种类型。

LSL：逻辑左移（Logical Shift Left）。寄存器中字的低端空出的位补 0。

LSR：逻辑右移（Logical Shift Right）。寄存器中字的高端空出的位补 0。

ASR：算术右移（Arithmetic Shift Right）。算术移位的对象是带符号数，移位过程中必须保持操作数的符号不变。若源操作数为正数，则字的高端空出的位补 0；若源操作数为负数，则字的高端空出的位补 1。

ROR：循环右移（Roate Right）。从字的最低端移出的位填入字的高端空出的位。

RRX：扩展为 1 的循环右移（Rotate Right Extended by 1 Place）。操作数右移 1 位，空位（位[31]）用原 C 标志填充。

```
MOV    R0, R1, LSL#2              ;将 R1 中的内容左移两位后传送到 R0 中
MOV    R0, R1, LSR#2              ;将 R1 中的内容右移两位后传送到 R0 中，左端用 0 来填充
MOV    R0, R1, ASR#2              ;将 R1 中的内容右移两位后传送到 R0 中
                                  ;左端用第 31 位的值来填充
MOV    R0, R1, ROR#2             ;将 R1 中的内容循环右移两位后传送到 R0 中
MOV    R0, R1, RRX#2             ;将 R1 中的内容进行带扩展的循环右移两位后传送到 R0 中
```

7. 相对寻址

与基址变址寻址方式相类似，相对寻址以程序计数器 PC 的当前值为基地址，指令中的地址标号作为偏移量，将两者相加之后得到操作数的有效地址。以下程序段完成子程序的调用和返回，跳转指令 BL 采用了相对寻址方式。

```
BL  LOOP                         ;跳转到子程序 LOOP 处执行
……
LOOP
……
MOV  PC,LR                       ;从子程序返回
```

8. 堆栈寻址

堆栈是一种数据结构，按先进后出（First In Last Out，FILO）的方式工作，使用一个称为堆栈指针的专用寄存器指示当前的操作位置，堆栈指针总是指向栈顶。

当堆栈指针指向最后压入堆栈的数据时，称为满堆栈（Full Stack），而当堆栈指针指向下一个将要放入数据的空位置时，称为空堆栈（Empty Stack）。同时，当堆栈由低地址向高地址生成时，称为递增堆栈（Ascending Stack），当堆栈由高地址向低地址生成时，称为递减堆栈（Decending Stack）。这样就有 4 种类型的堆栈工作方式，ARM 微处理器支持这 4 种类型的堆栈工作方式。

① 满递增堆栈（FA）：堆栈指针指向最后压入的数据，且由低地址向高地址生成。

② 满递减堆栈（FD）：堆栈指针指向最后压入的数据，且由高地址向低地址生成。

③ 空递增堆栈（EA）：堆栈指针指向下一个将要放入数据的空位置，且由低地址向高地址生成。

④ 空递减堆栈（ED）：堆栈指针指向下一个将要放入数据的空位置，且由高地址向低地址生成。

```
STMFD R13!,{R0-R7}              ;将 r0-r7 的值按满递减堆栈的方式存储
LDMFD R13!,{R0-R7}              ;从堆栈按满递减堆栈把数据读入 r0-r7
```

3.2.3 ARM 指令分类

ARM 处理器的指令按功能可分为 7 大类：加载/存储指令（包括批量加载/存储指令）、分支指令、数据处理指令、乘法指令、状态寄存器访问指令、异常中断指令和协处理器指令。表 3-2 所示为 ARM 指令分类。下面将详细介绍指令的功能和使用方法。

表 3-2   **ARM 指令分类**

指令分类	指令	说明
装载/存储	LDR STR	单寄存器
	LDM STM	多寄存器
分支	B BL BLX BX	
数据处理	MOV MVN	数据传送
	CMP CMN TST TEQ	比较
	ADD ADC SUB SBC RSB RSC	算术加减
	AND ORR EOR BIC	逻辑运算
算术乘、乘加	MUL MLA SMULL SMLAL UMULL UMLAL	
状态寄存器访问	MRS MSR	
异常/中断	SWI BKPT	
协处理器相关	CDP LDC STC MCR MRC	

1. 加载/存储指令

ARM 微处理器支持加载/存储指令用于在寄存器和存储器之间传送数据，加载指令用于将存储器中的数据传送到寄存器，存储指令则完成相反的操作。常用的加载存储指令介绍如下。

（1）LDR 指令

格式：LDR 目的寄存器，<存储器地址>

功能：LDR 指令用于从存储器中将一个 32 位的字数据传送到目的寄存器中。该指令通常用于从存储器中读取 32 位的字数据到通用寄存器，然后对数据进行处理。当程序计数器 PC 作为目的寄存器时，指令从存储器中读取的字数据被当作目的地址，从而可以实现程序流程的跳转。该指令在程序设计中比较常用，且寻址方式灵活多样。

```
LDR R0, [R1]                    ; 将存储器地址为 R1 的字数据读入寄存器 R0
LDR R0, [R1, R2]                ; 将存储器地址为 R1+R2 的字数据读入寄存器 R0
LDR R0, [R1, #8]                ; 将存储器地址为 R1+8 的字数据读入寄存器 R0
LDR R0, [R1, R2, LSL # 2]!
        ;将存储器地址为 R1+R2×4 的数据读入寄存器 R0,并将新地址 R1+R2×4 写入 R1
LDR R0, [R1], R2, LSL # 2
        ; 将存储器地址为 R1 的字数据读入寄存器 R0，并将新地址 R1+R2×4 写入 R1
```

（2）STR 指令

格式：STR 源寄存器，<存储器地址>

功能：STR 指令用于从源寄存器中将一个 32 位的字数据传送到存储器中。该指令在程序设计中比较常用，且寻址方式灵活多样，使用方式可参考指令 LDR。

```
STR R0, [R1]         ; 将 R0 中的字数据写入以 R1 为地址的存储器中
STR R0, [R1], #8     ; 将 R0 中的字数据写入以 R1 为地址的存储器中，并将新地址 R1+8 写入 R1
STR R0, [R1, #8]     ; 将 R0 中的字数据写入以 R1+8 为地址的存储器中
```

（3）对字节/半字的加载和存储

LDR 和 STR 都可以通过增加<size>后缀来指定对字节或半字进行操作，如

```
LDRB R0,[R1]         ; 将存储器地址为 R1 的字节数据读入寄存器 R0，并将 R0 的高 24 位清零
LDRH R0,[R1]         ; 将存储器地址为 R1 的半字数据读入寄存器 R0，并将 R0 的高 16 位清零
STRB R0,[R1]         ; 将 R0 中的数据的低 8 位写入以 R1 为地址的存储器中，[R1]高 24 位清零
STRH R0,[R1]         ; 将 R0 中的数据的低 16 位写入以 R1 为地址的存储器中，[R1]高 16 位清零
```

2. 批量加载/存储指令

ARM 微处理器所支持批量数据加载/存储指令可以一次在一片连续的存储器单元和多个寄存器之间传送数据，批量加载指令用于将一片连续的存储器中的数据传送到多个寄存器，批量数据存储指令则完成相反的操作。

格式：LDM（或 STM）{类型} 基址寄存器{!}，寄存器列表{∧}

功能：LDM（或 STM）指令用于从由基址寄存器所指示的一片连续存储器到寄存器列表所指示的多个寄存器之间传送数据，该指令的常见用途是将多个寄存器的内容入栈或出栈。

其中，{类型}为以下几种情况。

IA：每次传送后地址加 4。

IB：每次传送前地址加 4。

DA：每次传送后地址减 4。

DB：每次传送前地址减 4。

FD：满递减堆栈。

ED：空递减堆栈。

FA：满递增堆栈。

EA：空递增堆栈。

{!}为可选后缀，若选用该后缀，则当数据传送完毕之后，将最后的地址写入基址寄存器，否则基址寄存器的内容不改变。

基址寄存器不允许为 R15，寄存器列表可以为 R0～R15 的任意组合。

{∧}为可选后缀，当指令为 LDM 且寄存器列表中包含 R15，选用该后缀时表示除了正常的数据传送之外，还将 SPSR 复制到 CPSR。同时，该后缀还表示传入或传出的是用户模式下的寄存器，而不是当前模式下的寄存器。

```
STMFD R13!, {R0, R4-R12, LR}    ; 将寄存器列表中的寄存器(R0, R4 到 R12, LR)存入堆栈
LDMFD R13!, {R0, R4-R12, PC}    ; 将堆栈内容恢复到寄存器(R0, R4 到 R12, LR)
```

3．分支指令

ARM 分支指令也称跳转指令，用于实现程序流程的跳转，在 ARM 程序中有如下两种方法可以实现程序流程的跳转：使用专门的跳转指令和直接向程序计数器 PC 写入跳转地址值。

通过向程序计数器 PC 写入跳转地址值，可以实现在 4GB 的地址空间中的任意跳转。在跳转之前结合使用"MOV LR, PC"等类似指令，可以保存将来的返回地址值，从而实现在 4GB 连续的线性地址空间的子程序调用。

ARM 指令集中的跳转指令可以完成从当前指令向前或向后的 32MB 的地址空间的跳转，包括以下 4 条指令。

（1）B 指令

格式：B 目标地址

功能：B 指令是最简单的跳转指令。一旦遇到一个 B 指令，ARM 处理器将立即跳转到给定的目标地址，从那里继续执行。注意存储在跳转指令中的实际值是相对当前 PC 值的一个偏移量，而不是一个绝对地址，它的值由汇编器来计算（参考寻址方式中的相对寻址）。它是 24 位有符号数，左移两位后有符号扩展为 32 位，表示的有效偏移为 26 位（前后 32MB 的地址空间），如下所示：

```
B Label                          ; 程序无条件跳转到标号 Label 处执行


CMP R1, R0
BEQ Label                        ; if R1=R0，程序跳转到标号 Label 处执行
```

（2）BL 指令

格式：BL 目标地址

功能：BL 是另一个跳转指令，但跳转之前，会在寄存器 R14 中保存 PC 的当前内容，因此，可以通过将 R14 的内容重新加载到 PC 中，来返回到跳转指令之后的那个指令处执行。该指令是实现子程序调用的一个基本并常用的手段，如下所示：

```
BL Label        ; 当程序无条件跳转到标号 Label 处执行时，同时将当前的 PC 值保存到 R14 中
```

（3）BLX 指令

格式：BLX 目标地址

功能：BLX 指令从 ARM 指令集跳转到指令中所指定的目标地址，并将处理器的工作状态由 ARM 状态切换到 Thumb 状态，该指令同时将 PC 的当前内容保存到寄存器 R14 中。因此，当子程序使用 Thumb 指令集，而调用者使用 ARM 指令集时，可以通过 BLX 指令实现子程序的调用和处理器工作状态的切换。

同时，子程序的返回可以通过将寄存器 R14 值复制到 PC 中来完成。

（4）BX 指令

格式：BX 目标地址

功能：BX 指令跳转到指令中所指定的目标地址，目标地址处的指令既可以是 ARM 指令，也可以是 Thumb 指令。

4．数据处理指令

数据处理指令可分为数据传送指令、算术逻辑运算指令和比较指令等。数据传送指令

用于在寄存器和存储器之间进行数据的双向传输。算术逻辑运算指令完成常用的算术与逻辑的运算，该类指令不但将运算结果保存在目的寄存器中，同时更新 CPSR 中的相应条件标志位。

比较指令不保存运算结果，只更新 CPSR 中相应的条件标志位。现详述如下。

（1）MOV 指令

格式：MOV{S}目的寄存器，源操作数

功能：MOV 指令可完成从另一个寄存器、被移位的寄存器或将一个立即数加载到目的寄存器。其中，S 选项决定指令的操作是否影响 CPSR 中条件标志位的值，当没有 S 时指令不更新 CPSR 中条件标志位的值。特别注意 MOV 指令操作的立即数最好不要超过 512（使用超过 512 的立即数时请参考对应芯片的 datasheet）。例如：

```
MOV R1, R0          ; 将寄存器 R0 的值传送到寄存器 R1
MOV PC, R14         ; 将寄存器 R14 的值传送到 PC，常用于子程序返回
```

（2）MVN 指令

格式：MVN{S}目的寄存器，源操作数

功能：MVN 指令可完成从另一个寄存器、被移位的寄存器或将一个立即数加载到目的寄存器。与 MOV 指令不同之处是在传送之前按位被取反了，即把一个被取反的值传送到目的寄存器中。其中 S 决定指令的操作是否影响 CPSR 中条件标志位的值，当没有 S 时指令不更新 CPSR 中条件标志位的值。例如：

```
MVN R0, #0          ; 将立即数 0 取反传送到寄存器 R0 中，完成后 R0=-1
```

（3）CMP 指令

格式：CMP 操作数 1，操作数 2

功能：CMP 指令用于把一个寄存器的内容和另一个寄存器的内容或立即数进行比较，同时更新 CPSR 中条件标志位的值。该指令进行一次减法运算，但不存储结果，只更改条件标志位。标志位表示的是操作数 1 与操作数 2 的关系（大、小、相等），例如，当操作数 1 大于操作数 2，则此后的有 GT 后缀的指令将可以执行。例如：

```
CMP R1, R0          ; 将寄存器 R1 的值与寄存器 R0 的值相减，并根据结果设置 CPSR 的标志位
CMP R1, #100        ; 将寄存器 R1 的值与立即数 100 相减，并根据结果设置 CPSR 的标志位
```

（4）CMN 指令

格式：CMN 操作数 1，操作数 2

功能：CMN 指令用于把一个寄存器的内容和另一个寄存器的内容或立即数取反后进行比较，同时更新 CPSR 中条件标志位的值。该指令实际完成操作数 1 和操作数 2 相加，并根据结果更改条件标志位。

（5）TST 指令

格式：TST 操作数 1，操作数 2

功能：TST 指令用于把一个寄存器的内容和另一个寄存器的内容或立即数进行按位的与运算，并根据运算结果更新 CPSR 中条件标志位的值。操作数 1 是要测试的数据，而操作数 2 是一个位掩码，该指令一般用来检测是否设置了特定的位。

（6）TEQ 指令

格式：TEQ 操作数 1，操作数 2

功能：TEQ 指令用于把一个寄存器的内容和另一个寄存器的内容或立即数进行按位的异或运算，并根据运算结果更新 CPSR 中条件标志位的值。该指令通常用于比较操作数 1 和操作数 2 是否相等。

（7）ADD 指令

格式：ADD{S}目的寄存器，操作数 1，操作数 2

功能：ADD 指令用于把两个操作数相加，并将结果存放到目的寄存器中。操作数 1 应是一个寄存器，操作数 2 可以是一个寄存器，被移位的寄存器，或一个立即数。例如：

```
ADD R0, R1, R2                    ; R0 = R1 + R2
ADD R0, R1, #100                  ; R0 = R1 + 100
ADD R0, R1, R2, LSL#1            ; R0 = R1 + (R2 << （1）
```

（8）ADC 指令

格式：ADC{S}目的寄存器，操作数 1，操作数 2

功能：ADC 指令用于把两个操作数相加，再加上 CPSR 中的 C 条件标志位的值，并将结果存放到目的寄存器中。它使用一个进位标志位，这样就可以做比 32 位大的数的加法，注意不要忘记设置 S 后缀来更改进位标志。操作数 1 应是一个寄存器，操作数 2 可以是一个寄存器，被移位的寄存器，或一个立即数。

以下指令序列完成两个 128 位数的加法，第 1 个数由高到低存放在寄存器 R7~R4，第 2 个数由高到低存放在寄存器 R11~R8，运算结果由高到低存放在寄存器 R3~R0。

（9）SUB 指令

格式：SUB{S}目的寄存器，操作数 1，操作数 2

功能：SUB 指令用于把操作数 1 减去操作数 2，并将结果存放到目的寄存器中。操作数 1 应是一个寄存器，操作数 2 可以是一个寄存器，被移位的寄存器，或一个立即数。该指令可用于有符号数或无符号数的减法运算。例如：

```
SUB R0, R1, R2                    ; R0 = R1 - R2
SUB R0, R1, #100                  ; R0 = R1 - 100
SUB R0, R1, R2, LSL#1            ; R0 = R1 - (R2 << 1)
```

（10）SBC 指令

格式：SBC{S}目的寄存器，操作数 1，操作数 2

功能：SBC 指令用于把操作数 1 减去操作数 2，再减去 CPSR 中的 C 条件标志位的反码，并将结果存放到目的寄存器中。操作数 1 应是一个寄存器，操作数 2 可以是一个寄存器，被移位的寄存器，或一个立即数。该指令使用进位标志来表示借位，这样就可以做大于 32 位的减法，注意不要忘记设置 S 后缀来更改进位标志。该指令可用于有符号数或无符号数的减法运算。

（11）RSB 指令

格式：RSB{S}目的寄存器，操作数 1，操作数 2

功能：RSB 指令称为逆向减法指令，用于把操作数 2 减去操作数 1，并将结果存放到目的寄存器中。操作数 1 应是一个寄存器，操作数 2 可以是一个寄存器，被移位的寄存器，或一个立即数。该指令可用于有符号数或无符号数的减法运算。

（12）RSC 指令

格式：RSC{S}目的寄存器，操作数 1，操作数 2

功能：RSC 指令用于把操作数 2 减去操作数 1，再减去 CPSR 中的 C 条件标志位的反码，并将结果存放到目的寄存器中。操作数 1 应是一个寄存器，操作数 2 可以是一个寄存器，被移位的寄存器，或一个立即数。该指令使用进位标志来表示借位，这样就可以做大于 32 位的减法，注意不要忘记设置 S 后缀来更改进位标志。该指令可用于有符号数或无符号数的减法运算。

（13）AND 指令

格式：AND{S}目的寄存器，操作数 1，操作数 2

功能：AND 指令用于在两个操作数上进行逻辑与运算，并把结果放置到目的寄存器中。操作数 1 应是一个寄存器，操作数 2 可以是一个寄存器，被移位的寄存器，或一个立即数。该指令常用于屏蔽操作数 1 的某些位。例如：

```
AND R0, R0, #3                  ; 该指令保持 R0 的 0、1 位，其余位清零
```

（14）ORR 指令

格式：ORR{S}目的寄存器，操作数 1，操作数 2

功能：ORR 指令用于在两个操作数上进行逻辑或运算，并把结果放置到目的寄存器中。操作数 1 应是一个寄存器，操作数 2 可以是一个寄存器，被移位的寄存器，或一个立即数。该指令常用于设置操作数 1 的某些位。例如：

```
ORR R0, R0, #3                  ; 该指令设置 R0 的 0、1 位，其余位保持不变
```

（15）EOR 指令

格式：EOR{S}目的寄存器，操作数 1，操作数 2

功能：EOR 指令用于在两个操作数上进行逻辑异或运算，并把结果放置到目的寄存器中。操作数 1 应是一个寄存器，操作数 2 可以是一个寄存器，被移位的寄存器，或一个立即数。该指令常用于反转操作数 1 的某些位。例如：

```
EOR R0, R0, #3                  ; 该指令反转 R0 的 0、1 位，其余位保持不变
```

（16）BIC 指令

格式：BIC{S}目的寄存器，操作数 1，操作数 2

功能：BIC 指令用于清除操作数 1 的某些位，并把结果放置到目的寄存器中。操作数 1 应是一个寄存器，操作数 2 可以是一个寄存器，被移位的寄存器，或一个立即数。操作数 2 为 32 位的掩码，如果在掩码中设置了某一位，则清除这一位。未设置的掩码位保持不变。例如：

```
BIC R0, R0, #%1011              ; 该指令清除 R0 中的 0、1、3 位，其余的位保持不变
```

5. 乘法指令与乘加指令

ARM 微处理器支持的乘法指令与乘加指令共有 6 条，可分为运算结果为 32 位和运算结果为 64 位两类。与前面的数据处理指令不同，指令中的所有操作数、目的寄存器必须为通用

寄存器，不能对操作数使用立即数或被移位的寄存器，同时，目的寄存器和操作数 1 必须是不同的寄存器。

（1）MUL 指令

格式：MUL{S}目的寄存器，操作数 1，操作数 2

功能：32 位乘法指令，完成将操作数 1 与操作数 2 的乘法运算，并把结果放置到目的寄存器中，同时可以根据运算结果设置 CPSR 中相应的条件标志位。其中，操作数 1 和操作数 2 均为 32 位的有符号数或无符号数。例如：

```
MUL R0, R1, R2                          ; R0 = R1×R2
```

（2）MLA 指令

格式：MLA{S}目的寄存器，操作数 1，操作数 2，操作数 3

功能：32 位乘法指令，完成将操作数 1 与操作数 2 的乘法运算，再将乘积加上操作数 3，并把结果放置到目的寄存器中，同时可以根据运算结果设置 CPSR 中相应的条件标志位。其中，操作数 1 和操作数 2 均为 32 位的有符号数或无符号数。例如：

```
MLA R0, R1, R2, R3; R0 = R1 × R2 + R3
```

（3）SMULL 指令

格式：SMULL{S}目的寄存器 Low，目的寄存器 High，操作数 1，操作数 2

功能：64 位有符号数乘法指令，完成将操作数 1 与操作数 2 的乘法运算，并把结果的低 32 位放置到目的寄存器 Low 中，结果的高 32 位放置到目的寄存器 High 中，同时可以根据运算结果设置 CPSR 中相应的条件标志位。其中，操作数 1 和操作数 2 均为 32 位的有符号数。例如：

```
SMULL R0, R1, R2, R3     ; R0 = (R2 × R3)的低 32 位, R1 = (R2 × R3)的高 32 位
```

（4）SMLAL 指令

格式：SMLAL{S}目的寄存器 Low，目的寄存器 High，操作数 1，操作数 2

功能：64 位有符号数乘加指令，完成将操作数 1 与操作数 2 的乘法运算，并把结果的低 32 位同目的寄存器 Low 中的值相加后又放置到目的寄存器 Low 中，结果的高 32 位同目的寄存器 High 中的值相加后又放置到目的寄存器 High 中，同时可以根据运算结果设置 CPSR 中相应的条件标志位。其中，操作数 1 和操作数 2 均为 32 位的有符号数。对于目的寄存器 Low，在指令执行前存放 64 位加数的低 32 位，指令执行后存放结果的低 32 位。对于目的寄存器 High，在指令执行前存放 64 位加数的高 32 位，指令执行后存放结果的高 32 位。例如：

```
SMLAL R0, R1, R2, R3              ; R0 = (R2 × R3)的低 32 位 + R0
                                  ; R1 = (R2 × R3)的高 32 位 + R1
```

（5）UMULL 指令

格式：UMULL{S}目的寄存器 Low，目的寄存器 High，操作数 1，操作数 2

功能：64 位无符号数乘法指令，完成将操作数 1 与操作数 2 的乘法运算，并把结果的低 32 位放置到目的寄存器 Low 中，结果的高 32 位放置到目的寄存器 High 中，同时可以根据运算结果设置 CPSR 中相应的条件标志位。其中，操作数 1 和操作数 2 均为 32 位的无符号数。例如：

```
UMULL R0, R1, R2, R3                ; R0 = (R2×R3)的低 32 位, R1 = (R2×R3)的高 32 位
```

（6）UMLAL 指令

格式：UMLAL{S}目的寄存器 Low，目的寄存器 High，操作数 1，操作数 2

功能：64 位无符号数乘加指令，完成将操作数 1 与操作数 2 的乘法运算，并把结果的低 32 位同目的寄存器 Low 中的值相加后又放置到目的寄存器 Low 中，结果的高 32 位同目的寄存器 High 中的值相加后又放置到目的寄存器 High 中，同时可以根据运算结果设置 CPSR 中相应的条件标志位。其中，操作数 1 和操作数 2 均为 32 位的无符号数。对于目的寄存器 Low，在指令执行前存放 64 位加数的低 32 位，指令执行后存放结果的低 32 位。对于目的寄存器 High，在指令执行前存放 64 位加数的高 32 位，指令执行后存放结果的高 32 位。例如：

```
UMLAL R0, R1, R2, R3                ; R0 = (R2 × R3)的低 32 位 + R0
                                    ; R1 = (R2 × R3)的高 32 位 + R1
```

6. 状态寄存器访问指令

ARM 微处理器支持程序状态寄存器访问指令，用于在程序状态寄存器和通用寄存器之间传送数据，程序状态寄存器访问指令包括以下两条。

（1）MRS 指令

格式：MRS{条件}通用寄存器，程序状态寄存器（CPSR 或 SPSR）

功能：MRS 指令用于将程序状态寄存器的内容传送到通用寄存器中。该指令一般用在以下两种情况。

① 当需要改变程序状态寄存器的内容时，可用 MRS 将程序状态寄存器的内容读入通用寄存器，修改后再写回程序状态寄存器。

② 当在异常处理或进程切换时，需要保存程序状态寄存器的值，可先用该指令读出程序状态寄存器的值，然后保存。例如：

```
MRS R0, CPSR                        ; 传送 CPSR 的内容到 R0
MRS R0, SPSR                        ; 传送 SPSR 的内容到 R0
```

（2）MSR 指令

格式：MSR 程序状态寄存器（CPSR 或 SPSR）_<域>，操作数

功能：MSR 指令用于将操作数的内容传送到程序状态寄存器的特定域中。其中，操作数可以为通用寄存器或立即数。<域>用于设置程序状态寄存器中需要操作的位，32 位的程序状态寄存器可分为 4 个域：

位[31:24]为条件标志位域，用 f 表示；

位[23:16]为状态位域，用 s 表示；

位[15:8]为扩展位域，用 x 表示；

位[7:0]为控制位域，用 c 表示。

该指令通常用于恢复或改变程序状态寄存器的内容，在使用时，一般要在 MSR 指令中指明将要操作的域。例如：

```
MSR CPSR, R0                        ; 传送 R0 的内容到 CPSR
MSR CPSR_c, R0                      ; 传送 R0 的内容到 CPSR, 但仅仅修改 CPSR 中的控制位域
```

7．异常中断指令

（1）SWI 指令

格式：SWI{条件} 24 位的立即数

功能：SWI 指令用于产生软件中断，以便用户程序能调用操作系统的系统例程。操作系统在 SWI 的异常处理程序中提供相应的系统服务，指令中 24 位的立即数指定用户程序调用系统例程的类型，相关参数通过通用寄存器传递，当指令中 24 位的立即数被忽略时，用户程序调用系统例程的类型由通用寄存器 R0 的内容决定，同时，参数通过其他通用寄存器传递。例如：

```
SWI  0x02                        ;该指令调用操作系统编号位 02 的系统例程。
```

（2）BKPT 指令

格式：BKPT 16 位的立即数

功能：BKPT 指令产生软件断点中断，可用于程序的调试。

8．协处理器指令

ARM 微处理器可支持多达 16 个协处理器，用于各种协处理操作，在程序执行的过程中，每个协处理器只执行针对自身的协处理指令，忽略 ARM 处理器和其他协处理器的指令。

ARM 的协处理器指令主要用于 ARM 处理器初始化 ARM 协处理器的数据处理操作，以及在 ARM 处理器的寄存器和协处理器的寄存器之间传送数据，在 ARM 协处理器的寄存器和存储器之间传送数据。

（1）CDP 指令

格式：CDP{条件}协处理器编码，协处理器操作码 1，目的寄存器，源寄存器 1，源寄存器 2，协处理器操作码 2

功能：CDP 指令用于 ARM 处理器通知 ARM 协处理器执行特定的操作，若协处理器不能成功完成特定的操作，则产生未定义指令异常。其中协处理器操作码 1 和协处理器操作码 2 为协处理器将要执行的操作，目的寄存器和源寄存器均为协处理器的寄存器，指令不涉及 ARM 处理器的寄存器和存储器。例如：

```
CDP  P3,2,C12,C10,C3,4          ;该指令完成协处理器 P3 的初始化
```

（2）LDC 指令

格式：LDC{条件}{L}协处理器编码，目的寄存器，[源寄存器]

功能：LDC 指令用于将源寄存器所指向的存储器中的字数据传送到目的寄存器中，若协处理器不能成功完成传送操作，则产生未定义指令异常。其中，{L}选项表示指令为长读取操作，如用于双精度数据的传输。例如：

```
LDC  P3,C4,[R0]                 ;将 ARM 处理器的寄存器 R0 所指向的存储器中的字数据传送到
协处理器 P3 的寄存器 C4 中
```

（3）STC 指令

格式：STC{条件}{L}协处理器编码，源寄存器，[目的寄存器]

功能：STC 指令用于将源寄存器中的字数据传送到目的寄存器所指向的存储器中，若协处理器不能成功完成传送操作，则产生未定义指令异常。其中，{L}选项表示指令为长读取

操作，如用于双精度数据的传输。例如：

```
STC  P3,C4,[R0]                ;将协处理器 P3 的寄存器 C4 中的字数据传送到 ARM 处理器的
寄存器 R0 所指向的存储器中
```

（4）MCR 指令

格式：MCR{条件}协处理器编码，协处理器操作码 1，源寄存器，目的寄存器 1，目的寄存器 2，协处理器操作码 2

功能：MCR 指令用于将 ARM 处理器寄存器中的数据传送到协处理器寄存器中，若协处理器不能成功完成操作，则产生未定义指令异常。其中协处理器操作码 1 和协处理器操作码 2 为协处理器将要执行的操作，源寄存器为 ARM 处理器的寄存器，目的寄存器 1 和目的寄存器 2 均为协处理器的寄存器。例如：

```
MCR  P3,3,R0,C4,C5,6           ;该指令将 ARM 处理器寄存器 R0 中的数据传送到协处理器 P3
的寄存器 C4 和 C5 中
```

（5）MRC 指令

格式：MRC{条件}协处理器编码，协处理器操作码 1，目的寄存器，源寄存器 1，源寄存器 2，协处理器操作码 2

功能：MRC 指令用于将协处理器寄存器中的数据传送到 ARM 处理器寄存器中，若协处理器不能成功完成操作，则产生未定义指令异常。其中协处理器操作码 1 和协处理器操作码 2 为协处理器将要执行的操作，目的寄存器为 ARM 处理器的寄存器，源寄存器 1 和源寄存器 2 均为协处理器的寄存器。例如：

```
MRC  P3,3,R0,C4,C5,6           ;该指令将协处理器 P3 的寄存器中的数据传送到 ARM 处理器寄存器中
```

3.3　Thumb 指令集

为兼容数据总线宽度为 16 位的应用系统，ARM 体系结构除了支持执行效率很高的 32 位 ARM 指令集以外，同时支持 16 位的 Thumb 指令集。Thumb 指令集是 ARM 指令集的一个子集，允许指令编码为 16 位的长度。与等价的 32 位代码相比较，Thumb 指令集在保留 32 位代码优势的同时，大大节省了系统的存储空间。由于 Thumb 指令的长度为 16 位，即只用 ARM 指令一半的位数来实现同样的功能，所以，要实现特定的程序功能，所需的 Thumb 指令的条数较 ARM 指令多。在一般的情况下，Thumb 指令与 ARM 指令的时间效率和空间效率关系如下。

Thumb 代码所需的存储空间为 ARM 代码的 60%～70%。

Thumb 代码使用的指令数比 ARM 代码多 30%～40%。

若使用 32 位的存储器，ARM 代码比 Thumb 代码快 40%。

若使用 16 位的存储器，Thumb 代码比 ARM 代码快 40%～50%。

与 ARM 代码相比较，使用 Thumb 代码，存储器的功耗会降低 30%。

Thumb 指令集与 ARM 指令集在以下几个方面有区别。

① 跳转指令：条件跳转在范围上有更多的限制，转向子程序只具有无条件转移。

② 数据处理指令：对通用寄存器进行操作，操作结果需放入其中一个操作数寄存器，而不是第 3 个寄存器。

③ 单寄存器加载和存储指令：Thumb 状态下，单寄存器加载和存储指令只能访问寄存器 R0～R7。

④ 批量寄存器加载和存储指令：LDM 和 STM 指令可以将任何范围为 R0～R7 的寄存器子集加载或存储，PUSH 和 POP 指令使用堆栈指针 R13 作为基址实现满递减堆栈，除 R0～R7 外，PUSH 指令还可以存储链接寄存器 R14，并且 POP 指令可以加载程序指令 PC。

Thumb 指令集没有包含进行异常处理时需要的一些指令，因此，在异常中断时还是需要使用 ARM 指令。这种限制决定了 Thumb 指令不能单独使用，需要与 ARM 指令配合使用。

3.3.1 Thumb 状态寄存器组织

Thumb 状态下的寄存器集是 ARM 状态下寄存器集的一个子集，程序可以直接访问 8 个通用寄存器（R7～R0）、程序计数器（PC）、堆栈指针（SP）、连接寄存器（LR）和 CPSR。同时，在每一种特权模式下都有一组 SP、LR 和 SPSR。图 3-1 所示为 Thumb 状态下的寄存器组织。

用户模式	管理模式	中止模式	未定义模式	IRQ 模式	FIQ 模式
R0	R0	R0	R0	R0	R0
R1	R1	R1	R1	R1	R1
R2	R2	R2	R2	R2	R2
R3	R3	R3	R3	R3	R3
R4	R4	R4	R4	R4	R4
R5	R5	R5	R5	R5	R5
R6	R6	R6	R6	R6	R6
R7	R7	R7	R7	R7	R7
SP	SP_svc	SP_abt	SP_und	SP_irq	SP_fiq
LR	LR_svc	LR_abt	LR_und	LR_irq	LR_fiq
PC	PC	PC	PC	PC	PC
CPSR	CPSR	CPSR	CPSR	CPSR	CPSR
	SPSR_svc	SPSR_abt	SPSR_und	SPSR_irq	SPSR_fiq

图 3-1 Thumb 状态下的寄存器组织

Thumb 状态下的寄存器组织与 ARM 状态下的寄存器组织的关系如下。

① Thumb 状态下和 ARM 状态下的 R0～R7 是相同的。

② Thumb 状态下和 ARM 状态下的 CPSR 和所有的 SPSR 是相同的。

③ Thumb 状态下的 SP 对应于 ARM 状态下的 R13。

④ Thumb 状态下的 LR 对应于 ARM 状态下的 R14。

⑤ Thumb 状态下的程序计数器对应于 ARM 状态下的 R15。

以上的对应关系如图 3-2 所示。

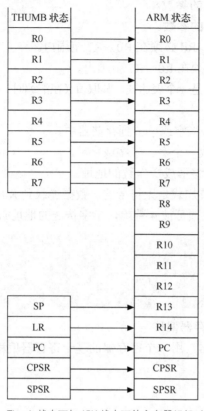

图 3-2 Thumb 状态下与 ARM 状态下的寄存器组织对应关系

在 Thumb 状态下,高位寄存器 R8～R15 并不是标准寄存器集的一部分,但可使用汇编语言程序受限制地访问这些寄存器,将其用作快速的暂存器。使用带特殊变量的 MOV 指令,数据可以在低位寄存器和高位寄存器之间进行传送,高位寄存器的值可以使用 CMP 和 ADD 指令进行比较或加上低位寄存器中的值。

3.3.2 Thumb 指令

Thumb 指令集分为分支指令、数据传送指令、单寄存器加载和存储指令以及多寄存器加载和存储指令。Thumb 指令集没有协处理器指令、信号量(Semaphore)指令以及访问 CPSR 或 SPSR 的指令。

1. 存储器访问指令

(1) LDR 和 STR——立即数偏移

加载寄存器和存储寄存器。存储器的地址以一个寄存器的立即数偏移(Immediate Offset)指明。

格式:

op Rd, [Rn,#immed_5×4]

opH Rd, [Rn,#immed_5×2]

opB Rd, [Rn,#immed_5×1]

其中，op：为 LDR 或 STR。

H：指明无符号半字传送的参数。

B：指明无符号字节传送的参数。

Rd：加载和存储寄存器。Rd 必须在 R0~R7 范围内。

Rn：基址寄存器。Rn 必须在 R0~R7 范围内。

immed_5×N：偏移量。它是一个表达式，其取值（在汇编时）是 N 的倍数，在（0~31）×N 范围内，N=4、2、1。

STR：用于存储一个字、半字或字节到存储器中。

LDR：用于从存储器加载一个字、半字或字节。

Rn：Rn 中的基址加上偏移形成操作数的地址。

立即数偏移的半字和字节加载是无符号的。数据加载到 Rd 的最低有效字或字节，Rd 的其余位补 0。字传送的地址必须可被 4 整除，半字传送的地址必须可被 2 整除。例如：

```
LDR R3,[R5,#0]
STRB R0,[R3,#31]
STRH R7,[R3,#16]
LDRB R2,[R4,#1abel-{PC}]
```

（2）LDR 和 STR——寄存器偏移

加载寄存器和存储寄存器。用一个寄存器的基于寄存器偏移指明存储器地址。

格式：

op Rd,[Rn,Rm]

其中，op 是下列情况之一。

LDR：加载寄存器，4 字节字。

STR：存储寄存器，4 字节字。

LDRH：加载寄存器，2 字节无符号半字。

LDRSH：加载寄存器，2 字节带符号半字。

STRH：存储寄存器，2 字节半字。

LDRB：加载寄存器，无符号字节。

LDRSB：加载寄存器，带符号字节。

STRB：存储寄存器，字节。

Rm：内含偏移量的寄存器，Rm 必须在 R0~R7 范围内。

带符号和无符号存储指令没有区别。

STR 指令将 Rd 中的一个字、半字或字节存储到存储器。

LDR 指令从存储器中将一个字、半字或字节加载到 Rd。

Rn 中的基址加上偏移量形成存储器的地址。

寄存器偏移的半字和字节加载可以是带符号或无符号的。数据加载到 Rd 的最低有效字或字节。对于无符号加载，Rd 的其余位补 0；或对于带符号加载，Rd 的其余位复制符号位。字传送地址必须可被 4 整除，半字传送地址必须可被 2 整除。例如：

```
LDR R2,[R1,R5]
```

```
LDRSH R0,[R0,R6]
STRB R1,[R7,R0]
```

（3）LDR 和 STR——PC 或 SP 相对偏移

加载寄存器和存储寄存器。用 PC 或 SP 中值的立即数偏移指明存储器中的地址。没有 PC 相对偏移的 STR 指令。

格式：

LDR Rd,[PC,#immed_8×4]

LDR Rd,[label]

LDR Rd,[[SP,#immed_8×4]

STR Rd,[SP,#immed_8×4]

其中，immed_8×4：偏移量。它是一个表达式，取值（在汇编时）为 4 的整数倍，范围为 0~1 020。

label：程序相对偏移表达式。label 必须在当前指令之后且 1KB 范围内。

STR：将一个字存储到存储器。

LDR：从存储器中加载一个字。

PC 或 SP 的基址加上偏移量形成存储器地址。PC 的位[1]被忽略，这确保了地址是字对准的。字或半字传送的地址必须是 4 的整数倍。例如：

```
LDR R2,[PC,#1016]
LDR R5,localdata
LDR R0,[SP,#920]
STR R1,[SP,#20]
```

（4）PUSH 和 POP

低寄存器和可选的 LR 进栈以及低寄存器和可选的 PC 出栈。

格式：

PUSH {reglist}

POP {reglist}

PUSH {reglist，LR}

POP {reglist，PC}

其中，reglist：低寄存器的全部或其子集。

括号是指令格式的一部分，它们不代表指令列表可选。列表中至少有一个寄存器。Thumb 堆栈是满递减堆栈，堆栈向下增长，且 SP 指向堆栈的最后入口。寄存器以数字顺序存储在堆栈中。最低数字的寄存器存储在最低地址处。

POP {reglist,PC}：这条指令引起处理器转移到从堆栈弹出给 PC 的地址，这通常是从子程序返回，其中 LR 在子程序开头压进堆栈。这些指令不影响条件码标志。例如：

```
PUSH {R0,R3,R5}
PUSH {R1,R4-R7}
PUSH {R0,LR}
```

```
POP {R2,R5}
POP {R0-R7,PC}
```

（5）LDMIA 和 STMIA

加载和存储多个寄存器。

格式：

op Rn!，{reglist}

其中，op 为 LDMIA 或 STMIA。

reglist 为低寄存器或低寄存器范围的、用逗号隔开的列表。括号是指令格式的一部分，它们不代表指令列表可选，列表中至少应有一个寄存器。寄存器以数字顺序加载或存储，最低数字的寄存器在 Rn 的初始地址中。

Rn 的值以 reglist 中寄存器个数的 4 倍增加。若 Rn 在寄存器列表中，则对于 LDMIA 指令，Rn 的最终值是加载的值，不是增加后的地址；对于 STMIA 指令，Rn 存储的值有两种情况：若 Rn 是寄存器列表中最低数字的寄存器，则 Rn 存储的值为 Rn 的初值；其他情况则不可预知，当然，reglist 中最好不包括 Rn。例如：

```
LDMIA R3!,{R0,R4}
LDMIA R5!,{R0 ~ R7}
STMIA R0!,{R6, R7}
STMIA R3!,{R3,R5,R7}
```

2. 数据处理指令

（1）ADD 和 SUB——低寄存器

加法和减法。对于低寄存器操作，这 2 条指令各有如下 3 种形式。

① 两个寄存器的内容相加或相减，结果放到第 3 个寄存器中。

② 寄存器中的值加上或减去一个小整数，结果放到另一个不同的寄存器中。

③ 寄存器中的值加上或减去一个大整数，结果放回同一个寄存器中。

格式：

op Rd,Rn,Rm

op Rd,Rn,#expr3

op Rd,#expr8

其中，op 为 ADD 或 SUB。

Rd：目的寄存器。它也用作"op Rd，#expr8"的第 1 个操作数。

Rn：第 1 操作数寄存器。

Rm：第 2 操作数寄存器。

expr3：表达式，为取值在-7~+7 范围内的整数（3 位立即数）。

expr8：表达式，为取值在-255~+255 范围内的整数（8 位立即数）。

"op Rd，Rn，Rm"执行 Rn+Rm 或 Rn-Rm 操作，结果放在 Rd 中。

"op Rd，Rn，#expr3"执行 Rn+expr3 或 Rn-expr3 操作，结果放在 Rd 中。

"op Rd，#expr8"执行 Rd+expr8 或 Rd-expr8 操作，结果放在 Rd 中。

expr3 或 expr8 为负值的 ADD 指令汇编成相对应的带正数常量的 SUB 指令。expr3 或 expr8

为负值的 SUB 指令汇编成相对应的带正数常量的 ADD 指令。

Rd、Rn 和 Rm 必须是低寄存器（R0～R7）。这些指令更新标志 N、Z、C 和 V。例如：

```
ADD R3,R1,R5
SUB R0,R4,#5
ADD R7,#201
```

（2）ADD——高或低寄存器

将寄存器中值相加，结果送回到第 1 操作数寄存器。

格式：

ADD Rd,Rm

其中，Rd：目的寄存器，也是第 1 操作数寄存器。

Rm：第 2 操作数寄存器。

这条指令将 Rd 和 Rm 中的值相加，结果放在 Rd 中。当 Rd 和 Rm 都是低寄存器时，指令"ADD Rd，Rm"汇编成指令"ADD Rd，Rd，Rm"。若 Rd 和 Rm 是低寄存器，则更新条件码标志 N、Z、C 和 V；其他情况下这些标志不受影响。例如：

```
ADD R12,R4
```

（3）ADD 和 SUB——SP

SP 加上或减去立即数常量。

格式：

ADD SP，#expr

SUB SP，#expr

其中，expr 为表达式，取值（在汇编时）为在 −508～+508 范围内的 4 的整倍数。

该指令把 expr 的值加到 SP 的值上或用 SP 的值减去 expr 的值，结果放到 SP 中。

expr 为负值的 ADD 指令汇编成相对应的带正数常量的 SUB 指令。expr 为负值的 SUB 指令汇编成相对应的带正数常量的 ADD 指令。

这条指令不影响条件码标志。例如：

```
ADD SP,#32
SUB SP,#96
```

（4）ADD——PC 或 SP 相对偏移

SP 或 PC 值加一立即数常量，结果放入低寄存器。

格式：

ADD Rd，Rp，#expr

其中，Rd：目的寄存器。Rd 必须在 R0～R7 范围内。

Rp：SP 或 PC。

#expr：表达式，取值（在汇编时）为 0～1 020 范围内的 4 的整倍数。

这条指令把 expr 加到 Rp 的值中，结果放入 Rd。若 Rp 是 PC，则使用值是（当前指令地址+4）AND &FFFFFFC，即忽略地址的低 2 位。

这条指令不影响条件码标志。例如：

```
ADD R6,SP,#64
ADD R2,PC,#980
```

（5）ADC、SBC 和 MUL

带进位的加法、带进位的减法和乘法。

格式：

op Rd，Rm

其中，op 为 ADC、SBC 或 MUL。

Rd：目的寄存器，也是第 1 操作数寄存器。

Rm：第 2 操作数寄存器，Rd、Rm 必须是低寄存器。

ADC 将带进位标志的 Rd 和 Rm 的值相加，结果放在 Rd 中，用这条指令可组合成多字加法。

SBC 考虑进位标志，从 Rd 值中减去 Rm 的值，结果放入 Rd 中，用这条指令可组合成多字减法。

MUL 进行 Rd 和 Rm 值的乘法，结果放入 Rd 中。

Rd 和 Rm 必须是低寄存器（R0～R7）。

ADC 和 SBC 更新标志 N、Z、C 和 V。MUL 更新标志 N 和 Z。在 ARMv4 及以前版本中，MUL 会使标志 C 和 V 不可靠。在 ARMv5 及以后版本中，MUL 不影响标志 C 和 V。例如：

```
ADC R2,R4
SBC R0,R1
MUL R7,R6
```

（6）按位逻辑操作 AND、ORR、EOR 和 BIC

格式：

op Rd,Rm

其中，op 为 AND、ORR、EOR 或 BIC。

Rd：目的寄存器，它也包含第 1 操作数，Rd 必须在 R0～R7 范围内。

Rm：第 2 操作数寄存器，Rm 必须在 R0～R7 范围内。

这些指令用于对 Rd 和 Rm 中的值进行按位逻辑操作，结果放在 Rd 中，操作如下：

AND：进行逻辑"与"操作；

ORR：进行逻辑"或"操作；

EOR：进行逻辑"异或"操作；

BIC：进行"Rd AND NOT Rm"操作。

这些指令根据结果更新标志 N 和 Z。例如：

```
AND R1,R2
ORR R0,R1
EOR R5,R6
BIC R7,R6
```

（7）移位和循环移位操作 ASR、LSL、LSR 和 ROR

Thumb 指令集中，移位和循环移位操作作为独立的指令使用，这些指令可使用寄存器中的值或立即数移位量。

格式：

op Rd,Rs

op Rd,Rm,#expr

其中，op 是下列其中之一。

ASR：算术右移，将寄存器中的内容看作补码形式的带符号整数，将符号位复制到空出位。

LSL：逻辑左移，空出位填零。

LSR：逻辑右移，空出位填零。

ROR：循环右移，将寄存器右端移出的位循环移回到左端。ROR 仅能与寄存器控制的移位一起使用。

Rd：目的寄存器，它也是寄存器控制移位的源寄存器。Rd 必须在 R0～R7 范围内。

Rs：包含移位量的寄存器，Rs 必须在 R0～R7 范围内。

Rm：立即数移位的源寄存器，Rm 必须在 R0～R7 范围内。

expr：立即数移位量，它是一个取值（在汇编时）为整数的表达式。整数的范围为：若op 是 LSL，则为 0～31；其他情况则为 1～32。

对于除 ROR 以外的所有指令：

若移位量为 32，则 Rd 清零，最后移出的位保留在标志 C 中；

若移位量大于 32，则 Rd 和标志 C 均被清零。

这些指令根据结果更新标志 N 和 Z，且不影响标志 V。对于标志 C，若移位量是零，则不受影响。其他情况下，它包含源寄存器的最后移出位。例如：

```
ASR R3,R5
LSR R0,R2,#16 ; 举 R2 的内容逻辑右移 16 次后，结果放入 R0 中
LSR R5,R5,av
```

（8）比较指令 CMP 和 CMN

格式：

CMP Rn,#expr

CMP Rn,Rm

CMN Rn,Rm

其中，Rn：第 1 操作数寄存器。

expr：表达式，其值（在汇编时）为在 0～255 范围内的整数。

Rm：第 2 操作数寄存器。

CMP 指令从 Rn 的值中减去 expr 或 Rm 的值，CMN 指令将 Rm 和 Rn 的值相加，这些指令根据结果更新标志 N、Z、C 和 V，但不往寄存器中存放结果。

对于"CMP Rn，#expr"和 CMN 指令，Rn 和 Rm 必须在 R0～R7 范围内。

对于"CMP Rn，Rm"指令，Rn 和 Rm 可以是 R0～R15 中的任何寄存器。例如：

```
CMP R2,#255
CMP R7,R12
CMN R1,R5
```

（9）传送、传送非和取负（MOV、MVN 和 NEG）

格式：

MOV Rd,#expr

MOV Rd,Rm

MVN Rd,Rm

NEG Rd,Rm

其中，Rd：目的寄存器。

expr：表达式，其取值为在 0～255 范围内的整数。

Rm：源寄存器。

MOV 指令将#expr 或 Rm 的值放入 Rd。MVN 指令从 Rm 中取值，然后对该值进行按位逻辑"非"操作，结果放入 Rd。NEG 指令取 Rm 的值再乘以-1，结果放入 Rd。

对于"MOV Rd，#expr"、MVN 和 NEG 指令，Rd 和 Rm 必须在 R0～R7 范围内。

对于"MOV Rd，Rm"，Rd 和 Rm 可以是寄存器 R0～R15 中的任意一个。

"MOV Rd，#expr"和 MVN 指令更新标志 N 和 Z，对标志 C 或 V 无影响。NEG 指令更新标志 N、Z、C 和 V。在"MOV Rd，Rm"指令中，若 Rd 或 Rm 是高寄存器（R8～R18），则标志不受影响；若 Rd 和 Rm 都是低寄存器（R0～R7），则更新标志 N 和 Z，且清除标志 C 和 V。例如：

```
MOV R3,#0
MOV R0,R12
MVN R7,R1
NEG R2,R2
```

（10）测试位 TST

格式：

TST Rn,Rm

其中，Rn：第 1 操作数寄存器。

Rm：第 2 操作数寄存器。

TST 对 Rm 和 Rn 中的值进行按位"与"操作。但不把结果放入寄存器。该指令根据结果更新标志 N 和 Z，标志 C 和 V 不受影响。Rn 和 Rm 必须在 R0～R7 范围内。

例如：

TST R2,R4

3. 分支指令

（1）分支 B 指令

这是 Thumb 指令集中唯一的有条件指令。

格式：

B{cond} label

其中，label 是程序相对偏移表达式，通常是在同一代码块内的标号。若使用 cond，则 label 必须在当前指令的-256～+256 字节范围内。若指令是无条件的，则 label 必须在±2KB 范围内。若 cond 满足或不使用 cond，则 B 指令引起处理器转移到 label。label 必须在指定限制内。

ARM 链接器不能增加代码来产生更长的转移。例如：

```
B dloop
BEG sectB
```

（2）带链接的长分支 BL 指令

格式：

BL label

其中，1abel 为程序相对转移表达式。BL 指令将下一条指令的地址复制到 R14（链接寄存器），并引起处理器转移到 1abel。BL 指令不能转移到当前指令±4MB 以外的地址。必要时，ARM 链接器插入代码以允许更长的转移。例如：

```
BL extract
```

（3）分支，并可选地切换指令集 BX

格式：

BX Rm

其中，Rm 装有分支目的地址的 ARM 寄存器。Rm 的位[0]不用于地址部分。若 Rm 的位[0]清零，则位[1]也必须清零，指令清除 CPSR 中的标志 T，目的地址的代码被解释为 ARM 代码，BX 指令引起处理器转移到 Rm 存储的地址。若 Rm 的位[0]置位，则指令集切换到 Thumb 状态。例如：

```
BX R5
```

（4）带链接分支，并可选地交换指令集 BLX

格式：

BLX Rm

BLX label

其中，Rm 装有分支目的地址的 ARM 寄存器。Rm 的位[0]不用于地址部分。若 Rm 的位[0]清零，则位[1]必须也清零，指令清除 CPSR 中的标志 T，目的地址的代码被解释为 ARM 代码。label 为程序相对偏移表达式，"BLX label"始终引起处理器切换到 ARM 状态。

BLX 指令可用于：

① 复制下一条指令的地址到 R14；

② 引起处理器转移到 label 或 Rm 存储的地址。

如果 Rm 的位[0]清零，或使用"BLX label"形式，则指令集切换到 ARM 状态。指令不能转移到当前指令±4MB 范围以外的地址。必要时，ARM 链接器插入代码以允许更长的转移。例如：

```
BLX   R6
BLX   ARMsub
```

4．中断和断点指令

（1）软件中断 SWI 指令

格式：

SWI immed_8

其中，immed_8 为数字表达式，其取值为 0～255 范围内的整数。

SWI 指令引起 SWI 异常。这意味着处理器状态切换到 ARM 状态；处理器模式切换到管理模式，CPSR 保存到管理模式的 SPSR 中，执行转移到 SWI 向量地址。处理器忽略 immed_8，但 immed_8 出现在指令操作码的位[7：0]中，而异常处理程序用它来确定正在请求何种服务，这条指令不影响条件码标志。例如：

```
SWI 12
```

（2）断点 BKPT 指令

格式：

BKPT immed_8

其中，immed_8 为数字表达式，取值为 0～255 范围内的整数。

BKPT 指令引起处理器进入调试模式。调试工具利用这一点来调查到达特定地址的指令时的系统状态。尽管 immed_8 出现在指令操作码的位[7:0]中，处理器忽略 immed_8。调试器用它来保存有关断点的附加信息。例如：

```
BKPT 67
```

思考题与习题

1．举例说明 ARM 指令的寻址方式。

2．已知 R13 等于 0x8800，R0、R1、R2 的值分别为 0x01、0x02、0x03。试说明执行以下指令后寄存器和存储内容如何变化。

```
STMFD R13!, {R0-R2};
```

3．说明下列指令的含义和可能的执行过程。其中 LOOP 为已定义的行标。

```
BEQ LOOP
```

4．拿出你的手机，查询手机 CPU 使用 SOC 型号，并说明它使用了几个 ARM 内核、各内核对应体系版本、支持的指令集。

第4章 ARM 汇编语言及 C 语言程序设计基础

在嵌入式系统程序设计中，大量使用了 C 语言进行编程。但在有些程序中，使用汇编语言进行编程则更加方便、简单，甚至是不可替代的，如初始化硬件的代码、启动代码等。

4.1 ARM 汇编语言的语句格式

汇编语言都具有一些相同的基本特征。

① 一条指令一行。

② 使用标号（Label）给内存单元提供名称，从第 1 列开始书写。

③ 指令必须从第 2 列或能区分标号的地方开始书写。

④ 注释跟在指定的注释字符后面（ARM 使用的是 ";"），一直书写到行尾。

ARM 汇编语言基本的的语句格式如下：

```
{symbol}  {instruction |directive | pseudo-instruction}  {;comment}
符号      指令        伪指令或伪操作                      [; 注释]
```

4.1.1 符号命名规则

在汇编语言程序设计中，经常使用各种符号代替地址、变量、常量等，以增加程序的可读性。尽管符号的命名由编程者决定，但并不是任意的，必须遵循以下的约定。

① 符号由大小写字母、数字及下画线组成，符号不能用数字开头。

② 符号区分大小写，同名的大、小写符号会被编译器认为是两个不同的符号。

③ 符号在其作用范围内必须唯一。

④ 自定义的符号名不能与系统的保留字相同。

⑤ 符号名不应与指令或伪指令同名。

4.1.2 ARM 汇编语言伪操作

伪操作（Directive）是 ARM 汇编语言程序里的一些特殊的指令助记符，其作用主要是为完成汇编程序做各种准备工作，对源程序运行汇编程序处理，而不是在计算机运行期间由处理器执行。不同的编译程序所使用的伪操作有所不同，本书仅列举 ARM 公司推出的开发工具 ADS/SDT 中常用的部分伪操作，如表 4-1 所示，如有更进一步需要，请查阅编译工具的技术文档。

表 4-1　　　　　　　　　　　　　ARM 汇编常用伪操作列表

操 作 符	语 法 格 式	功 能 描 述
ARM	ARM	指示编译器处理的是 32 位 ARM 指令
CODE32	CODE32	指示编译器处理的是 32 位 ARM 指令
THUMB	THUMB	指示编译器处理的是 16 位 THUMB 指令
CODE16	CODE16	指示编译器处理的是 16 位 THUMB 指令
AREA	AREA name{attr} {attr}	段属性定义
ENTRY	ENTRY	声明程序的入口点
END	END	源程序结尾标识
EQU	name　EQU expr{, type}	定义常量或标号名称
EXPORT	EXPORT name	声明全局标号
IMPORT	IMPORT name	外部符号声明
DCB/DCD	DCB/DCD expr	分配连续的字节/字存储空间，并按表达式初始化

表中伪操作的实际用法参考 4.2 节的示例。

4.1.3　ARM 汇编语言伪指令

伪指令是 ARM 处理器支持的汇编语言程序里的特殊助记符，它不在处理器运行期间由机器执行，只是在汇编时被合适的机器指令替换成 ARM 或 Thumb 指令，从而实现真正的指令操作。ARM 汇编语言伪指令如表 4-2 所示。

表 4-2　　　　　　　　　　　　　ARM 汇编语言伪指令列表

伪 指 令	语 法 格 式	功　　能
ADR	ADR{cond} register, = expression	它将基于 PC 相对偏移的地址值或基于寄存器相对偏移的地址值读取到寄存器中
ADRL	ADRL{cond}register , = expression	它将基于 PC 相对偏移的地址值或基于寄存器相对偏移的地址值读取到寄存器中
LDR	LDR{cond} register,= expression	将一个 32 位的常数或者一个地址值读取到寄存器中，可以看作是加载寄存器的内容
NOP	NOP	NOP 是空操作伪指令，在汇编时将会被替代成 ARM 中的空操作

下面举例说明其用法。

1．ADR 伪指令——小范围的地址读取

在汇编编译器编译源程序时，ADR 伪指令被编译器替换成一条合适的指令。通常，编译器用一条 ADD 指令或 SUB 指令来实现该 ADR 伪指令的功能，若不能用一条指令实现，则产生错误，编译失败。ADR 伪指令中的地址是基于 PC 或寄存器的，当 ADR 伪指令中的地址是基于 PC 时，该地址与 ADR 伪指令必须在同一个代码段中。

地址表达式 expr 的取值范围如下：

当地址值是字节对齐时，其取指范围为-255～255B；

当地址值是字对齐时，其取指范围为-1020～1020B。

例如：

```
LOOP  MOV    r0,#10                    ; LOOP 为行标，指示某一行代码
ADR   r4,LOOP                          ;将 LOOP 地址放入 r4(相对地址)
;因为 PC 值为当前指令地址值加 8 字节，替换成本 ADR 伪指令将被编译器编译为
;SUB r4,PC,#0xc
```

2．ADRL 伪指令——中等范围的地址读取

ADRL 比 ADR 伪指令可以读取更大范围的地址。在汇编编译器编译源程序时，ADRL 伪指令被编译器替换成两条合适的指令。若不能用两条指令实现，则产生错误，编译失败。

地址表达式 expr 的取值范围如下：

当地址值是字节对齐时，其取指范围为-64～64KB；

当地址值是字对齐时，其取指范围为-256～256KB。

例如：

```
LOOP  MOV    r0,#10                    ; LOOP 为行标，指示某一行代码
ADRL  r4,LOOP                          ; 将 LOOP 地址放入 r4(相对地址)
;因为 PC 值为当前指令地址值加 8 字节，替换成本 ADR 伪指令将被编译器编译为
;SUB r4,PC,#0xc
;NOP   (MOV r0,r0)
```

3．LDR 伪指令——大范围的地址读取

在汇编编译源程序时，LDR 伪指令被编译器替换成一条合适的指令。若加载的常数未超出 MOV 或 MVN 的范围，则使用 MOV 或 MVN 指令代替该 LDR 伪指令，否则汇编器将常量放入文字池，并使用一条程序相对偏移的 LDR 指令从文字池读出常量。

例如：

```
LDR  r1,=0xff                         ; 将 0xff 读取到 r1 中
                                      ; 编译后得到 MOV  r1,0xff
```

例如：

```
LDR   r1, =ADDR                       ; 将外部地址 ADDR 读取到 R1 中

; 汇编后将得到:
; LDR   r1,[PC,OFFSET_TO_LPOOL]
; ...
; LPOOL   DCD   ADDR
```

4.2　ARM 汇编语言的程序结构

在 ARM（Thumb）汇编语言程序中，以程序段为单位组织代码。段是相对独立的指令或

数据序列，具有特定的名称。段可以分为代码段和数据段，代码段的内容为执行代码，数据段存放代码运行时需要用到的数据。ARM 汇编程序段一般存储在以.s 为后缀名的文件中，一个文件中可以有多个段，一个完整的汇编程序可以包含多个文件。但一个汇编程序至少应该有一个代码段，当程序较长时，可以分割为多个代码段和数据段，多个段在程序编译链接时最终形成一个可执行的映象文件。

【例 4-1】 汇编语言源程序的基本格式。

```
        AREA EXAMPLE,CODE,READONLY      ; 定义段的名称和属性，表示了一个段的开始
        ENTRY                           ; 标识程序的入口点
start                                   ; 以下为具体指令
        MOV    R0,#10
        MOV    R1,#3
        ADD    R0,R0,R1
        END                             ; 标识源文件的结束
```

ARM 汇编程序中，每个段必须以 AREA 作为段的开始，以碰到下一个 AREA 作为该段的结束，段名须唯一。程序的开始和结束需用 ENTRY 和 END 来标识。

程序设计中的 3 种基本结构是：顺序结构、分支结构和循环结构。在 C 语言中可以使用 if-else 语句实现单分支和双分支结构，也可以通过 switch-case 语句实现多分支结构。通过下面的例子，可以了解 ARM 汇编中如何实现分支和循环结构，了解简单的汇编程序如何编写。

1．顺序程序设计

没有分支、循环等架构的程序，会顺序执行汇编指令，实际的程序段中大量存在，可参见例 4-1。

2．分支程序设计

ARM 汇编中大部分的指令都支持条件执行，因此类似 C 语言中的 if-else 分支很容易实现。例如：

```
CMP  R1,#3                              ; 比较 R1 和#3
ADDHI R0,R0,R1                          ; if R1>3 then R0=R0+R1
ADDLS R0,R0,#3                          ; if R1<3 then R0=R0+3
```

上述代码中，ADD 指令可以根据已执行代码对状态寄存器的影响来决定是否执行，从而构成简单的分支结构。另外，B、BL 可以条件执行，从而构成复杂的分支架构。

例如：

```
CMP  R1,#3                              ; 比较 R1 和#3
BHI  END                                ; if R1>3 then END
ADD  R0,R0,#3                           ; R0=R0+3
END
```

上述代码中可以看出 B 的灵活性，根据条件跳转到不同代码行，或不同子程序，类似 C 语言中的 GOTO。灵活使用可以设计出所需各种分支架构。

3．循环程序设计

用预先设定的行标与 B、BL 结合可以设计各种循环结构。

例如：

```
LOOP    ADD   R0,R0,R1              ; R0=R0+R1
        CMP   R0,#3                ; 比较 R0 和#3
        BLS   LOOP                 ; if R0<3 then 跳转到 LOOP 循环
        END
```

跳转时根据所附条件可以根据实际需要灵活设计。

4. 子程序

在 ARM 汇编语言程序中，子程序的调用一般是通过 BL 指令来实现的。在程序中，使用指令：

BL 子程序名

即可完成子程序的调用。

该指令在执行时完成如下操作：将子程序的返回地址存放在连接寄存器 LR 中，同时将程序计数器 PC 指向子程序的入口点，当子程序执行完毕需要返回调用处时，只需要将存放在 LR 中的返回地址重新复制给程序计数器 PC 即可。在调用子程序的同时，也可以完成参数的传递和从子程序返回运算的结果，通常可以使用寄存器 R0～R3 完成。

以下是使用 BL 指令调用子程序的汇编语言源程序的基本结构。

```
        ...
        BL PRINT_TEXT             ; 跳转到子程序 PRINT_TEXT，并保存 PC 至 LR
        ...
PRINT_TEXT                        ; 子程序入口
        ...
        MOV PC, LR                ; 子程序运行完毕将 PC 置为 LR，准备返回
        END
```

4.3　ARM 汇编语言程序设计举例

本节给出几个完整的 ARM 汇编程序，从中可以看到程序结构和分支、循环等实际的应用范例。

【例 4-2】　实现 $1+2+\cdots+N$。

```
        N       EQU     5;         ; 常量的定义
        AREA Example,CODE,READONLY ; 定义段名属性等
        ENTRY                     ; 程序入口
        CODE32                    ; ARM 代码
START                             ; 行标定义
        LDR R0,=N                 ; R0 赋值
        MOV R2,R0                 ; R2 充当计数器
        MOV R0,#0                 ; R0←0
        MOV R1,#0                 ; R1←0
LOOP                              ; 行标
        CMP R1,R2                 ; 比较 R1 R2
        BHI ADD_END               ; 如果 R1>R2 跳转到 ADD_END
```

```
                                          ; 分支的实现
        ADD R0,R0,R1                       ; R0←R0+R1
        ADD R1,R1,#1                       ; R1←R1+1
        B LOOP                            ; 无条件跳转至 LOOP
                                          ; 循环的实现
ADD_END                                   ; 行标定义
        B  ADD_END                        ; 无条件跳转 ADD_END
        END                               ; 代码结束
```

ARM 中几乎所有指令都支持条件执行，极大地方便了程序设计。通过上述例子可以看出，ARM 中实现分支一般使用跳转指令，通过跳转指令结合标号来完成，结合条件执行可以完成各种分支结构。同时，跳转指令结合标号也可以方便实现循环程序结构。

例 4-2 中最后的循环为死循环，是在调试时防止程序跑飞的特殊处理，仅在调试时使用。

【例 4-3】 给出一个输出 Hello World 的程序。

```
AREA HelloWorld,CODE,READONLY        ; 声明代码段
SWI_WriteC      EQU     &0           ; 输出 R0 中的字符，&0 为预定义的输出代码段入口
SWI_Exit        EQU     &11          ; 程序结束&11 为预定义程序结束代码入口
    ENTRY                            ; 代码的入口
START           ADR     R1,TEXT      ; R1→"Hello World"
LOOP            LDRB    R0,[R1],#1   ; 读取下一个字节
                CMP     R0,#0        ; 检查文本终点
                SWINE   SWI_WriteC   ; 若非终点，则打印
                BNE     LOOP         ; 并返回 LOOP
                SWI     SWI_Exit     ; 执行结束
TEXT            =       "Hello World",&0a,&0d,0
    END                              ; 程序源代码结束
```

上述例子中展示了 ADR 伪指令的应用，也给出了一个循环结构的实现，和例 4-2 的终结循环的方法有所不同。同时，例子中展示了 SWI 的使用、触发异常和跳转至预定代码。

4.4 ARM C 语言基础及混合编程

C 语言的优点是运行速度快、编译效率高、移植性好和可读性强。C 语言支持模块化程序设计，支持自顶向下的结构化程序设计方法。因此，在嵌入式程序设计中经常会用到 C 语言程序设计。

嵌入式 C 语言程序设计是利用基本的 C 语言知识，面向嵌入式工程实际应用进行程序设计。也就是说它首先是 C 语言程序设计，因此必须符合 C 语言基本语法，只是它是面向嵌入式的应用而设计的程序。

为了使单独编译的 C 语言程序和汇编程序之间能够相互调用，必须为子程序之间的调用规定一定的规则。ATPCS 就是 ARM 程序和 Thumb 程序中子程序调用的基本规则。

4.4.1 ATPCS 概述

PCS 即 Procedure Call Standard（过程调用规范），ATPCS 即 ARM-Thumb Procedure Call

Standard。ATPCS 规定了一些子程序之间调用的基本规则，这些基本规则包括子程序调用过程中寄存器的使用规则，数据栈的使用规则，参数的传递规则。为适应一些特定的需要，对这些基本的调用规则进行一些修改得到几种不同的子程序调用规则，这些特定的调用规则包括：支持数据栈限制检查的 ATPCS，支持只读段位置无关的 ATPCS，支持可读写段位置无关的 ATPCS，支持 ARM 程序和 Thumb 程序混合使用的 ATPCS，处理浮点运算的 ATPCS。

有调用关系的所有子程序必须遵守同一种 ATPCS。编译器或者汇编器在 ELF 格式的目标文件中设置相应的属性，标识用户选定的 ATPCS 类型。对应不同类型的 ATPCS 规则，有相应的 C 语言库，连接器根据用户指定的 ATPCS 类型连接相应的 C 语言库。

使用 ADS 的 C 语言编译器编译的 C 语言子程序满足用户指定的 ATPCS 类型。而对于汇编语言程序来说，完全要依赖用户来保证各子程序满足选定的 ATPCS 类型。具体来说，汇编语言子程序必须满足下面 3 个条件：在子程序编写时必须遵守相应的 ATPCS 规则；数据栈的使用要遵守 ATPCS 规则；在汇编编译器中使用-apcs 选项。

4.4.2 基本 ATPCS

基本 ATPCS 规定了在子程序调用时的一些基本规则，包括以下 3 个方面的内容：各寄存器的使用规则及其相应的名字，数据栈的使用规则，参数传递的规则。相对于其他类型的 ATPCS，满足基本 ATPCS 的程序的执行速度更快，所占用的内存更少。但是它不能提供以下的支持：ARM 程序和 Thumb 程序相互调用，数据以及代码的位置无关的支持，子程序的可重入性，数据栈检查的支持。而派生的其他几种特定的 ATPCS 就是在基本 ATPCS 的基础上再添加其他的规则而形成的，其目的就是提供上述的功能。

1. 寄存器的使用规则

ATPCS 中定义的寄存器如表 4-3 所示。

表 4-3   ATPCS 中定义的寄存器

寄存器	R0	R1	R2	R3	R4	R5	R6	R7	R8	R9	R10	R11	R12	R13	R14	R15
ATPCS 名称	a1	a2	a3	a4	v1	v2	v3	v4	WR	v5	v6	SB	v7	SL	v8	FP

其中：R0～R3：用于传参数，r0 用于返回值。

      R4～R11：通用变量寄存器。

      R12：用作过程调用中间临时过渡寄存器 IP。

      R13：堆栈指针。

      R14：连接寄存器。

      R15：PC。

另外，R9、R10 和 R11 还有一个特殊作用，分别记为：静态基址寄存器 SB，数据栈限制指针 SL 和帧指针 FP。

① 子程序通过寄存器 R0～R3 来传递参数，这时寄存器可以记作 A0～A3，被调用的子程序在返回前无须恢复寄存器 R0～R3 的内容。

② 在子程序中，使用 R4～R11 来保存局部变量，这时寄存器 R4～R11 可以记作 V1～V8。如果在子程序中使用到 V1～V8 的某些寄存器，子程序进入时必须保存这些寄存器的值，在返回前必须恢复这些寄存器的值，对于子程序中没有用到的寄存器则不必执行这些操作。

在 Thumb 程序中，通常只能使用寄存器 R4～R7 来保存局部变量。

③ 寄存器 R12 用作子程序间临时过渡寄存器，记作 IP，在子程序的连接代码段中经常会有这种使用规则。

④ 寄存器 R13 用作数据栈指针，记作 SP，在子程序中寄存器 R13 不能用作其他用途。寄存器 SP 在进入子程序时的值和退出子程序时的值必须相等。

⑤ 寄存器 R14 用作连接寄存器，记作 LR。它用于保存子程序的返回地址，如果在子程序中保存了返回地址，则 R14 可用作其他的用途。

⑥ 寄存器 R15 是程序计数器，记作 PC，它不能用作其他用途。

⑦ ATPCS 中的各寄存器在 ARM 编译器和汇编器中都是预定义的。

2．数据栈的使用规则

栈指针通常可以指向不同的位置。当栈指针指向栈顶元素（即最后一个入栈的数据元素）时，称为 FULL 栈。当栈指针指向与栈顶元素相邻的一个元素时，称为 Empty 栈。数据栈的增长方向也可以不同，当数据栈向内存减小的地址方向增长时，称为 Descending 栈；当数据栈向着内存地址增加的方向增长时，称为 Ascending 栈。综合这两种特点可以有以下 4 种数据栈，即 FD、ED、FA、EA。ATPCS 规定数据栈为 FD 类型，并对数据栈的操作是 8 字节对齐的，下面是一个数据栈的示例及相关的名词。

① 数据栈栈指针（Stack Pointer）：指向最后一个写入栈的数据的内存地址。

② 数据栈的基地址（Stack Base）：指数据栈的最高地址。由于 ATPCS 中的数据栈是 FD 类型的，实际上数据栈中最早入栈数据占据的内存单元是基地址的下一个内存单元。

③ 数据栈界限（Stack Limit）：数据栈中可以使用的最低的内存单元地址。

④ 已占用的数据栈（Used Stack）：数据栈的基地址和数据栈栈指针之间的区域，其中包括数据栈栈指针对应的内存单元。

⑤ 数据栈中的数据帧（Stack Frames）：在数据栈中，为子程序分配的用来保存寄存器和局部变量的区域。

异常中断的处理程序可以使用被中断程序的数据栈，这时用户要保证中断的程序数据栈足够大。使用 ADS 编译器产生的目标代码中包含了 DRFAT2 格式的数据帧。在调试过程中，调试器可以使用这些数据帧来查看数据栈中的相关信息。而对于汇编语言来说，用户必须使用 FRAME 伪操作来描述数据栈中的数据帧。ARM 汇编器根据这些伪操作在目标文件中产生相应的 DRFAT2 格式的数据帧。

在 ARMv5TE 中，批量传送指令 LDRD/STRD 要求数据栈是 8 字节对齐的，以提高数据的传送速度。用 ADS 编译器产生的目标文件中，外部接口的数据栈都是 8 字节对齐的，并且编译器将告诉连接器，目标文件中的数据栈是 8 字节对齐的。而对于汇编程序来说，如果目标文件中包含了外部调用，则必须满足以下条件：外部接口的数据栈一定是 8 位对齐的，也就是要保证在进入该汇编代码后，直到该汇编程序调用外部代码之间，数据栈的栈指针变化为偶数个字；在汇编程序中使用 PRESERVE8 伪操作告诉连接器，本汇编程序是 8 字节对齐的。

3．参数的传递规则

根据参数个数是否固定，可以将子程序分为参数个数固定的子程序和参数个数可变的子程序。这两种子程序的参数传递规则是不同的。

（1）参数个数可变的子程序参数传递规则

对于参数个数可变的子程序，当参数不超过 4 个时，可以使用寄存器 R0～R3 来进行参数传递；当参数超过 4 个时，还可以使用数据栈来传递参数。在参数传递时，将所有参数看作是存放在连续的内存单元中的字数据。然后，依次将各名字数据传送到寄存器 R0，R1，R2，R3；如果参数多于 4 个，将剩余的字数据传送到数据栈中，入栈的顺序与参数顺序相反，即最后一个字数据先入栈。按照上面的规则，一个浮点数参数可以通过寄存器传递，也可以通过数据栈传递，也可能一半通过寄存器传递，另一半通过数据栈传递。

（2）参数个数固定的子程序参数传递规则

对于参数个数固定的子程序，参数传递与参数个数可变的子程序参数传递规则不同，如果系统包含浮点运算的硬件部件，浮点参数将按照下面的规则传递：各个浮点参数按顺序处理；为每个浮点参数分配 FP 寄存器；分配的方法是，满足该浮点参数需要的且编号最小的一组连续的 FP 寄存器。第 1 个整数参数通过寄存器 R0～R3 来传递，其他参数通过数据栈传递。

（3）子程序结果返回规则

① 结果为一个 32 位的整数时，可以通过寄存器 R0 返回。

② 结果为一个 64 位整数时，可以通过 R0 和 R1 返回，依此类推。

③ 结果为一个浮点数时，可以通过浮点运算部件的寄存器 f0、d0 或者 s0 来返回。

④ 结果为一个复合的浮点数时，可以通过寄存器 f0～fN 或者 d0～dN 来返回。

⑤ 对于位数更多的结果，需要通过调用内存来传递。

4.4.3　ARM 程序和 Thumb 程序的混合使用

在编译或汇编时，使用/intework 告诉编译器或汇编器生成的目标代码遵守支持 ARM 程序和 Thumb 程序混合使用的 ATPCS，它用在以下场合：程序中存在 ARM 程序调用 Thumb 程序的情况；程序中存在 Thumb 程序调用 ARM 程序的情况；需要连接器来进行 ARM 状态和 Thumb 状态切换的情况。在下述情况下使用选项 nointerwork：程序中不包含 Thumb 程序；用户自己进行 ARM 程序和 Thumb 程序切换。需要注意的是：在同一个 C/C++程序中不能同时有 ARM 指令和 Thumb 指令。

4.4.4　C 语言及汇编语言混合编程

在嵌入式系统开发中，目前使用的主要编程语言是 C 和汇编，C++已经有相应的编译器，但是现在使用还是比较少的。在稍大规模的嵌入式软件中，如含有 OS，大部分的代码都是用 C 语言编写的，主要是因为 C 语言的结构比较好，便于人的理解，而且有大量的支持库。尽管如此，很多地方还是要用到汇编语言，如开机时硬件系统的初始化，包括 CPU 状态的设定，中断的使能，主频的设定，以及 RAM 的控制参数及初始化，一些中断处理方面也可能涉及汇编。另外一个使用汇编的地方就是一些对性能非常敏感的代码块，这是不能依靠 C 编译器的生成代码，而要手工编写汇编，达到优化的目的。而且，汇编语言是和 CPU 的指令集紧密相连的，作为涉及底层的嵌入式系统开发，熟练使用汇编语言也是必需的。

单纯的 C 或者汇编编程请参考相关的书籍或者手册，这里主要讨论 C 和汇编的混合编程，包括相互之间的函数调用。下面进行的讨论暂不涉及 C++。

1. 在 C 语言中内嵌汇编

在 C 语言中内嵌的汇编指令包含大部分的 ARM 和 Thumb 指令，不过其使用与汇编文件中的指令有些不同，存在一些限制，主要有下面几个方面。

① 不能直接向 PC 寄存器赋值，程序跳转要使用 B 或者 BL 指令。

② 在使用物理寄存器时，不要使用过于复杂的 C 表达式，避免物理寄存器冲突。

③ R12 和 R13 可能被编译器用来存放中间编译结果，计算表达式值时可能将 R0 到 R3、R12 及 R14 用于子程序调用，因此，要避免直接使用这些物理寄存器。

④ 一般不要直接指定物理寄存器，而让编译器进行分配。

内嵌汇编语言使用的标记是 __asm 或者 asm 关键字，用法如下。

```
__asm
{
指令 [;指令]
...
[指令]
}
asm("指令[;指令]");
```

下面通过例 4-4 来说明如何在 C 语言中内嵌汇编语言。

【例 4-4】 在 C 语言中内嵌汇编语言。

```
#include <stdio.h>
void do_strcpy(const char *src, char *dest)
{  //字符串复制函数
char ch;
  __asm//注: 本章节所有示例中均默认 CPU 是 ARM 状态，实际应用中可能需要加以判断。
{
 loop:
 ldrb ch, [src], #1               // 读取下一个字符
 strb ch, [dest], #1              // 存储下一个字符
 cmp ch, #0                       // 检查文本终点
 bne loop                         // 若非终点转移到 loop
}
}
```

在这里 C 和汇编之间的值传递是用 C 的指针来实现的，因为指针对应的是地址，所以在汇编语言中也可以访问。

2. 在汇编中使用 C 定义的全局变量

内嵌汇编不用单独编辑汇编语言文件，比较简洁，但是有诸多限制，当汇编的代码较多时一般放在单独的汇编文件中，这时就需要在汇编和 C 之间进行一些数据的传递，最简便的办法就是使用全局变量。汇编中使用 C 定义的全局变量如例 4-5 所示。

【例 4-5】 在汇编中使用 C 定义的全局变量。

```
//C 程序
#include <stdio.h>
```

```
int pubvar = 5;                            // C 定义的全局变量
extern asmdata(void);
int main()
{
printf("old value of pubvar is: %d", pubvar);
asmdata();
printf("new value of pubvar is: %d", pubvar);
return 0;
}
;汇编程序
    AREA asmfunc, CODE, READONLY
    EXPORT asmdata
    IMPORT pubvar
asmdata
    ldr r0, = pubvar                       ; r0←pub 地址
    ldr r1, [r0]                           ; r1←[r0]
    mov r2, #3                             ; r2←#3
    mul r3, r1, r2                         ; r3←r1*r2
    str r3, [r0]                           ; [r0]←r3
    mov pc, lr                             ; 从子程序返回
    END
```

3. 在 C 中调用汇编的函数

在 C 中调用汇编文件中的函数，要做的主要工作有两个，一是在 C 中声明函数原型，并加 extern 关键字；二是在汇编中用 EXPORT 导出函数名，并用该函数名作为汇编代码段的标识，最后用 mov pc, lr 返回。然后，就可以在 C 中使用该函数了。从 C 的角度，并不知道该函数的实现是用 C 还是汇编。更深的原因是因为 C 的函数名起到表明函数代码起始地址的作用，这个和汇编的 label 是一致的。在 C 中调用汇编的函数（函数不多于 4 个参数）如例 4-6 所示。

【例 4-6】 在 C 中调用汇编的函数（函数不多于 4 个参数）。

```
;汇编程序
    AREA asmfunc, CODE, READONLY
    EXPORT do_strcpy
do_strcpy
loop
    ldrb r4, [r0], #1                      ; r4←[r0],r0←r0+1
    cmp r4, #0                             ; 检查文本终点
    beq over                              ; 若终点转移到 over
    strb r4, [r1], #1                      ; [r1]←r4,r1←r1+1
    b loop
over
    mov pc, lr                             ; 从子程序返回
    END
```

```
//C 程序
#include <stdio.h>
extern void do_strcpy(const char *src, char *dest);
int main()
{
const char *s = "my test string!";
char d[128];
do_strcpy(s, d);
printf("old: %s\r\n", s);
printf("new: %s\r\n",d);
return 0;
}
```

在这里，C 和汇编之间的参数传递是通过 ATPCS（ARM Thumb Procedure Call Standard）的规定来进行的。简单来说就是如果函数有不多于 4 个参数，对应的参数用 R0～R3 来进行传递，多于 4 个参数时借助栈，函数的返回值通过 R0 来返回。在 C 中调用汇编的函数（函数多于 4 个参数）如例 4-7 所示。

【例 4-7】 在 C 中调用汇编的函数（函数多于 4 个参数）。

```
;汇编程序:
    AREA addcode, CODE, READONLY    ; 段 addcode，代码段
    code32                          ; ARM 指令
EXPORT myadd_six
myadd_six
    stmfd r13,{r4,r5}               ; 将 r4，r5 压入堆栈，但 R13 不变
    ldr r4,[r13]                    ; 将第 5 个参数从堆栈中提出
    ldr r5,[r13,#4]                 ; 将第 6 个参数从堆栈中提出
    add r0,r0,r1
    add r0,r0,r2
    add r0,r0,r3
    add r0,r0,r4
    add r0,r0,r5                    ; 32 位结果保存在 R0 中
    sub r13,r13,#8
    ldmfd r13,{r4,r5}               ; 从堆栈中恢复 r4,r5
    mov r15,r14                     ; 返回主程序
    END
//C 主程序
#define UINT unsigned int
extern UINT myadd_six(UINT a,UINT b,UINT c,UINT d,UINT e,UINT f);
int main(void)
{
    myadd_six(1,2,3,4,5,6);
    return 0;
}
```

4. 在汇编中调用 C 的函数

在汇编语言中调用 C 语言的函数，需要在汇编中 IMPORT 对应的 C 函数名，然后将 C 的代码放在一个独立的 C 文件中进行编译，剩下的工作由连接器来处理。

下面是两个汇编语言调用 C 语言函数的例子。在汇编语言中调用 C 语言的函数（参数不多于 4 个）如例 4-8 所示，在汇编语言中调用 C 语言的函数（参数多于 4 个）如例 4-9 所示。

【例 4-8】 在汇编语言中调用 C 语言的函数（参数不多于 4 个）。

```
// C 函数 prog1_c.c
void prog1_c(int p1,int p2,int p3)
{
    printk("%0x %0x %0x\r\n",p1,p2,p3);          // 输出参数值
}
;汇编程序 prog1_asm.s
IMPORT prog1_c                                   ; 声明 prog1_c 函数
AREA PROG1_ASM, CODE, READONLY
prog1_asm
STR lr, [sp, #-4]!                               ; 保存当前 lr
ldr r0,=0x1                                      ; 参数 1
ldr r1,=0x2                                      ; 参数 2
ldr r2,=0x3                                      ; 参数 3
bl prog1_c                                       ; 调用 C 函数
LDR pc, [sp], #4                                 ; 将 lr 装进 pc(返回 main 函数)
END
```

程序从 main 函数开始执行，main 调用了 prog1_asm，prog1_asm 调用了 prog1_c，最后从 prog1_asm 返回 main。代码分别使用了汇编和 C 定义了两个函数，prog1_asm 和 prog1_c，prog1_asm 调用了 prog1_c，其参数的传递方式就是向 R0～R2 分别写入参数值，之后使用 bl 语句对 prog1_c 进行调用。其中值得注意的地方是 prog1_asm 在调用 prog1_c 之前必须把当前的 lr 入栈，调用完 prog1_c 之后再把刚才保存在栈中的 lr 写回 pc，这样才能返回到 main 函数中。如果 prog1_c 的参数是 6 个呢？这种情况 prog1_asm 应该怎样传递参数呢？参数多于 4 个时传递参数如例 4-9 所示。

【例 4-9】 在汇编语言中调用 C 语言的函数（参数多于 4 个）。

```
//C 函数  prog2_c.c
void prog2_c(int p1,int p2,int p3,int p4,int p5,int p6)
{
    printk("%0x %0x %0x %0x %0x %0x\r\n",p1,p2,p3,p4,p5,p6);   // 输出参数值
}
;汇编程序 prog2_asm.s
    IMPORT prog2_c                               ; 声明 prog2_c 函数
    AREA PROG2_ASM, CODE, READONLY
    EXPORT prog2_asm
prog2_asm
```

```
        STR lr, [sp, #-4]!               ; 保存当前 lr
        ldr r0,=0x1                      ; 参数 1
        ldr r1,=0x2                      ; 参数 2
        ldr r2,=0x3                      ; 参数 3
        ldr r3,=0x4                      ; 参数 4
        ldr r4,=0x6
        str r4,[sp,#-4]!                 ; 参数 6 入栈
        ldr r4,=0x5
        str r4,[sp,#-4]!                 ; 参数 5 入栈
        bl prog2_c
        ADD sp, sp, #4                   ; 清除栈中参数 5，本语句执行完后 sp 指向参数 6
        ADD sp, sp, #4                   ; 清除栈中参数 6，本语句执行完后 sp 指向 lr
        LDR pc, [sp],#4                  ; 将 lr 装进 pc(返回 main 函数)
        END
```

在例 4-9 的 prog2_asm 中，参数 1～参数 4 还是通过 R0～R3 进行传递，而参数 5～参数 6 则是通过把其压入堆栈的方式进行传递，不过要注意这两个入栈参数的入栈顺序，是以参数 6->参数 5 的顺序入栈的。直到调用 prog2_c 之前，堆栈内容如表 4-4 所示，prog2_c 执行返回后，则设置 sp，对之前入栈的参数进行清除，最后将 lr 装入 pc 返回 main 函数，在执行 LDR pc, [sp],#4 指令之前堆栈内容如表 4-5 所示。

表 4-4	堆栈内容（1）
Sp->	参数 5
	参数 6
	lr

表 4-5	堆栈内容（2）
	参数 5
	参数 6
sp->	lr

4.5 ARM 汇编语言实验基础

用户选用 ARM 处理器开发嵌入式系统时，选择合适的开发工具可以加快开发进度、节省开发成本。因此一套含有编辑软件、编译软件、汇编软件、链接软件、调试软件、工程管理及函数库的集成开发环境（IDE）一般来说是必不可少的，至于嵌入式实时操作系统、评估板等其他开发工具则可以根据应用软件规模和开发计划选用。

业界可用的集成开发环境有很多，其中 ARM 官方 IDE 已经从最早的 ARM SDT、ADS、RVDS、MDK-ARM 等升级到 DS-5，其中 RVDS 和 DS-5 都集成在定制的 Eclipse IDE 中，并与第三方插件兼容。第三方工具使用较多的还有 IAR EWARM 等。考虑教学和实验需要，本节仅介绍实验中使用的 ADS 集成开发环境，其他工具或环境同学可以根据自己的兴趣自学使用。

4.5.1 ADS 软件组成

ADS 集成开发环境简介 ADS 全称为 ARM Developer Suite，是 ARM 公司推出的新一代 ARM 集成开发工具。ADS 用于无操作系统的 ARM 系统开发，是对裸机（可理解成一个高

级单片机）的开发。ADS 有极佳的测试环境和良好的侦错功能，它可使硬件开发者更深入地从底层去理解 ARM 处理器的工作原理和操作方法，为日后自行设计打基础，为 BootLoader 的编写和调试打基础。由命令行开发工具、ARM 运行时库、GUI（Graphics User Interface，图形用户界面）开发环境（CodeWarrior 和 AXD）、实用程序、支持软件等组成。

1. 命令行开发工具

命令行开发工具在实际应用中相对来说比较广泛，使用它的好处在于可以将许多编译命令写在一个脚本文件中，然后只执行该脚本文件就可以让工具自动完成所有编译、链接工作生成可执行代码。命令行开发工具中常用的命令如下。

（1）armcc

armcc 是 ARM C 编译器，用于将用 ANSI C 编写的程序编译成 32 位的 ARM 指令代码。armcc 命令使用时可附带参数。在命令控制台环境下，输入以下命令：

```
> armcc -help
```

将可以查看 armcc 的语法格式以及最常用的一些操作选项。

armcc 的基本语法格式为：

```
> armcc [options] file1 file2…filen
```

这里的 options 是编译器所需要的选项，file 1 file 2…file *n* 是相关的文件名。以下简单介绍一些最常用的操作选项：

- c：表示只编译文件而不进行链接；
- -C：禁止预编译器将注释行移走；
- -D<symbol>：定义预处理宏，相当于在源程序开头使用了宏定义语句；
- -E：仅仅是对 C 源代码进行预处理后就停止；
- -g<options>：指定是否在生成的目标文件中包含调试信息表；
- -I<directory>：将 directory 所指的路径添加到#include 的搜索路径列表中去；
- -J<directory>：用 directory 所指的路径代替默认的对#include 的搜索路径；
- -o<file>：指定编译器最终生成的输出文件名；
- -O0：不优化；
- -O1：这是控制代码优化的编译选项，大写字母 O 后面跟的数字不同，表示的优化级别就不同，-O1 关闭了影响调试结果的优化功能；
- -O2：该优化级别提供了最大的优化功能；
- -S：对源程序进行预处理和编译，自动生成汇编文件而不是目标文件；
- -U<symbol>：取消预处理宏名，相当于在源文件开头使用语句#undef symbol；
- -W<options>：关闭所有的或被选择的警告信息；

更详细的选项说明，读者可查看 ADS 软件的在线帮助文件。

（2）armcpp

armcpp 是 ARM C++编译器，它将 ISO C++或 EC++编译成 32 位的 ARM 指令代码。该编译器的命令选项和 armcc 的选项基本一样，这里不再重复。

（3）tcc

tcc 是 Thumb C 编译器，它将 ANSI C 源代码编译成 16 位的 Thumb 指令代码。tcc 的编译选项和用法类似 armcc，具体使用请参考 ADS 软件的在线帮助文件。

（4）tcpp

tcpp 是 Thumb C++编译器，它将 ISO C++和 EC++源码编译成 16 位 Thumb 指令代码。它的编译选项和用法类似 armcc，具体使用请参考 ADS 软件的在线帮助文件。

（5）armasm

armasm 是 ARM 和 Thumb 的汇编器，它对用 ARM 汇编语言和 Thumb 汇编语言写的源代码进行汇编。在命令行输入：

```
armasm help
```

将会看到 armasm 汇编器的用法以及它的编译选项。armasm 的基本语法格式有两种：

```
> armasm [options] sourcefile objectfile
> armasm [options] -o objectfile sourcefile
```

其中，options 为它的可选项，常用的选项介绍如下：

- -LIST：汇编后产生一个列表文件在指定的文件；
- -Depend：保存编译后的依赖源文件；
- -Errors：将标准出错的诊断信息放到指定的文件中；
- -I：添加目录到源文件的搜索路径；
- -PreDefine：预执行一个 SET{L,A,S}指令；
- -NOCache：缓冲关闭（默认是开）；
- -MaxCache：定义最大缓冲的大小（默认是 8MB）；
- -NOWarn：关闭打印告警信息；
- -G：输出调试表；
- -APCS：使预定义匹配已选择 proc-call 标准；
- -Help：打印帮助信息；
- -LIttleend：小端模式 ARM；
- -BIgend：大端模式 ARM；
- -MEMACCESS：说明目标内存系统的属性；
- -M：写源文件依赖性列表到标准输出；
- -MD：写源文件依赖性列表到标准输入；
- -CPU：设置目标 ARM 内核类型；
- -FPU：设置目标 FP 体系版本；
- -16：汇编 16 位 Thumb 指令；
- -32：汇编 32 位 ARM 指令。

（6）armlink

armlink 是 ARM 链接器，该命令既可以将编译得到的一个或多个目标文件和相关的一个或多个库文件进行链接，生成一个可执行文件，也可以将多个目标文件部分链接成一个目标文件，以供进一步地链接。ARM 链接器生成的是 ELF 格式的可执行映像文件。armlink 的语法格式如下：

```
> armlink option-list input-file-list
```

其中，option-list 是一个区分大小写的选项表；input-file-list 是一系列库和目标文件。关于 armlink 的具体使用请参考 ADS 软件的在线帮助文件。

（7）armsd

armsd 是 ARM 和 Thumb 的符号调试器，它能够进行源码级的程序调试。用户可以在用 C 或汇编语言写的代码中进行单步调试，设置断点，查看变量值和内存单元的内容。armsd 的语法格式如下：

```
> armsd [options] [<imagefile> [<arguments>]]
```

其中，options 是一系列调试选项；imagefile 定义一个 AIF 或 ELF 文件的名字；arguments 是被 imagefile 接收的命令行参数。关于 armsd 的具体使用请参考 ADS 软件的在线帮助文件。

2．ARM 运行时库

ADS 提供两种运行时库来支持 C 和 C++代码的编译，一种是 ANSI C 库函数，另一种是 C++库函数。

ANSI C 库函数包含在 ISO C 标准中定义的函数以及被 C 和 C++编译器所调用的支持函数。C++库函数包含由 ISO C++标准定义的函数。

3．GUI 开发环境

ADS GUI 开发环境包含 CodeWarrior 和 AXD 两种，其中 Code Warrior 是集成开发工具，而 AXD 是调试工具。

CodeWarrior for ARM 是一套完整的集成开发工具，充分发挥了 ARM RISC 的优势，使产品开发人员能够很好地应用尖端的片上系统技术。该工具是专为基于 ARM RISC 的处理器而设计的，它可加速并简化嵌入式开发过程中的每一个环节，使得开发人员只需通过一个集成软件开发环境就能研制出 ARM 产品。在整个开发周期中，开发人员无需离开 CodeWarrior 开发环境，因此，节省了在操作工具上花的时间，使得开发人员有更多的精力投入到代码编写上来。CodeWarrior 集成开发环境（IDE）为管理和开发项目提供了简单多样化的图形用户界面。用户可以使用 ADS 的 CodeWarrior IDE 为 ARM 和 Thumb 处理器开发用 C、C++或 ARM 汇编语言编写的程序代码。CodeWarrior IDE 缩短了用户开发项目代码的周期，主要是两个原因，一是全面的项目管理功能；二是子函数的代码导航功能，使得用户能迅速找到程序中的子函数。

AXD（ARM eXtended Debugger）即 ARM 扩展调试器。调试器本身是一个软件，用户通过这个软件使用调试代理可以对包含有调试信息的、正在运行的可执行代码进行变量的查看、断点的控制等调试操作。调试代理既不是被调试的程序，也不是调试器。在 ARM 体系中，它有这样几种方式：Multi-ICE（Multi-processor In-Circuit Emulator）、ARMulator 和 Angel。其中 Multi-ICE 是一个独立的产品，是 ARM 公司自己的 JTAG 在线仿真器，不是由 ADS 提供的。AXD 可以在 Windows 和 UNIX 下进行程序的调试，它为用 C、C++和汇编语言编写的源代码提供了一个全面的 Windows 和 UNIX 环境。

4．实用程序

ADS 除了提供上述工具外，它还提供以下的实用工具来配合前面介绍的命令行开发工具的使用。

（1）Flash downloader

Flash downloader 是用于把二进制映像文件下载到 ARM 开发板上的 Flash 存储器的工具。

（2）fromELF

fromELF 是 ARM 映像文件转换工具。该命令将 ELF 格式的文件作为输入文件，将该格式转换为各种输出格式的文件，包括 plain binary（BIN 格式映像文件）、Motorola 32-bit S-record format（Motorola 32 位 S 格式映像文件）、Intel Hex 32 format（Intel 32 位格式映像文件）和 Verilog-like hex format（Verilog 十六进制文件）。fromELF 命令也能够为输入映像文件产生文本信息，如代码和数据长度。

（3）armar

ARM 库函数生成器将一系列 ELF 格式的目标文件以库函数的形式集合在一起，用户可以把一个库传递给一个链接器以代替几个 ELF 文件。

5．支持软件仿真

ADS 为用户提供 ARMulator 软件，使用户可以在软件仿真的环境下或者在基于 ARM 的硬件环境下调试用户的应用程序。ARMulator 是一个 ARM 指令集仿真器，集成在 ARM 的调试器 AXD 中，它提供对 ARM 处理器的指令集的仿真，为 ARM 和 Thumb 提供精确的模拟。用户可以在硬件尚未做好的情况下，开发程序代码。

ADS 软件主要由上述 5 个部分组成，下面将介绍在实际开发中使用频繁的 CodeWarrior 和 AXD 工具的基本使用。

4.5.2　使用 CodeWarrior IDE

CodeWarrior IDE 提供一个简单通用的图形化用户界面用于管理软件开发项目。可以以 ARM 和 Thumb 处理器为对象，利用 CodeWarrior IDE 开发 C、C++和 ARM 汇编代码。为了便于读者理解，这里通过一个具体实例，介绍 CodeWarrior IDE 工具的使用。

1．创建项目工程

建立项目工程是嵌入式开发的第 1 步，因为工程将所有的源代码文件组织在一起，并能够决定最终生成文件存放的路径、输出的格式等。运行 ADS1.2 开发软件（CodeWarrior for ARM Developer Suite），打开 CodeWarrior 集成开发环境，如图 4-1 所示。

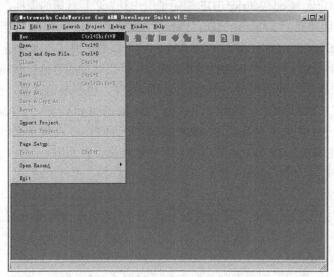

图 4-1　CodeWarrior 集成开发环境

在 CodeWarrior 中新建一个工程的方法有两种，可以在工具栏中单击 New 按钮，也可以在 File 菜单中选择 New 命令，如图 4-1 所示，这样就会打开一个如图 4-2 所示的新建工程对话框。

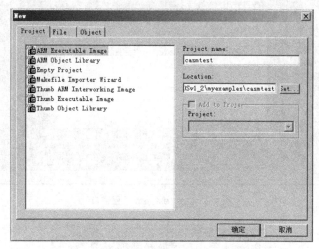

图 4-2　新建工程对话框

在 Project 列表框中有 7 种可选择的工程类型。

- ARM Executable Image：用于将 ARM 指令代码生成一个 ELF 格式的可执行映像文件。
- ARM Object Library：用于将 ARM 指令代码生成一个 armar 格式的目标文件库。
- Empty Project：用于创建一个不包含任何库或源文件的工程。
- Makefile Importer Wizard：用于将 Visual C 的 nmake 或 GNU make 文件转换成 CodeWarrior IDE 工程文件。
- Thumb ARM Interworking Image：用于将 ARM 指令和 Thumb 指令的混和代码生成一个可执行的 ELF 格式的映像文件。
- Thumb Executable Image：用于将 Thumb 指令代码生成可执行的 ELF 格式的映像文件。
- Thumb Object Library：用于将 Thumb 指令的代码生成一个 armar 格式的目标文件库。

在这里选择 ARM Executable Image，然后在 Project name 文本框里输入名为 casmtest 的工程文件名。接下来在 Location 框中单击 Set 按钮，选择项目工程存放的位置为 D:\Program Files\ARM\ADSv1_2\myexamples\casmtest。最后单击"确定"按钮，即可建立一个新的名为 casmtest 的工程。此时会弹出一个 casmtest.mcp 工程窗口，如图 4-3 所示。

casmtest mcp 工程窗口中有 3 个标签页，分别为 Files、Link Order 和 Targets，默认显示的是 Files 标签页。在该标签页中单击鼠标右键，选择 Add Files 命令可以向工程中添加源程序，如图 4-4 所示。

为工程添加源程序常用的方法有两种，一种是使用如图 4-4 所示的方法，另一种是在 Project 菜单中选择 Add Files 命令，这两种方法都会打开文件浏览框，用户可以把已经编辑好的源程序添加到工程中。对于本例，由于源程序还没有建立，所以要首先建立源文件。

图 4-3　casmtest.mcp 工程窗口

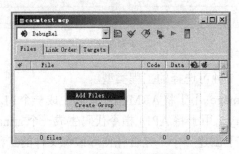

图 4-4　添加源文件到工程中

　　选择 File 菜单中有 New 菜单命令，在打开的如图 4-2 所示的对话框中选择 File 标签页，在 File name 文本框中输入要创建的文件名 main.c，并在 Location 文本框中指定文件的存放位置，如图 4-5 所示，单击"确定"按钮关闭窗口。

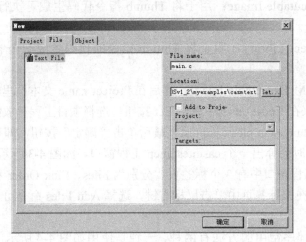

图 4-5　创建源文件

　　在随后自动打开的编辑窗口中输入源文件 main.c 的 C 语言代码并保存，如图 4-6 所示。

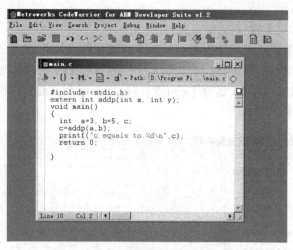

图 4-6　编辑 C 语言代码

按同样的方法创建文件名为 **addp.s** 的汇编源程序代码并保存，如图 4-7 所示。

源文件编辑好后就可以添加到工程中去了。当选中要添加的文件时，会弹出一个对话框，如图 4-8 所示，询问用户把文件添加到何类目标中，在这里，选择 DebugRel 目标。

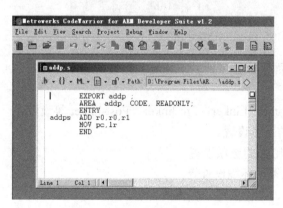

图 4-7　编辑汇编语言代码

图 4-8　选择生成目标类型

在建好一个工程时，默认的 Targets 是 DebugRel，还有另外两个可用的目标类型，分别为 Release 和 Debug，这 3 个目标类型的含义如下。

- DebugRel：使用该目标，在生成目标的时候，会为每一个源文件生成调试信息。
- Debug：使用该目标为每一个源文件生成最完整的调试信息。
- Release：使用该目标不会生成任何调试信息。

源文件添加完成后，工程窗口如图 4-9 所示。至此，工程建立完成，下面对工程进行编

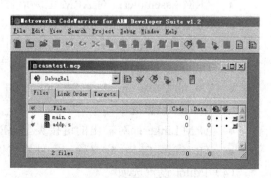

图 4-9　casmtest.mcp 工程窗口

译和链接。

2．编译和链接项目工程

在编译 casmtest 项目之前，要先进行目标生成选项的设置工作，这些选项包括编译器选项、汇编选项、链接器选项等，它们将决定 CodeWarrior IDE 如何处理工程项目，并生成特定的输出文件。单击 Edit 菜单，选择 DebugRel Settings 命令，或者按 Alt＋F7 组合键，显示如图 4-10 所示的对话框。

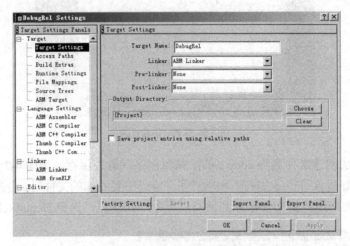

图 4-10　DebugRel 设置对话框

图 4-10 的最左边部分是目标设置面板，它包括以下几个人的设置选项。

（1）Target 设置选项

- Target Settings：包括 Target Name、Linker、Pre-linker、Post-linker 等设置。
- Access Paths：主要用于项目的路径设置。
- Build Extras：主要用于 Build 附加的选项设置。
- Runtime Settings：包括一般设置、环境设置等。
- File Mappings：包含映射信息、文件类型、编辑语言等。
- Source Trees：包含源代码树结构信息以及路径选择等。
- ARM Target：定义输出 image 文件名、类型等。

（2）Language Settings 设置选项

- ARM Assembler：对 ARM 汇编语言的支持选项设置。
- ARM C Compiler：对 C 语言的支持选项设置。
- ARM C++ Compiler：对 C++语言的支持选项设置。
- Thumb C Compiler：对 Thumb C 语言的支持选项设置。
- Thumb C++ Compiler：对 Thumb C++语言的支持选项设置。

（3）Linker 设置选项

- ARM Linker：对输出的链接类型、RO Base、RW Base 地址等选项设置。
- ARM fromELF：定义输出文件格式以及路径等。

（4）Editor 设置选项

- Custom Keywords：对客户关键字高亮颜色的设置。

（5）Debugger 设置选项

- Other Executables：当调试该目标板时制定其他的可执行文件来调试。
- Debugger Settings：对调试器的一些基本设置。
- ARM Debugger：选择调试时的调试器（AXD、Armsd 或其他调试器）。
- ARM Runner：选择运行时的调试器（AXD、Armsd 或其他调试器）。

（6）Miscellaneous 设置选项

- ARM Features：设置一些受限制的特性。

对于本例，做如下设置：在 DebugRel Settings 对话框中选择 Target Settings 选项，如图 4-11 所示。在 Post-linker 下拉列表中选择 ARM fromELF。

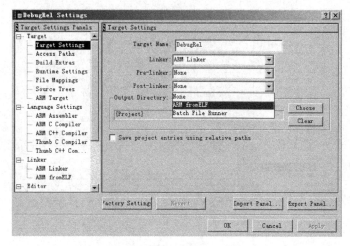

图 4-11　Target Settings 设置

在 Debug Settings 对话框中选择 ARM Linker 选项，如图 4-12 所示。在 Output 选项卡中 Linktype 提供了 3 种链接方式。

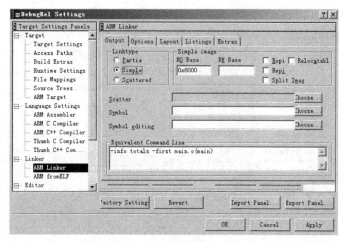

图 4-12　链接器设置

- Partial：表示链接器只进行部分链接操作，生成的 ELF 格式的目标文件可以作为以后链接时的输入文件。

- Simple：该方式是默认的链接方式，链接器根据选项中指定的地址映射方式，链接生成简单的 ELF 格式的映像文件。
- Scattered：在该方式下，链接器根据 scatter 格式文件中指定的地址映射，生成地址映射关系复杂的 ELF 格式的映像文件。

这里选择的是 Simple 方式。接下来要设置链接的只读基地址（RO Base）和读写基地址（RW Base）。"RO Base"的默认值是 0x8000，实际开发时用户要根据硬件的实际 SDRAM 的地址空间来修改这个地址，保证该地址是系统可读写的内存地址。"RW Base"指示程序的数据段的起始地址。

切换到 Options 选项卡，在 Image entry point 文本框中输入 0x8000，如图 4-13 所示。

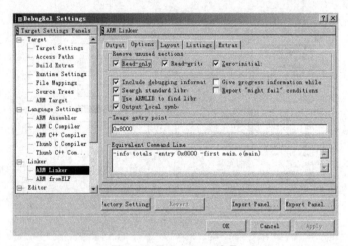

图 4-13　设置 Options 选项

在 Layout 选项卡的 Place at beginning of image 框中设置程序的入口模块。指定在生成的代码中，程序是从 main.c 开始运行的。Object/Symbol 设为 main.o，Section 设为 main，如图 4-14 所示。

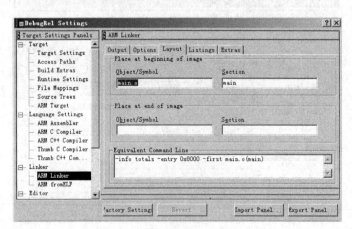

图 4-14　设置入口模块

目标生成选项设置完成后，单击 CodeWarrior IDE 中 Project 菜单的 make 命令，也可以在工程窗口中使用 Make 快捷键，就可以对 casmtest 工程进行编译和链接了。

编译和链接之后生成的结果如图 4-15 所示。

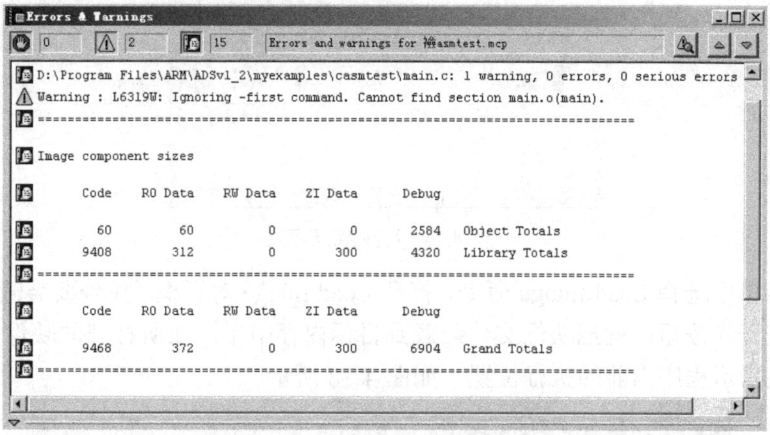

图 4-15　编译和链接之后生成的结果

编译和链接之后在工程 casmtest 所在的目录下，会生成一个名为"工程名_data"的目录，即 casmtest_data 的目录，在这个目录下不同类别的目标有相应的目录。在本例中由于使用的是 DebugRel 目标，所以生成的最终文件都应该保存在该目录下，如图 4-16 所示。

图 4-16　生成目录 DebugRel

进入到 DebugRel 目录中，会看到 make 后生成的映像文件（工程名.axf）和二进制文件，映像文件用于调试，二进制文件可以烧写到目标板的 Flash 中运行。

关于 CodeWarrior IDE 使用的详细信息，读者可以参考 ADS 软件的帮助文件。

4.5.3　使用 AXD IDE

AXD 是 ADS 软件中独立于 CodeWarrior IDE 的图形软件。打开 AXD 软件，默认打开的目标是 ARMulator。ARMulator 也是调试时最常用的一种调试工具，本小节主要结合 ARMulator 介绍在 AXD 中进行代码调试的方法和过程，使读者对 AXD 的调试有初步的了解。

要使用 AXD 必须首先要生成包含有调试信息的程序，在 4.5.2 小节中，已经生成的 casmtest.axf 文件就是含有调试信息的可执行 ELF 格式的映像文件。本小节还是以 casmtest 工程为例讲述 AXD 调试工具的基本用法。

1．打开调试文件

在 CodeWarrior IDE 的工程窗口中单击 Debug 快捷键可自动打开 AXD 界面，如图 4-17 所示。

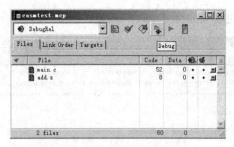

图 4-17　打开 AXD 界面

　　在 File 菜单中选择 Load Image 命令，打开 Load Image 对话框，找到要装载的 .axf 映像文件，单击"打开"按钮，就把映像文件装载到目标内存中了。在所打开的映像文件中会有一个蓝色的箭头指示程序当前的执行位置，如图 4-18 所示。

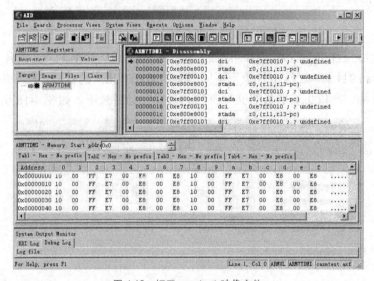

图 4-18　打开 casmtest 映像文件

casmtest 调试窗口如图 4-19 所示。

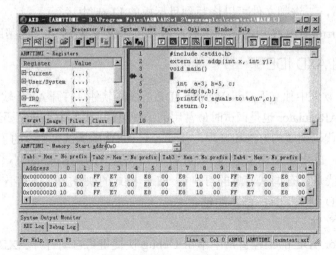

图 4-19　casmtest 调试窗口

此外，在 File 菜单中还有一个 Load Debug Symbols 命令，该命令用来调试那些调试器不能访问调试符号的情况，比如调试装载在 ROM 中的 image。通常 Load image 命令用来调试装载在 RAM 中的代码。

在 Execute 菜单中选择 Go 命令将运行代码。要想进行单步的代码调试，在 Execute 菜单中选择 Step 命令，或按 F10 键即可以单步执行代码，窗口中蓝色箭头会发生相应的移动。

2. 设置断点

调试时，用户往往希望在程序执行到某处时查看所关心的变量值，此时可以通过设置断点达到要求。将光标移动到要进行断点设置的代码处，在 Execute 菜单中，选择 Toggle Breakpoint 命令或按 F9 键，就会在光标所在行的起始位置出现一个红色实心圆点，表明该处已设为断点。假设本例中给第 8 行代码设置断点，首先将光标移至第 8 行，然后按 F9 键或单击 Toggle Breakpoint 按钮，结果如图 4-20 所示。

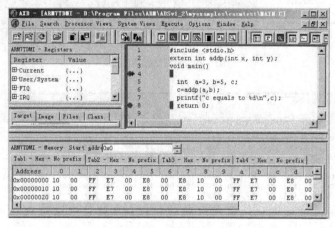

图 4-20　设置断点

此时全速运行程序，程序将在断点处停下来，程序员可观察程序的执行情况。对本例来说，全速运行后可在控制台窗口中看到运行结果，如图 4-21 所示。

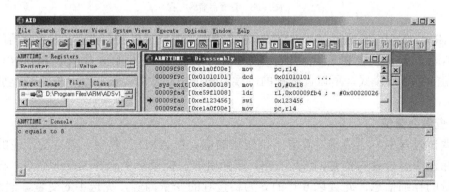

图 4-21　运行结果

3. 查看寄存器和存储器的内容

查看寄存器或存储器的值在实际开发调试中经常使用。使用方法为从 Processor Views 菜单中选择 Registers 命令可观察寄存器的内容，如图 4-22 所示。选择 Memory 命令可观察存储器的内容，如图 4-23 所示。

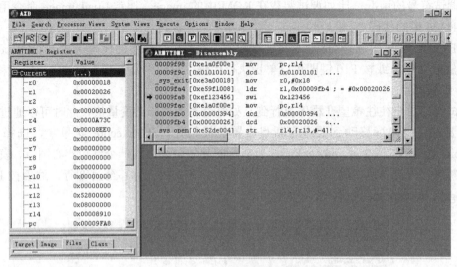

图 4-22　查看寄存器内容

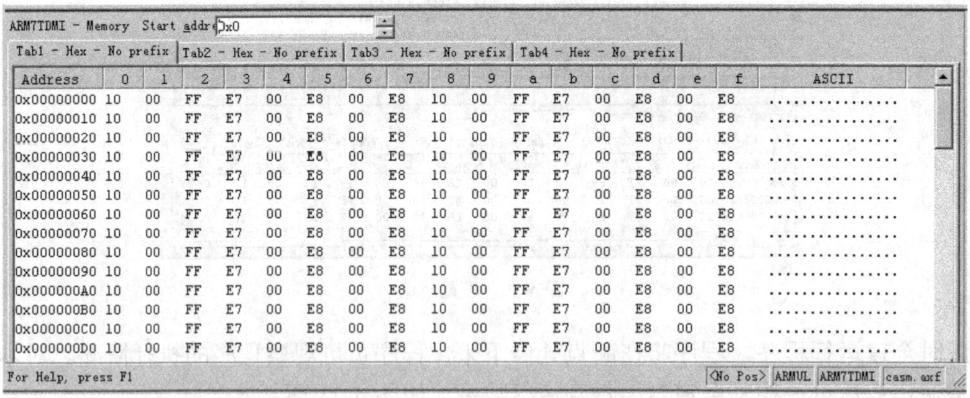

图 4-23　查看存储器内容

在 ARM7TDMI-Memory Start address 选择框中，用户可以根据要查看的存储器的地址输入起始地址。从图 4-23 中可以看出地址为 0x0 的存储器中的初始值为 0x E7FF0010。注意，因为使用的是小端模式，所以读数据的时候高地址中存放的是高字节，低地址存放的是低字节。

4．查看变量值

在调试过程中，经常需要查看某个变量的值。在 AXD 工具中，查看变量值的方法是先用鼠标选中要查看的变量，然后右击，在弹出的快捷菜单中选择 Watch 命令，将会显示指定变量的详细信息。此处以 6 行的 c 为要查看的变量为例，先选中 c 变量，然后右击，选择 Watch 命令，将弹出如图 4-24 所示的对话框，该对话框显示了 c 变量的地址、数值等详细信息。

此外，有关 AXD 工具的使用方法还有很多内容，关于 AXD IDE 的详细使用信息请参考 ADS 软件的帮助文件，这里不再赘述。

图 4-24　查看变量对话框

思考题与习题

1. 用汇编语言设计程序实现 10!（10 的阶乘）。
2. 实现字符串的逆序复制 TEXT1="HELLO" =〉 TEXT2="OLLEH "。
3. 用调用子程序的方法实现 1!+2!+3!+…+10!。
4. 什么是内嵌汇编？使用内嵌汇编时需要注意什么？
5. C 语言与汇编语言混合编程时的参数传递规则有哪些？
6. ADS 可用于完成哪些开发？它由几部分组成？各部分具有哪些功能？
7. 用 ADS 进行代码生成时，如何设置编译、汇编、链接等目标选项？

第5章 嵌入式系统硬件技术基础

硬件是实现嵌入式系统功能的基础，从事嵌入式系统开发首先要具备基本的硬件知识。嵌入式硬件平台除了嵌入式处理器外，还包括存储器系统、外设、输入输出接口、连接各种设备的总线系统以及必要的辅助电路。嵌入式系统的硬件组成如图 5-1 所示。

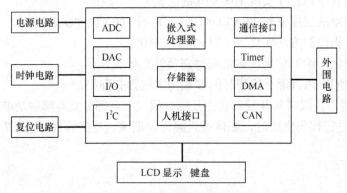

图 5-1　嵌入式系统的硬件组成

每个嵌入式系统至少包含一个嵌入式处理器，它是嵌入式系统的核心，负责嵌入式系统的数据处理和控制。存储器是嵌入式系统存放数据和程序的功能部件。存在于处理器内部和处理器外部的存储器共同构成存储系统。操作系统和应用程序都可以固化在只读存储器中。外围设备决定了应用于不同领域的嵌入式系统的独特功能，例如，音频编解码器是一个音频处理系统必备的外围器件。嵌入式系统内各功能部件间的信息传输通过总线完成，它是 CPU、内存、输入/输出设备传递信息的公用通道。外围设备通过各种接口与总线相连，从而完成与处理器间的数据交换。嵌入式系统中常用的通用设备接口有 A/D（模/数转换接口）、D/A（数/模转换接口）、LCD（液晶显示器接口）、键盘接口、音频接口、VGA 视频输出接口、RS-232接口（串行通信接口）、Ethernet（以太网接口）、USB（通用串行总线接口）、I^2C（集成电路总线）、SPI（串行外围设备接口）和 IrDA（红外线接口）等。

本章将对总线、存储系统、通信设备等嵌入式系统硬件技术作简要介绍。

5.1　总线

任何一个嵌入式处理器都要与一定数量的外围设备连接。为了简化系统结构和硬件电路设计，通常采用总线的方式在嵌入式系统各功能部件间传递信息。总线根据其所处的位置分为片内总线和片外总线。片内总线位于处理器内部，用于连接算术逻辑单元 ALU 与寄存器、片内存储器及控制逻辑，例如，ARM 的片内总线标准是 AMBA。连接处理器与其他片外设备的总线称为外部总线。为了提高计算机的可拓展性以及部件或设备的通用性，除了片内总线外，各部件或设备都采用标准化的形式连接到总线上，并按标准化的方式实现总线上的信息传输。总线的这些标准化的连接形式及操作方式统称为总线标准。按照传输数据的方式划分，外部总线又可分为并行总线和串行总线。

5.1.1　并行总线

并行总线是一组信号线的集合，它使处理器内部各组成部分之间以及不同的计算机之间建立信号联系，进行信息传送和通信。并行总线由数据总线、地址总线和控制总线组成。

数据总线"DB"用于传送数据信息。数据总线是双向三态总线，它既可以把 CPU 的数据传送到存储器或 I/O 接口等其他部件，也可以将其他部件的数据传送到 CPU。数据总线的位数通常与处理器的字长相一致，又称数据总线宽度。例如，Intel 8086 微处理器字长 16 位，其数据总线宽度也是 16 位。

地址总线"AB"用于传送地址。由于地址只能从 CPU 传向外部存储器或 I/O 端口，所以地址总线总是单向三态的。地址总线的位数决定了 CPU 可直接寻址的存储空间的大小。比如某 8 位微机的地址总线为 16 位，则其最大可寻址空间为 2^{16}=64KB；若一个 16 位微型机的地址总线为 20 位，则其可寻址空间为 2^{20}=1MB。

控制总线"CB"用来传送控制信号和时序信号。控制信号中，有处理器送往存储器和 I/O 接口电路的，如读/写信号、片选信号等；也有其他部件反馈给 CPU 的，如时钟信号、总线请求信号、设备就绪信号等。因此，控制总线的传送方向由具体控制信号而定，一般是双向的。控制总线的位数要根据系统的实际控制需要而定，具体情况主要取决于 CPU。

基本的总线操作包括读和写，如图 5-2 所示说明了一个支持读和写的典型总线结构。

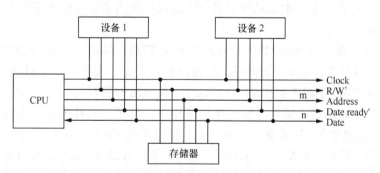

图 5-2　典型的微处理器总线

图中 Address 是 m 位的地址总线，为访问提供地址；Data 是 n 位的数据总线，为 CPU 读入或写出的数据；Clock 为同步信号；R/W'为读写控制线，高电平为读，低电平为写；Data ready'为就绪信号，当数据总线的值合法时有效。

总线访问时，所有信号的变化由 CPU 在执行相关指令时控制并有着严格的时序关系。总线行为通常用时序图来表示，图 5-3 为某总线的读写时序图。

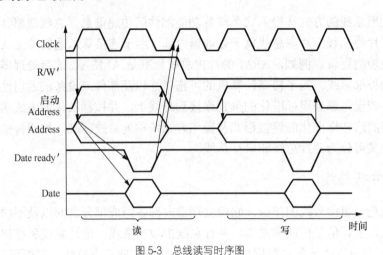

图 5-3　总线读写时序图

5.1.2　串行总线

并行总线一次可传输多个比特位，通信速度快，实时性好。但由于占用的口线多，不利于产品的小型化。因此，为了简化电路，在很多对通信速率要求不高的应用中，常采用串行总线进行通信。顾名思义，串行总线是将数据按比特逐位发送到目的端。常见的串行总线有 I²C、SPI、USB、RS-422、RS-485 等。

按照数据与时钟信号是否同步，可将串行总线分为同步串行总线和异步串行总线。I²C、SPI 是同步串行总线，USB、RS-422、RS-485 等是异步串行总线。下面简单介绍 I²C、SPI 和USB 等常用总线的基本原理。

1. I²C 总线

I²C（Inter-Integrated Circuit）总线是飞利浦公司发明的一种简单的双向二线制串行通信总线，用于连接微控制器及其外围设备。多个符合 I²C 总线标准的器件可以通过同一条 I²C总线进行通信，而不需要额外的地址译码器。I²C 总线的传输速率在标准模式下可达 100kbit/s，快速模式下达 400kbit/s。

I²C 总线由串行数据线 SDA 和串行时钟线 SCL 构成。具有 I²C 总线的器件，其 SDA 和SCL 引脚都是漏极开路（或集电极开路）输出结构。因此，实际使用时 SDA 和 SCL 信号线都必须要加上拉电阻（Pull-Up Resistor）Rp。上拉电阻一般取值 3～10kΩ。开漏结构的好处是：当总线空闲时，这两条信号线都保持高电平，几乎不消耗电流；电气兼容性好，上拉电阻接 5V 电源就能与 5V 逻辑器件接口，上拉电阻接 3V 电源又能与 3V 逻辑器件接口；因为是开漏结构，所以不同器件的 SDA 与 SDA 之间、SCL 与 SCL 之间可以直接相连，不需要额外的转换电路。总线上允许连接的设备数主要决定于总线上的电容量，一般设定为400pF 以下。

I²C 总线接口电路结构如图 5-4 所示。

I²C 总线可构成多主和主从系统。在多主系统结构中，系统通过硬件或软件仲裁获得总线控制权。应用系统中，I²C 总线多采用主从结构，即总线上只有一个主控节点，其他设备都作为从设备。每个从设备被分配有唯一的地址，主设备通过地址来识别从设备并完成相互间的通信。

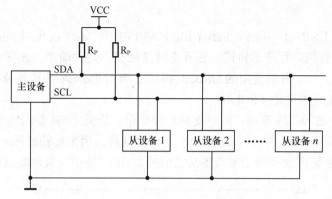

图 5-4 I²C 总线信号连接示意图

2．SPI 总线

串行外围设备接口 SPI（Serial Peripheral Interface）总线技术是 Motorola 公司推出的一种同步串行总线，大部分嵌入式处理器都配有 SPI 接口。

SPI 总线的基本信号线为 3 根传输线，即 SDI、SDO 和 SCLK。SPI 传输的速率由时钟信号 SCLK 决定，SDI 为数据输入、SDO 为数据输出。

SPI 用于 CPU 与各种外围器件进行全双工、同步串行通信。这些外围器件可以是其他的 MCU、LCD 显示驱动器、A/D 转换器或 D/A 转换器。与 I²C 总线类似，SPI 总线系统常采用主从结构。

如图 5-5 所示是一个采用 SPI 总线的系统，它包含了一个主片和多个从片。主片通过发出片选信号 CS 来控制与哪个从片进行通信。当某个从片的 CS 信号有效时，能通过 MOSI（主片输出/从片输入）接收指令、数据，并通过 MISO（主片输入/从片输出）发回数据。而未被选中的从片的 SDO 端处于高阻状态。

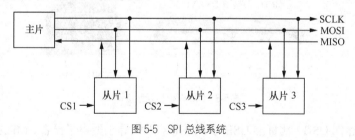

图 5-5 SPI 总线系统

主片在访问某一从片时，必须使该从片的片选信号有效。数据读写、地址设定、状态读取等操作都由命令实现。如图 5-6 所示为数据输出的操作时序。

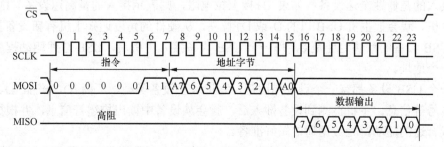

图 5-6 数据输出操作时序

3. USB 总线

通用串行总线 USB（Universal Serial Bus）是 1995 年 Microsoft、Compaq、IBM 等公司联合制定的一种计算机串行通信协议。它有支持热插拔、硬件简单、速度快等优点，是应用最广泛的串行总线之一。普遍使用的 USB2.0 协议支持 480Mbit/s 的传输速率，最新的协议版本是 USB3.0，最高速率可达 4.8Gbit/s。

USB 采用差分信号传输数据，同时支持总线供电，因此 USB 是四线总线。USB 总线的信号定义如图 5-7 所示。其中 D+、D-是一对差分数据线，用来传输数据，VCC 通常为+5V，GND 为地线。USB 标准允许低功率设备从它们的 USB 连接中获取电能以简化自身的结构。

图 5-7　USB 信号定义

USB 总线采用分层的星型拓扑来连接所有的 USB 设备。USB 设备分 Host 设备和 Slave 设备，只有 Host 设备可以从 Slave 设备中取得数据，实现数据的传输。USB Host 按地址去访问 Slave，一个 USB Host 最多可以同时支持 128 个地址，地址 0 作为默认地址，只在设备枚举期间临时使用，而不能被分配给任何一个设备，因此一个 USB Host 最多可连接 127 个 USB 设备。

USB 设计了多种物理接口，目前广泛使用的有三种，即标准 USB、Mini USB 和 Micro USB，它们的功能和技术指标一致。标准 USB 分 A 型和 B 型两种结构形式，如图 5-8 所示。

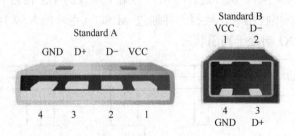

图 5-8　USB A 型和 B 型接口

Mini USB（迷你 USB）比标准 USB 小，适用于手机等小型电子设备。Micro USB 是 USB2.0 的一个便携版本，它比部分手机使用的 Mini USB 接口更小，其接口定义与 Mini USB 相同。

USB 设备的 USB 接口内部，D-或 D+会接有一个 1.5kΩ 的上拉电阻，如果 D-接上拉电阻，则接入的是低速全速设备；如果 D+接上拉电阻，则表示接入的是高速设备。USB 设备一接入主机，就会把主机 USB 口的 D-或 D+拉高，从硬件的角度通知主机有新设备接入。新接入的 USB 设备的默认地址是 0，每一个 USB 设备接入主机后，USB 总线驱动程序都会给它分配一个地址。

每一个 USB 设备都有一个设备描述符，它记录了设备类型、厂商 ID、产品 ID、端点情况、版本号等信息。主机检测到设备插入后，就会从设备中读出描述符信息，并根据这些信息来加载合适的驱动，为数据通信做好准备。

USB 总线的传输以包为单位。包分为 4 类：令牌类包、数据类包、握手类包和特殊类包。

令牌类包标志数据的传输方向，数据类包包含发送的信息，握手类包表明数据传输是否成功，特殊类包用于处理低速传输相关的特殊操作。

USB 的数据传输支持同步传输、控制传输、中断传输和批量传输四种方式，每种传输方式都包含严格的执行过程，具体执行步骤参见相关协议。

5.1.3 多总线结构

随着微处理器技术的发展，总线技术也在不断演变。最初的微处理器中，CPU、存储器和 I/O 接口都挂在一条总线上，所有的设备都同步在通用时钟频率上。随着 CPU 处理能力的提高，系统中低速外设成为影响系统速度的瓶颈。为了解决这个问题，出现了多总线结构，将系统总线与 I/O 总线分开。与系统性能直接相关的 CPU、内存等设备挂在高速的系统总线上，对速度要求不那么严格的设备挂在低速总线上，两种总线通过被称为桥的逻辑电路互联。这样的总线配置既不影响 CPU 的速度优势，又能满足 CPU 与不同速率的设备的接口需求，同时降低了设备成本。

ARM 研发的 AMBA（Advanced Microcontroller BUS Architecture）总线是一种典型的嵌入式处理器总线标准。AMBA 规范主要包括了 AHB（Advanced High-performance Bus）系统总线和 APB（Advanced Peripheral Bus）外围总线。如图 5-9 所示为 ARM AMBA 总线系统。

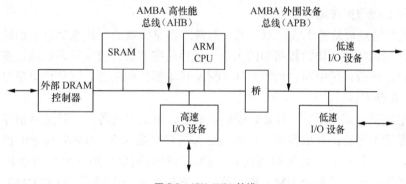

图 5-9 ARM AMBA 总线

AHB 总线用于连接 CPU、片内 SRAM、高速 I/O 设备、外部 DRAM 控制器和 APB 桥等设备。其中，CPU 是主模块，能够发出读写操作信号，其余设备是从模块，接收命令并做出反应。APB 总线连接低速 I/O 设备。APB 桥既是 APB 总线上唯一的主模块，也是 AHB 系统总线上的从模块。其主要功能是锁存来自 AHB 系统总线的地址、数据和控制信号，并提供二级译码以产生 APB 外围设备的选择信号，从而实现 AHB 协议到 APB 协议的转换。

5.1.4 直接存储器访问

直接存储器访问（Direct Memory Access，DMA）是一种高速数据传送操作，它不需要 CPU 的干预就能完成外设与存储器之间的数据传输。CPU 在数据开始传输前将传输条件设置好，一旦启动传输就不再需要 CPU 参与，整个的数据传输过程将在 DMA 控制器的控制下由硬件实现，这样使整个系统的效率大大提高。

DMA 最典型的用法是在外设与存储器之间进行数据传输。DMA 控制器从 CPU 请求总线控制权。取得控制权后，DMA 控制器会像 CPU 那样提供内存的地址和必要的控制信号，实现设备与存储器间的直接数据传送。如图 5-10 所示为一个带有 DMA 控制器的总线配置。

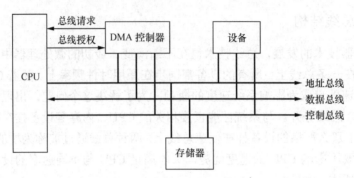

图 5-10　带 DMA 控制器的总线

很多嵌入式处理器片内集成多个 DMA 控制器。每个控制器提供多个 DMA 通道，为常用的片内外设提供 DMA 功能。比如三星的 ARM 处理器 S3C2410X 支持位于系统总线和外设总线之间的 4 个通道的 DMA 控制器。每一个通道的 DMA 控制器都能实现系统总线内部或者系统总线与外设总线之间的数据传输，使系统总线上的设备与外设总线上的设备能够没有约束地进行直接数据传输。

DMA 的传输过程是基于收发双方的一些基本信息完成的。这些信息包括源端的起始地址、目标端的起始地址、传输数据帧的大小、每帧的字节数、收发双方的地址变化规则、传输结束标志以及是否采用中断、何时启动 DMA 传输等控制信息。这些信息最终被写入一组 DMA 控制寄存器中。

根据信息提供方式的不同，DMA 控制器的运行模式有两种：一种是有描述符的存取模式，另一种是无描述符的存取模式。在有描述符的存取模式下，DMA 传输的控制信息先保存在内存中，称为描述符。传输时将内存中的描述符数据填写到 DMA 控制器中相应的寄存器中。这样做的优点是多个 DMA 描述符可以被链接成一个链表，以便 DMA 通道在一系列不连续的地址上进行数据传输。ADI 公司的 ADSP-219x DSP 处理器采用的就是基于描述符的 DMA 运行模式。在无描述符的存取模式下，DMA 传输的控制信息直接通过相关寄存器设置。

对于系统设计人员来说，使用 DMA 功能并不困难，只要掌握与 DMA 功能相关的寄存器的用法即可。例如，S3C2410X 处理器中每一个 DMA 通道都有 9 个工作寄存器（4 个通道共计 36 个寄存器），其中有 6 个为 DMA 控制寄存器，其余 3 个为 DMA 状态寄存器。详细介绍及用法参见 S3C2410X 处理器用户手册。

5.2　存储系统

嵌入式系统中程序和数据存放在存储器中，存储器的速度和容量直接影响着系统的性能。因此，高速度和大容量一直是存储系统设计追求的目标。

5.2.1　存储器的基本概念及分类

存储器的主要功能是存储程序和各种数据，并能在处理器运行过程中高速、自动地完成各类数据的存取。存储器的最小存储单位是二进制位，它由物理器件的两种稳定状态来表达二进制数字"0"和"1"。若干个二进制位组成一个存储单元，通常按照字节（8 位）或字（16 位）构成存储单元，它是存储器访问的基本单位。大量存储单元的集合组成存储体。为了能识别存储体内的每个单元，需要给存储单元编上号，编号称为地址。对某个单元进行读或写操作时，首先根据地址"找到"被访问的单元，这个过程就是寻址。将存储体（大量存储单元组成的阵列）加上必要的地址译码、读写控制电路、必要的 I/O 接口和一些额外的电路集成在一个芯片中，则构成存储器芯片。

一个存储器中所有存储单元可存放数据的总和称为存储容量。存储器的存储容量与它的地址线的根数和数据线的位数有关。假设一个存储器的地址线有 20 根，则表示它的单元数是 2 的 20 次方，即 1M 个存储单元。如果每个存储单元存放一个字节，则该存储器的存储容量为 1MB 或 8Mbit。

按存储方式不同，存储器分为随机存储器和顺序存储器。随机存储器任何存储单元的内容都能被随机存取。顺序存储器只能按某种顺序来存取，如 FIFO 是先进先出存储器。

按读写功能不同，存储器分为只读存储器（ROM）和随机读写存储器（RAM）。只读存储器只能读出而不能写入，因此它的内容是固定不变的。随机读写存储器每个单元的信息既能读出又能写入。

一般来说，只读存储器在断电后信息仍能保存，称为永久记忆存储器；而随机读写存储器断电后信息也随即消失，称为非永久记忆存储器。根据这一特性，ROM 用于存放程序或固定的表格数据，RAM 用于存放运算过程的中间信息。

在处理器系统中，根据存储器所起的作用不同，又可分为主存储器、辅助存储器、高速缓冲存储器、控制存储器等。

5.2.2　随机存储器

按照记忆信息方式的不同，随机存储器又有静态 RAM（Static RAM，SRAM）和动态 RAM（Dynamic RAM，DRAM）之分。

静态 RAM 的存储单元电路是以双稳态电路为基础，状态稳定，在不掉电的情况下，信息不会丢失。静态 RAM 存取速度快，成本高，容量不会很大。高速缓冲存储器（Cache）通常使用静态 RAM 充当。

静态 RAM 的引脚包含地址线、数据线和控制信号。地址线的根数与芯片存储单元数有关，比如一片 8K 单元的存储器地址线有 13 根，一片 16K 单元的存储器地址线有 14 根。数据线通常是 8 根，因为绝大部分芯片按照字节存取。控制信号包括片选 CS、输出允许 OE、写允许 WE 等，通常是低电平有效。不同的芯片控制信号可能不同，比如有些芯片有 2 个片选信号，这与芯片内部存储单元的组织方式有关。如图 5-11 所示给出了 HM62256 的读写时序。

动态 RAM 的存储单元电路是靠 MOS 电路中的栅极电容来记忆信息。电容放电会导致信息丢失。为了保持电荷稳定，必须定时对动态存储电路的各存储单元执行重写操作，这个过程称为动态存储器刷新。动态 RAM 因为需要动态刷新而影响了它的访问速度，但它的优点是集成度高、成本低，因而适于作大容量存储器。

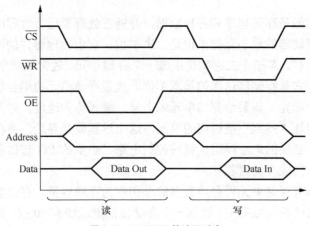

图 5-11 HM62256 的读写时序

为了减少芯片面积，DRAM 将地址信号分成行地址和列地址，复用地址引脚。读写数据时，系统地址总线信号分时地加到地址引脚上，借助芯片内部的行锁存器、列锁存器和译码电路选定芯片内的存储单元。

如图 5-12 所示为 DRAM 的读时序示意图。

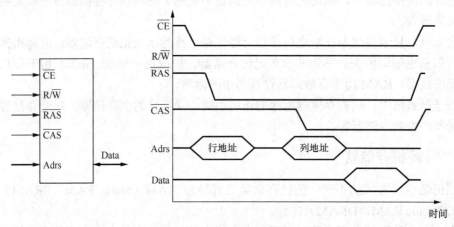

图 5-12 DRAM 的读时序示意图

当要从 DRAM 芯片中读出数据时，CPU 首先将行地址加在地址线上，而后送出 $\overline{\text{RAS}}$ 锁存信号，该信号的下降沿将地址锁存在芯片内部。接着将列地址加到芯片的地址线上，再送 $\overline{\text{CAS}}$ 锁存信号，也是在信号的下降沿将列地址锁存在芯片内部。然后保持 R/$\overline{\text{W}}$ 信号为高电平，则在 $\overline{\text{CAS}}$ 有效期间数据输出并保持。类似地，当需要把数据写入芯片时，行列地址先后由 $\overline{\text{RAS}}$ 和 $\overline{\text{CAS}}$ 锁存在芯片内部，然后，R/$\overline{\text{W}}$ 信号为低电平，加上要写入的数据，则将该数据写入选中的存贮单元。

5.2.3 只读存储器

只读存储器有工场可编程和现场可编程两类。工场可编程存储器又称掩膜 ROM（Mask

ROM），是芯片制造商将用户调试好的程序直接固化到存储器中，之后不能再改写。这种方式适用于大批量的产品生产。绝大部分情况下采用现场可编程 ROM。现场可编程存储器经历了一次性可编程 ROM（Programmed ROM）、紫外线可擦除可编程 ROM（UV Erasable Programmable ROM，UV-EPROM）、电可擦除可编程 ROM（Electrically Erasable Programmable ROM，EEPROM）到 Flash Memory 的发展过程。

Flash Memory 是近年来发展最快的半导体存储器，它与 EEPROM 的存储技术相似，优点是存取速度快，易于擦除和重写，功耗低。Flash Memory 可以按存储块擦除，而不像 EEPROM 那样需要整个芯片擦写。目前 Flash 除用于大容量存储外，还广泛用于嵌入式处理器的片内程序存储器或嵌入式系统的扩展程序存储器。

市场上两种主要的 Flash 存储器是 NOR Flash 和 NAND Flash。1988 年 Intel 公司推出了 NOR Flash 芯片，NAND Flash 是日立公司于 1989 年研制而成。NOR 和 NAND 闪存在接口方式、读写速度、容量及寿命上都有很多差别。NOR Flash 有独立的地址线和数据线，可以像 SRAM 一样连接，接口方便。NAND Flash 各存储单元之间是串联的，它由 8 个引脚传送地址线、数据线和控制线，用复杂的控制逻辑完成数据存储。NOR 的读速度比 NAND 略快，但写入速度比后者慢很多。NAND Flash 的存储单元尺寸只有 NOR 的一半，所以有更高的容量，同时成本也更低。Flash 擦除和写入数据时会导致芯片老化，所以擦写次数是有限的，NAND 的擦写次数是一百万次，而 NOR 只有十万次。

5.2.4　嵌入式系统的存储器组织

随着微电子技术的进步，微处理器的工作速度得到很大提高，尤其是 CPU 的工作速度。而存储器速度的提高远低于 CPU。如果大量使用高速存储器，又会在价格上过于昂贵。为了使系统性能达到最优，并且能有效地控制成本，实际的嵌入式系统采用分级方式组织存储器。如图 5-13 所示为嵌入式分级存储器系统的示意图。整个存储系统分为四级，最靠近 CPU 的是寄存器组，随后依次是高速缓存、内存和外存。它们在速度上依次递减，但在容量上逐级增大。这样的组织方式既有速度的保证又有容量的保证，同时又解决了性能与成本间的矛盾。

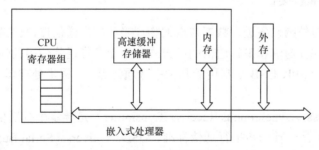

图 5-13　嵌入式分级存储器系统

5.2.5　存储器的选型

在嵌入式系统设计时，存储器的选择将决定整个嵌入式系统的性能。为嵌入式系统选择存储器时，需根据应用需求考虑存储器的类型、容量、读写速度、电压范围及成本等因素。

几乎所有的嵌入式微处理器都有不同容量的片内 ROM 和 RAM。工程师应当根据系统存储程序代码和数据所需要的存储空间，决定是采用内部存储器还是外部存储器。内部存储器的性价比高，因此可以优先考虑使用片内存储器。当片内存储器的容量不能满足设计需求时，可以通过扩展片外存储器来满足系统需要。

扩展片外存储器时，非易失性存储器可以使用并行 Flash 或 EEPROM 来存储程序，如果存储表格数据也可以使用串行 Flash 或 EEPROM。易失性存储器通常选择并行静态 RAM 或容量更大的动态 RAM。具体的芯片选择可权衡容量、速度及成本等因素综合考虑。如果有大量数据（如图像、视频等）需要保存，则可以考虑为系统配接 SF 卡、SD 卡等专用存储卡。

5.3 输入/输出设备及通信接口

嵌入式系统中处理器的主要任务是获取外部信息，完成信息的加工和处理，实现对外部设备的控制。因此，系统中需要有输入/输出接口（或设备）和通信接口（或设备）来完成信息的传输。

5.3.1 输入/输出设备

输入/输出设备包括输入设备、输出设备以及完成数据控制和转换的设备。常用的输入设备有键盘、触摸屏等。输出设备有 LED 显示器、LCD 显示器、蜂鸣器等。用于数据控制和转换的设备有定时器、计数器、模/数转换器及数/模转换器等。这些设备有些集成在嵌入式微处理器内部，有些在微处理器外部。

定时器和计数器在嵌入式微处理器中是同一个设备，本质上是计数器。当计数时钟来自于系统时钟时称为定时器，当计数时钟来自于处理器外部时，称为计数器。定时器可以用来产生特定的时钟信号，也可以用来测量时间间隔；计数器可以用来统计外部事件的发生次数，因此它也属于输入/输出设备。

当系统处理的信息源于模拟信号时，需要使用 A/ D 转换器和 D/A 转换器。A/D 转换器能将模拟信号转换成数字信号，D/A 转换器可将数字信号还原成模拟信号。

5.3.2 常用通信接口

嵌入式处理器与外围设备进行数据传送的物理接口称为通信接口。微处理器与外设间的数据传送可以采用并行通信和串行通信两种方式。由于串行通信使用的线路少、成本低因而被广泛采用。UART、SPI、USB 是常用的几种串行通信标准，很多处理器将它们集成在片内，简化了系统设计。

UART（Universal Asynchronous Receiver Transmitter）是异步串行通信标准，SPI（Serial Peripheral Interface）是一种同步串行通信标准，USB（Universal Serial Bus）是目前使用最广泛的串行通信方式。SPI 和 USB 的相关知识在 5.1.2 节做了介绍，下面简单介绍 UART 接口。

1. 异步串行通信原理

异步串行通信方式是将传输数据的每个字符一位接一位（如先低位后高位）地传送。当发送一个字符代码时，字符前面要加一个"起"信号，其长度为 1 个码元，极性为"0"；字符后面要加一个"止"信号，其长度为 1 个、1.5 个或 2 个码元，极性为"1"。

如图 5-14 所示给出了异步串行通信中一个字符的传送格式。开始前，线路处于空闲状态，送出连续"1"。传送开始时首先发一个"0"作为起始位，然后出现在通信线上的是字符的二进制编码数据。每个字符的数据位长可以约定为 5 位、6 位、7 位或 8 位，一般采用 ASCII 编码。后面是奇偶校验位，根据约定，用奇偶校验位将所传字符中为"1"的位数凑成奇数个或偶数个。也可以约定不要奇偶校验，这样就取消奇偶校验位。最后是表示停止位的"1"信号。这个停止位可以约定持续 1 位、1.5 位或 2 位的时间宽度。至此，一个字符传送完毕，线路又进入空闲，持续为"1"。经过一段随机的时间后，又发出起始位，下一个字符开始传送。

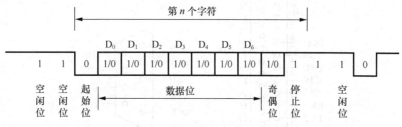

图 5-14 异步串行通信的字符传送格式

异步串行通信的速率用波特率表示。常用的波特率为 1200、2400、4800、9600、119200、115200 等。

接收方按约定的格式接收数据并进行检查，可以查出以下三种错误。

- 奇偶错：在约定奇偶检查的情况下，接收到的字符奇偶状态和约定不符。
- 帧格式错：一个字符从起始位到停止位的总位数不对。
- 溢出错：若先接收的字符尚未被微机读取，后面的字符又传送过来，则产生溢出错。
每一种错误都会给出相应的出错信息，提示用户处理。

2. 异步串行接口的物理层标准

异步串行接口的物理层标准最常见的有以下几类：EIA RS-232C、RS-422、RS-485，现仅就 EIA-RS-232C 标准做简单介绍。

EIA RS-232C 标准，是美国电子工业协会推荐的一种标准。它最初是为远程通信连接数据终端设备 DTE（Data Terminal Equipment）与数据通信设备 DCE（Data Communication Equipment）而制定的，后来被世界各国所接受并使用到计算机的通信接口中。

电气特性：EIA RS-232C 对接口的电器特性、逻辑电平和各种信号线功能都做了规定。

RS-232C 标准定义的信号线共有 8 根，但完成基本的通信功能，只需要 RXD、TXD 和 GND 即可。在数据线 TXD 和 RXD 上，逻辑"1"（MARK）的电平为-15～-3V，逻辑"0"（SPACE）的电平为+3～+15V。在 RTS、CTS、DSR、DTR 和 DCD 等控制线上，信号有效采用正电压+3～+15V 表示，信号无效采用负电压-15～-3V 表示。

电平转换：由于微处理器采用的是 TTL 或 CMOS 电路，高低电平的规定与 RS-232C 标准不同，如 CMOS 电路定义的信号标准是：逻辑"1"对应 2～3.3V，"0"对应 0～0.4V，所以两者间要进行通信，必须经过电平转换。实现这种变换的方法可用分立元件，也可用集成电路芯片。目前电平转换广泛地使用集成电路转换器件完成，如芯片 MAX232 可完成 TTL 与 EIA 之间双向电平转换，MAX232C 可完成 CMOS 与 EIA 之间双向电平转换。

电缆长度：在通信速率低于 20kbit/s 时，RS-232C 所直接连接的最大物理距离为 15m（50 英尺）。RS-232C 标准规定，若不使用 MODEM，在码元畸变小于 4%的情况下，DTE 和 DCE

之间最大传输距离为 15m（50 英尺）。为了保证码元畸变小于 4%的要求，接口标准在电气特性中规定驱动器的负载电容应小于 2500pF。

连接器：连接器的类型有 DB-25、DB-15 和 DB-9，嵌入式应用中大多采用 9 针接插件（DB-9）。如图 5-15 所示给出了 DB-25 和 DB-9 连接器的示意图。

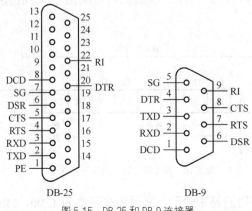

图 5-15　DB-25 和 DB-9 连接器

下面对图 5-15 中几个主要信号做简要说明。相对于 MODEM 而言，微型机和终端机都被称为数据终端 DTE（Data Terminal Equipment）而 MODEM 被称为数据通信装置 DCE（Data Communications Equipment），DTE 和 DCE 之间的连接应该是按接插件芯号，同名端对应相接。此处介绍的 RS-232C 的信号名称及信号流向都是对 DTE 而言的。

保护地：通信线两端所接设备的金属外壳通过此线相连。当通信电缆使用屏蔽线时，常利用其外皮金属屏蔽网来实现。由于各设备往往已通过电源线接通保护地，因此，通信线中不必重复接此地线。例如，使用 9 针插头（DB-9）的异步串行接口就没有引出保护地信号。

TXD/RXD：是一对数据线，TXD 为发送数据输出，RXD 为接收数据输入。当两台设备以全双工方式直接通信（无 MODEM 方式）时，双方的这两根线应交叉连接。

SG：信号地，所有的信号都要通过信号地线构成耦合回路。通信线有 TXD、RXD 和信号地三条就可以工作。其余信号主要用于双方设备通信过程中的联络（握手信号），有些信号仅用于和 MODEM 的联络。

RTS/CTS：请求发送信号 RTS 是发送器输出的准备好信号。接收方准备好后送回清除发送信号 CTS 后开始发送数据。在同一端将这两个信号短接就意味着只要发送器准备好即可发送数据。

DCD：载波检测（又称接收线路信号检测）是 MODEM 检测到线路中的载波信号后，通知终端准备接收数据的信号。在没有接 MODEM 的情况下，也可以和 RTS、CTS 短接。

DTR/DSR：数据终端准备好时发 DTR 信号，在收到数据通信装置装备好信号 DSR 后，方可通信。

RI：原意是在 MODEM 接收到电话交换机有效的拨号时，使 RI 有效，通知数据终端准备传送。在无 MODEM 时也可和 DTR 相接。

RS-232C 规定，若不使用 MODEM，在通信速率低于 20kbit/s 时，最大传输距离为 15m。

这显然不能满足应用需求。

为了改进 RS-232C 通信距离短、速率低的缺点，EIA 提出了 RS-422 标准。RS-422 定义了一种平衡通信接口，它有 4 根信号线：两根发送、两根接收，是全双工串口。RS-422 将传输速率提高到 10Mbit/s，在此速率下，传输距离达到 120m。如果采用较低传输速率，如 100kbit/s，则最大距离可达 1200m，并允许在一条平衡总线上连接最多 10 个接收器。

为了扩展应用范围，EIA 又在 RS-422 基础上制定了 RS-485 标准。RS-485 有 2 根信号线，发送和接收各一根，为半双工串口。RS-485 的最大速率和最大传输距离与 RS-422 相同。RS-485 也是采用平衡发送，差分接收，并且允许在一条平衡总线上连接最多 32 个节点。

5.3.3　网络接口

随着互联网的迅猛发展，基于网络的嵌入式应用越来越广泛。为了适应联网的需求，嵌入式系统需要配备标准的网络通信接口。

互联网即因特网（Internet），是由多个计算机网络相互连接而成的网络，它是在功能和逻辑上组成的一个大型网络。按照传输技术来分类，网络又可分为以太网 Ethernet、ATM 网、FDDI 网等。

以太网（Ethernet）是当前应用最普遍的局域网技术。以太网的发展经历了标准的以太网（10Mbit/s）、快速以太网（100Mbit/s）和 10G（10Gbit/s）以太网等阶段，它们都符合 IEEE802.3 标准。以太网的访问控制方式采用带冲突检测的载波侦听多路访问（CSMA/CD）方式。早期的以太网多使用总线型拓扑结构，采用同轴电缆作为传输介质，连接简单。在小规模网络中通常不需要专用的网络设备。但由于它存在的固有缺陷，已经逐渐被以集线器和交换机为核心的星型网络所代替。以太网可以使用粗同轴电缆、细同轴电缆、非屏蔽双绞线、屏蔽双绞线和光纤等多种传输介质进行连接，采用 RJ45 连接器。

为了保证数据在网络内安全、可靠地传输，需要使用专门的协议来控制传输过程。依照开放式系统互联参考模型（OSI 参考模型），以太网定义的是物理层（PHY）和数据链路层（对应以太网的 MAC 层）的标准。以太网通常使用专门的网络接口卡或系统主电路板上的电路实现。任何一个网络接口卡都有一个唯一的物理地址，它由专门机构分配。在以太网中，数据按照一定的帧格式封装后进行传输。802.3 以太网帧格式如图 5-16 所示。以太网帧中包含有该帧数据发送端网卡地址、接收端网卡地址、数据包的类型、校验码等信息。

前导码	帧开始符	目的 MAC 地址	源 MAC 地址	长度	类型	数据和填充	帧校验

图 5-16　以太网帧格式

在嵌入式系统中增加以太网接口通常有两种方法：一种是采用以太网接口芯片，将其连接到嵌入式处理器的总线上实现网络通信。目前常见的以太网接口芯片有 CS8900A、RTL8019AS、DM9000 等。另一种是使用带有以太网接口的嵌入式处理器。

5.4　嵌入式最小系统

嵌入式最小系统，又称为最小应用系统，是指由最少的硬件单元组成的可以工作的嵌入式系统。嵌入式最小系统一般应该包括：嵌入式处理器、电源电路、时钟电路、复位电路及扩展电路（需要时）。图 5-17 给出一个 ARM9 处理器的最小系统电路图，它的核心是嵌入式处理器。

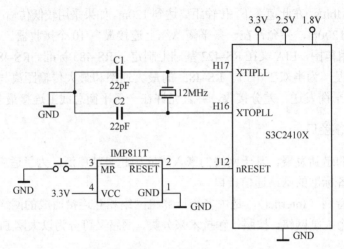

图 5-17　ARM9 处理器最小系统电路

为了防止电源系统引入干扰，必须为系统提供稳定可靠的电源供电。嵌入式系统中往往需要提供多种电压。图 5-18 给出了以 S3C2410X 为核心的嵌入式系统的典型电源电路：系统输入+5V 电源（VCC），经 LM1085-3.3V 和 AS1117-1.8V 分别得到 3.3V（VDD33）和 1.8V（VDD18）的工作电压。3.3V 电压供处理器的 IO 接口及系统内大多数芯片使用，1.8V 供给 S3C2410X 内核使用。

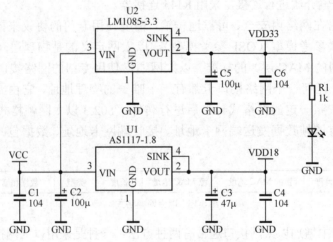

图 5-18　嵌入式系统典型电源电路

时钟电路用于产生处理器最基本的时间单位。处理器所有指令的执行和片内外设的工作都是由时钟的节拍控制完成的。嵌入式处理器的片内集成了振荡电路，片外只需接晶体。处理器引出两个引脚，分别是片内放大器的输入和输出，石英晶体接在这两个引脚上，如图 5-17 所示。

嵌入式系统的时钟还可以通过石英晶体振荡器提供。石英晶体振荡器简称晶振，把石英晶体和振荡电路集成一体，形成石英振荡器电路，直接输出时钟信号给处理器的时钟输入引脚。石英晶体振荡器一般采用金属外壳封装，也有用玻璃壳、陶瓷或塑料封装的。它是有源器件，有四个引脚，一个接地，一个接电源，一个输出时钟，还有一个是空脚。图 5-19 是石英晶体振荡器元件的实物图。

图 5-19　石英晶体振荡器

复位是指通过某种方法使嵌入式处理器的内部资源处于一种固定的初始状态，如程序从某个固定的入口地址开始运行、处理器内部的特殊功能寄存器恢复到固定的初值等。

每个嵌入式处理器都有一个复位引脚，在这个引脚上加上固定宽度的复位信号后就可以复位处理器。不同处理器对复位信号的极性和电平宽度有不同的要求。

嵌入式系统的复位电路用于产生复位信号。常用的复位电路有阻容复位电路、手动复位电路、专用复位电路及软件复位。

阻容复位电路是最简单的复位电路。图 5-20（a）给出的是采用高电平复位的阻容复位电路图。它根据阻容电路充放电原理，可产生一定宽度的高电平复位信号，复位信号的宽度由 R、C 的值决定。

图 5-20（a）的电路可完成上电自动复位。为了便于系统调试和维护，自动复位电路往往要增加手动复位功能。具体做法是将手动复位开关产生的复位信号并接在自动复位电路上，产生出稳定的复位信号，如图 5-20（b）所示。

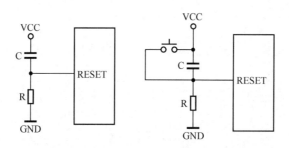

（a）阻容复位电路　　（b）带手动复位的上电复位电路

图 5-20　复位电路

专用复位电路是专用于复位的集成电路，它常常集成有电压监视功能，产生的信号更加稳定可靠。图 5-17 给出的 ARM9 处理器最小系统中采用的是专用复位电路。复位电路由 IMP811T 构成，它能实现对电源电压的监控和手动复位操作。

思考题与习题

1. 嵌入式系统的硬件由哪几部分组成？
2. 简述嵌入式系统如何采用三总线方式扩展外部存储器。
3. 常用的串行总线有哪几种？
4. 比较 I^2C 总线和 SPI 总线的异同。
5. 了解 UART、RS232C、RS422、RS485 等通信接口。
6. 说明嵌入式分级存储器系统的结构。
7. SRAM 和 DRAM 有什么区别？
8. 如何为嵌入式处理器提供时钟？
9. 嵌入式处理器的复位电路有哪几种？
10. 因特网与以太网有什么区别？在嵌入式系统中实现以太网接口的方法有哪些？

第 6 章　基于 S3C2410 的硬件结构与接口编程

本书使用的实验教学平台是北京博创科技有限公司的 UP-NetARM2410-S 实验教学平台，采用的处理器为 ARM S3C2410X。为了帮助读者理解嵌入式系统的硬件结构与接口应用，本章将以 ARM S3C2410 为例，介绍处理器的硬件结构、典型片内外设及其编程技术。

6.1　S3C2410 简介

S3C2410 是三星公司推出的 16/32 位 RISC 处理器，主要面向低成本、低功耗和高性能手持设备及一般应用的单片微处理器解决方案。S3C2410 有两种型号，即 S3C2410X 和 S3C2410A。S3C2410A 是 S3C2410X 的改进型，具有更低的功耗和更好的性能。本书使用的实验教学平台采用了 S3C2410X 处理器。

6.1.1　S3C2410X 的组成

S3C2410X 微处理器采用了 ARM 公司设计的 ARM920T 内核。该内核采用精简指令集，实现了用于虚拟内存管理的 MMU，采用 AMBA 总线结构，具有独立的 16KB 指令 CACHE 和 16KB 数据 CACHE。

S3C2410X 提供了全面、通用的片上外设：支持 NAND Flash 系统引导，系统管理器（包括片选逻辑和 SDRAM 控制器），LCD 控制器（支持 STN & TFT），3 个异步串行口（UART），4 个 DMA 通道，4 个带脉宽调制器（PWM）的定时器，通用输入输出端口，实时时钟单元（RTC），带有触摸屏接口的 8 通道 10 位 A/D 转换器，I^2C 总线接口，I^2S 总线接口，USB 主机（Host）单元，USB 设备（Device）接口，SD 卡和 MMC（Multi-Media Card）卡接口，2 通道 SPI 接口和锁相环（PLL）时钟发生器。丰富的片内设备可以使系统的全部成本降到最低。

S3C2410X 的结构框图如图 6-1（a）、图 6-1（b）所示。

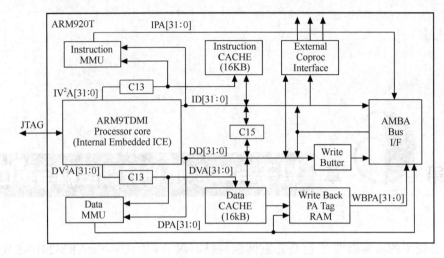

（a）S3C2410X 内核结构框图

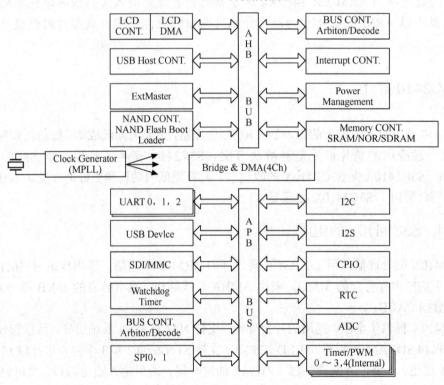

（b）S3C2410X 片内外设结构框图

图 6-1　S3C2410X 的结构框图

6.1.2　S3C2410X 的特点及主要片上功能

1. 体系结构

- 手持设备和嵌入式应用的集成系统；
- 32/16 位 RISC 结构体系和 ARM920T CPU 核的强大指令集；
- 增强的 ARM MMU 体系结构，支持 WinCE、EPOC32 和 Linux 操作系统；

- 具有指令缓存、数据缓存；
- ARM920T CPU 内核，支持 ARM 调试功能；
- 内置高级微控制总线体系结构（AMBA）（AMBA2.0，AHB/APB）。

2. 系统管理器

- 支持小/大端存储模式；
- 寻址空间：共有 8 个存储器 bank，每个 bank 128MB，总共 1GB；
- 支持每个 bank 可编程的 8/16/32 位数据总线宽度；
- bank0 到 bank6 具有固定的 bank 起始地址；
- bank7 具有可编程的 bank 起始地址和 bank 大小；
- 8 个存储器 bank 中，6 个存储器 bank 用于 ROM、SRAM，其他 2 个存储器 bank 用于 ROM 或 SRAM 或同步 DRAM；
- 所有的存储器 bank 具有可编程的操作周期；
- 支持外部等待信号延长总线周期；
- 支持掉电时的 SDRAM 自刷新模式；
- 支持多种类型的引导 ROM（NOR/NAND Flash，EEPROM 及其他）。

3. NAND Flash 引导装载器

- 支持从 NAND Flash 存储器引导；
- 内置 4KB 缓冲存储器用于引导；
- 支持引导后从 NAND Flash 存储器向内存加载。

4. 缓冲存储器

- 带有指令缓存（16KB）和数据缓存（16KB）的联合缓存；
- 每行 8 字节长度，带有 1 个有效位和 2 个修改位；
- 采用伪随机或循环移位算法；
- 采用 Write-Through 或 Write-Back 模式更新主存储器；
- 写缓冲器能够保存 16 字节的数据值和 4 个地址值。

5. 时钟和电源管理

- 在片 MPLL 和 UPLL：UPLL 时钟发生器用于主/从 USB 操作，MPLL 时钟发生器用于产生 MCU 的工作时钟。在 1.8V 时，时钟最高频率为 203MHz；
- 每一个功能块可以用软件选择时钟；
- 电源模式：正常、慢速、空闲和掉电；
  正常模式：正常操作模式；
  慢速模式：不加 PLL 的低频率时钟模式；
  空闲模式：仅停止 CPU 的时钟；
  掉电模式：所有外围设备全部掉电仅内核电源供电；
- 掉电模式可以借助于 EINT[15:0]或 RTC 报警中断唤醒。

6. 中断控制

- 56 个中断源；
- 外部中断源具有电平/边沿两种触发模式；
- 电平触发或边沿触发的信号极性可编程；

- 支持快速中断请求（FIQ）。

7. 带脉冲宽度调制器（PWM）的定时器

- 4 个 16 位带 PWM 的定时器，1 个 16 位，内部定时器它们都具有 DMA 或中断功能；
- 占空比、频率和输出极性可编程；
- 具有死区发生器；
- 支持外部时钟源。

8. RTC（实时时钟）

- 具备全部时钟特点：秒、分、时、日、星期、月、年；
- 32.768kHz 工作频率；
- 具有报警中断；
- 具有报时中断。

9. 通用输入/输出口

- 24 个外部中断口；
- 功能复用的输入/输出口。

10. 通用异步串行通信口（UART）

- 3 个 UART 通道，支持 DMA 或中断操作；
- 支持 5 位、6 位、7 位或 8 位串行数据发送/接收（Tx/Rx）；
- UART 操作支持使用外部时钟；
- 可编程的波特率设置；
- 支持 IrDA 1.0；
- 具有回环测试功能；
- 每个通道有内置的 16 字节发送 FIFO 和 16 字节接收 FIFO。

11. DMA 控制器

- 4 通道 DMA 控制器；
- 支持存储器到存储器、I/O 到存储器、存储器到 I/O 和 I/O 到 I/O 传输；
- 突发传输模式增强了传输速率。

12. 带触摸屏接口的 A/D 转换器

- 8 通道多路 ADC；
- 最大 500KSPS 转换速率，10 位分辨率。

13. LCD 控制器 STN LCD 显示特性

- 支持 3 种类型的 STN LCD 显示屏：4 位双扫描、4 位单扫描、8 位单扫描显示类型；
- 支持单色模式、4 级灰度、16 级灰度、256 色和 4096 色 STN LCD；
- 支持多种不同分辨率的液晶屏，LCD 实际分辨率的典型值是 640×480，320×240，160×160；
- 最大显存空间为 4MB；
- 在 256 色模式下支持的最大虚拟屏分辨率是 4096×1024，2048×2048，1024×4096。

14. TFT 彩色显示特性

- 支持彩色 TFT 模式 1、2、4 或 8 位/像素（bpp）带调色板彩色显示；

- 支持彩色 TFT 模式 16bpp 不带调色板真彩色显示；
- 支持 24bpp 下最大 16MB 彩色 TFT 模式；
- 支持多种不同分辨率的液晶屏，典型实屏分辨率为 640×480，320×240，160×160；
- 最大虚拟屏大小 4MB；
- 64K 色彩模式下最大的虚拟屏分辨率为 2048×1024。

15．看门狗定时器

- 16 位看门狗定时器；
- 超时时发出中断请求或系统复位。

16．I^{2}C 总线接口

- 1 通道多主设备 I^{2}C 总线；
- 可进行串行、8 位、双向数据传输，标准模式下数据传输速度可达 100kbit/s，快速模式下可达到 400kbit/s。

17．I^{2}S 总线接口

- 1 通道基于 DMA 的 I^{2}S 总线，用于音频接口；
- 每通道 8/16 位串行数据传输；
- 具有 128 字节（64 字节+64 字节）FIFO 用于发送/接收；
- 支持 I^{2}S 格式和 MSB 验证数据格式。

18．USB 主设备

- 2 个 USB 主设备接口；
- 遵守 OHCI 1.0 版本协议；
- 兼容 USB1.1 版本规范。

19．USB 从设备

- 1 个 USB 从设备接口；
- 5 端点 USB 传输通道；
- 兼容 USB1.1 版本规范。

20．SD 主接口

- 与 SD 存储卡协议 1.0 版本兼容；
- 与 SDIO 卡协议 1.0 版本兼容；
- 具有字节 FIFO 用于发送/接收；
- 基于 DMA 或基于中断模式操作；
- 与多媒体卡 2.11 版本协议兼容。

21．SPI 接口

- 与 2 通道串行外部接口 2.11 版本协议兼容；
- 2 个 8 位移位寄存器，用于发送/接收；
- 基于 DMA 或基于中断模式操作。

22．工作电压范围

- 内核 1.8V；
- 存储器：2.5V/3.3V；
- 输入/输出口：3.3V。

23．工作频率

● 最大 203MHz。

24．封装

● 272-FBGA。

6.2 S3C2410X 的存储器及其控制

6.2.1 S3C2410X 的存储器控制器

S3C2410X 的寻址空间是 4GB，其中有 3GB 的空间预留给片内寄存器和其他设备，外部寻址空间是 1GB，地址范围为 0x00000000～0x3FFFFFFF。

S3C2410X 的存储器控制器提供访问外部存储器所需要的所有控制信号，包括 27 位地址信号 A0～A26、32 位数据信号、8 个片选信号 nGCS7～nGCS0 以及读/写控制信号等。

S3C2410X 的存储空间分成 8 组（8 个 bank），总容量最大为 1GB。bank0-bank5 这 6 个 bank 容量均为 128MB，bank6 和 bank7 的容量是可编程改变的，可以是 2、4、8、16、32、64、128MB。因此，bank0～bank6 的起始地址固定，bank7 的起始地址是可调整的，但必须与 bank6 的结束地址相连。

在 8 个存储器 bank 中，前 6 个是 ROM、SRAM 等类型的存储器 bank，剩下的 2 个可以作为 ROM，SRAM，SDRAM 等存储器 bank。

bank0 可以作为引导 ROM，其数据线只能是 16 或 32 位，复位时由 OM0、OM1 引脚确定：当 OM[1:0]=01，处理器从 16 位宽的 ROM 启动；当 OM[1:0]=10，处理器从 32 位宽的 ROM 启动。其他存储器 bank 的数据线宽可以是 8 位、16 位或 32 位。

S3C2410X 的存储格式可以通过软件设置为大端格式，也可以设置为小端格式，缺省设置是小端格式。

所有存储器 bank 的访问周期都是可编程的，总线访问周期可以通过插入外部 wait 来延长。S3C2410X 还支持 SDRAM 的自刷新和掉电模式。

S3C2410X 复位后的存储器映射情况如图 6-2 所示。bank6 和 bank7 对应不同大小存贮器时的地址范围如表 6-1 所示。

表 6-1　　　　　　　　　　bank6 和 bank7 地址范围

地址	2MB	4MB	8MB	16MB	32MB	64MB	128MB
Bank6							
起始地址	0x30000000	0x30000000	0x30000000	0x30000000	0x30000000	0x30000000	0x30000000
终止地址	0x301fffff	0x303fffff	0x307fffff	0x30ffffff	0x31ffffff	0x33ffffff	0x37ffffff
Bank7							
起始地址	0x30200000	0x30400000	0x30800000	0x31000000	0x32000000	0x34000000	0x38000000
终止地址	0x303fffff	0x307fffff	0x30ffffff	0x31ffffff	0x33ffffff	0x37ffffff	0x3fffffff

注：bank6 和 bank7 必须有相同的存储器大小。

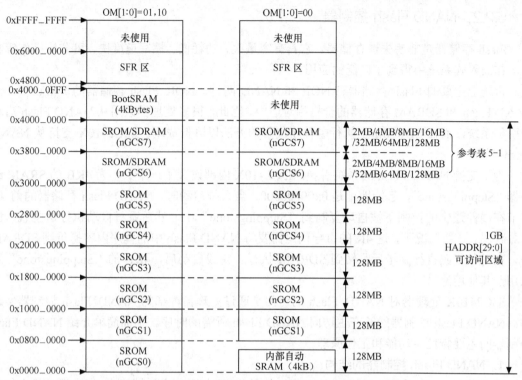

图 6-2　S3C2410X 复位后的存储器映射

S3C2410X 存储器控制器内设有 13 个寄存器，如表 6-2 所示，它们为访问外部存储空间提供控制信号。如 BWSCON 寄存器用于控制总线宽度和等待时间，REFRESH 寄存器用于控制 SDRAM 的刷新等。

表 6-2　　　　　　　　　　　　　　存储器的控制寄存器

寄存器	地　　址	功　　能	操　　作	复位值
BWSCON	0x48000000	总线宽度和等待控制	读/写	0x0
BANKCON0	0x48000004	BANK0 控制	读/写	0x0700
BANKCON1	0x48000008	BANK1 控制	读/写	0x0700
BANKCON2	0x4800000C	BANK2 控制	读/写	0x0700
BANKCON3	0x48000010	BANK3 控制	读/写	0x0700
BANKCON4	0x48000014	BANK4 控制	读/写	0x0700
BANKCON5	0x48000018	BANK5 控制	读/写	0x0700
BANKCON6	0x4800001C	BANK6 控制	读/写	0x18008
BANKCON7	0x48000020	BANK7 控制	读/写	0x18008
REFRESH	0x48000024	SDRAM 刷新控制	读/写	0xAC0000
BANKSIZE	0x48000028	BANK 尺寸设置	读/写	0x0
MRSRB6	0x4800002C	BANK6 模式设置	读/写	xxx
MRSRB7	0x48000030	BANK6 模式设置	读/写	xxx

6.2.2 NAND Flash 控制器

Flash 存储器是非易失性存储器。它具有容量大、功耗低、擦写速度快、可分块操作等特点，在嵌入式系统中得到了广泛的应用。

市场上主要的 Flash 存储器有 NOR 和 NAND 两种。NOR Flash 存储器的价格较贵，而 NAND Flash 和 SDRAM 存储器的价格相对适中。因此，很多处理器采用从 NAND Flash 启动和引导系统，而在 SDRAM 上执行主程序代码的方法以降低成本。S3C2410X 支持从 NAND Flash 启动。

为了支持 NAND Flash 的系统引导，S3C2410X 内部设置了一个大小为 4KB 的 SRAM 缓冲器 "Steppingstone"，起始地址是 0x00000000。当系统启动时，NAND Flash 存储器的前 4K 字节在硬件逻辑的控制下被自动复制到 "Steppingstone" 中，然后系统自动执行这些载入的引导代码。一般情况下，这 4K 的引导代码需要将 NAND Flash 中的程序内容拷贝到 SDRAM 中，在引导代码执行完毕后跳转到 SDRAM 执行。完成启动后，4KB 的 "Steppingstone" 可以用于其他用途。

S3C2410X 处理器对 NAND Flash 的访问是通过处理器内部的 NAND Flash 控制器实现的。NAND Flash 控制器能够产生访问 NAND Flash 所需的时序。下面简单介绍 NAND Flash 控制器的主要特性、功能和工作原理。

1. NAND Flash 控制器的结构

NAND Flash 控制器由 NAND Flash 接口、内部缓冲器、缓冲器控制、寄存器、状态控制器、ECC 编码/解码等六部分组成，其结构如图 6-3 所示。

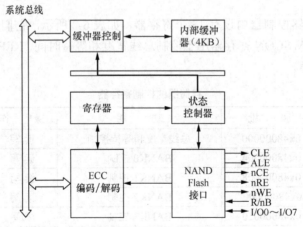

图 6-3　NAND Flash 控制器结构图

2. NAND Flash 控制寄存器

NAND Flash 支持读、擦除、编程、自动导入等工作模式，具备硬件 ECC 产生模块。如表 6-3 所示，NAND Flash 有 6 个寄存器：NFCONF 配置寄存器、NFCMD 命令寄存器、NFADDR 地址寄存器、NFDATA 数据寄存器、NFSTAT 操作状态寄存器和 NFECC 纠错码寄存器。NAND Flash 控制器通过这些寄存器完成对 NAND Flash 的配置和控制。

寄存器	地　　址	功　　能	操　　作	复位值
NFCONF	0x4E000000	Nand Flash 配置	读/写	—
NFCMD	0x4E000004	Nand Flash 命令	读/写	—
NFADDR	0x4E000008	Nand Flash 地址	读/写	—
NFDATA	0x4E00000C	Nand Flash 数据	读/写	—
NFSTAT	0x4E000010	Nand Flash 状态	读/写	—
NFECC	0x4E000014	Nand Flash 纠错	读/写	—

表 6-3　　　　　　　　　　　　　Nand Flash 控制器的寄存器

3. 自动导入模式

自动导入的步骤如下。

（1）完成复位。

（2）如果自动导入模式使能，NAND Flash 存储器的前面 4KB 被自动拷贝到 Steppingstone 内部缓冲器中。

（3）Steppingstone 被映射到 nGCS0。

（4）CPU 开始执行 4KB 内部缓冲器 Steppingstone 中的引导代码。

注意，在自动导入模式下，不进行 ECC 检测。因此，NAND Flash 的前 4KB 应确保不能有位错误（一般 NAND Flash 厂家都会确保）。图 6-4 显示了 NAND Flash 控制器的工作机制。

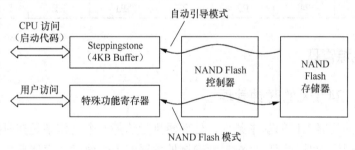

图 6-4　NAND Flash 控制器的工作机制

4. NAND Flash 模式配置

（1）通过 NFCONF 寄存器配置 NAND Flash。

（2）写 NAND Flash 命令到 NFCMD 寄存器。

（3）写 NAND Flash 地址到 NFADDR 寄存器。

（4）在读/写数据时，通过 NFSTAT 寄存器来获得 NAND Flash 的状态信息。在读操作前或写入之后需要检查 R/nB 信号（准备好/忙信号）。

5. 管脚配置

D[7:0]：数据/命令/地址/的输入/输出口（与数据总线共享）。

CLE：命令锁存使能（输出）。

ALE：地址锁存使能（输出）。

nFCE：NAND Flash 片选使能（输出）。

nFRE：NAND Flash 读使能（输出）。

nFWE：NAND Flash 写使能（输出）。

nWAIT：NAND Flash 就绪/忙（输入）。

6．系统引导和 NAND Flash 配置

（1）当芯片引脚 OM[1:0] = 00b 时，使能 NAND Flash 控制器的自动导入模式。

（2）NAND Flash 的存储页面大小应该为 512 字节。

（3）NCON：NAND Flash 寻址步数选择，0 为 3 步寻址，1 为 4 步寻址。

7．NAND Flash 的校验

S3C2410X 在写/读操作时，每 512 字节数据自动产生 3 字节的 ECC 奇偶代码（24 位）。24 位 ECC 奇偶校验码＝18 位行奇偶校验码＋6 位列奇偶校验码。

ECC 产生模块执行以下步骤。

（1）当 MCU 写数据到 NAND Flash 时，ECC 产生模块生成 ECC 码。

（2）当 MCU 从 NAND Flash 读数据时，ECC 产生模块生成 ECC 码，同时用户程序将它与先前写入时产生的 ECC 码进行比较。

表 6-4 给出了 512 字节 ECC 奇偶校验码分配情况。

表 6-4　　　　　　　　　512B ECC 奇偶校验码分配表

	DATA7	DATA6	DATA5	DATA4	DATA3	DATA2	DATA1	DATA0
ECC0	P64	P64'	P32	P32'	P16	P16'	P8	P8'
ECC1	P1024	P1024'	P512	P512'	P256	P256'	P128	P128'
ECC2	P4	P4'	P2	P2'	P1	P1'	P2048	P2048'

6.3　时钟和电源管理

6.3.1　S3C2410X 的时钟管理

系统时钟是处理器工作的基本条件，处理器执行的每一个动作都是在时钟信号的控制下完成的。了解处理器的时钟管理，对灵活安排处理器的工作速度、存储器控制以及定时器、串行通信、ADC 等片内外设的使用具有重要的作用。

S3C2410X 的时钟控制逻辑能够产生系统所需的时钟，包括 FCLK、HCLK、PCLK 和 UCLK。其中 FCLK 用于 CPU 核，HCLK 用于与 AHB 总线互连的设备（如存储器控制器、中断控制器以及 DMA 等），PCLK 用于与 APB 总线互连的设备（如定时器、UART、ADC等），UCLK 用于 USB 模块。

S3C2410X 有外部时钟输入引脚。为了避免干扰，外部输入时钟的频率都比较低。芯片内部设有两个锁相环（MPLL 和 UPLL），能产生各类设备的工作时钟。由于 MPLL 可以将外部输入的时钟倍频，因此 S3C2410X 可以工作在很高的频率上。图 6-5 为 MPLL 的功能框图。图中 Fin 是晶振输入。控制寄存器 MPLLCON 控制 FCLK 和 Fin 的比例关系，

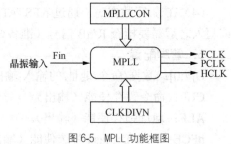

图 6-5　MPLL 功能框图

CLKDIVN 用于控制 FCLK、HCLK 和 PCLK 之间的比例关系。锁相环 UPLL 用于将外部时钟倍频到 USB 设备工作所需的时钟频率，工作原理与 MPLL 类似。

S3C2410X 有两个引脚（OM3 和 OM2）与时钟源的选择有关：可以由外接晶体通过片内振荡电路产生，也可以直接来自外部时钟信号。系统会根据上电时锁存的 OM3 和 OM2 引脚的电平值来选择时钟源，如表 6-5 所示。

表 6-5　　　　　　　　　　　　　　时钟源选择

Mode OM[3:2]	MPLL State	UPLL State	Main Clock source	USB Clock Source
00	On	On	Crystal	Crystal
01	On	On	Crystal	EXTCLK
10	On	On	EXTCLK	Crystal
11	On	On	EXTCLK	EXTCLK

系统上电时，FCLK 等于外部时钟频率。复位完成后，锁相环按照寄存器 MPLLCON 和 CLKDIVN 设定的倍频比例生成所需要的时钟频率。系统工作期间可以通过软件改变系统频率。

6.3.2　S3C2410X 的电源管理

S3C2410X 有各种针对不同任务提供的最佳电源管理策略。电源管理模块能够使系统工作在以下 4 种模式：正常模式、低速模式、空闲模式和掉电模式。

正常模式：电源管理模块向 CPU 和所有外设提供时钟。这种模式下，当所有外设都开启时，系统功耗将达到最大。用户可以通过软件控制各种外设的开关。例如，如果不需要定时器，用户可以将定时器时钟断开以降低功耗。

低速模式：系统直接使用外部时钟（XTIpll 或者 EXTCLK）作为 FCLK。这种模式下，功耗仅由外部时钟频率决定。

空闲模式：电源管理模块关掉 FCLK，而继续提供时钟给其他外设。空闲模式可以减少由 CPU 内核产生的功耗。任何中断请求都可以将 CPU 唤醒。

掉电模式：电源管理模块断开内部电源。因此，CPU 和除唤醒逻辑单元以外的外设都不会产生功耗。要执行掉电模式需要有两个独立的电源，其中一个给唤醒逻辑单元供电，另一个给包括 CPU 在内的其他模块供电。在掉电模式下，第二个电源将被关掉。掉电模式可以由外部中断 EINT[15:0]或 RTC 报警中断唤醒。

6.4　通用 I/O 端口

6.4.1　S3C2410X 通用 I/O 端口的工作机制

S3C2410X 有 117 个多功能的输入/输出引脚，它们组成 8 个位数不等的 I/O 端口，这些端口是：

- 端口 A(GPA)：23 个输出口；
- 端口 B(GPB)：11 个输入/输出口；

- 端口 C(GPC)：16 个输入/输出口；
- 端口 D(GPD)：16 个输入/输出口；
- 端口 E(GPE)：16 个输入/输出口；
- 端口 F(GPF)：8 个输入/输出口；
- 端口 G(GPG)：16 个输入/输出口；
- 端口 H(GPH)：11 个输入/输出口。

每个端口可以根据系统配置和设计需求通过软件配置成相应的功能。在启动主程序之前，必须定义好每个引脚的功能。如果某个引脚不用作功能引脚，则可以将它配置成通用 I/O 引脚。S3C2410X 的 I/O 端口配置如表 6-6 所示。

表 6-6 **S3C2410X 的 I/O 口配置**

引 脚		读/写	可选的引脚功能	
PORT A	GPA22	输出	nFCE	—
	GPA21		nRSTOU	—
	GPA20		nFRE	—
	GPA19		nFWE	—
	GPA18		ALE	—
	GPA17		CLE	—
	GPA17~GPA12		nGCS5~nGCS1	—
	GPA11~GPA1		ADDR26~ADDR16	—
	GPA0		ADDR0	—
PORT B	GPB10	输入/输出	nXDREQ0	—
	GPB9		nXDACK0	—
	GPB8		nXDREQ1	—
	GPB7		nXDACK1	—
	GPB6		nXBREQ	—
	GPB5		nXBACK	—
	GPB4		TCLK0	—
	GPB3~PB0		TOUT3~TOUT0	—
PORT C	GPC15~GPC8	输入/输出	VD7~VD0	—
	GPC7~GPC5		LCDVF2~LCDVF0	—
	GPC4		VM	—
	GPC3		FRAME	—
	GPC2		VLINE	—
	GPC1		VCLK	—
	GPC0		LEND	—
PORT D	GPD15~GPD14	输入/输出	VD23~VD22	nSS0~nSS1
	GPD13~GPD0		VD21~VD8	—

续表

引　脚		读/写	可选的引脚功能	
	GPE15		IICSDA	—
	GPE14		IICSCL	—
	GPE13		SPICLK0	—
	GPE12		SPIMOSI0	—
	GPE11		SPIMISO0	—
	GPE10～GPE7		SDDAT3～SDDAT0	—
PORT E	GPE6	输入/输出	SDCMD	—
	GPE5		SDCLK	—
	GPE4		I2SSDO	I2SSDI
	GPE3		I2SSDI	nSS0
	GPE2		CDCLK	—
	GPE1		I2SSCLK	—
	GPE0		I2SLRCK	—
PORT F	GPF7～GPF0	输入/输出	EINT7～EINT0	
	GPG15		EINT23	nYPON
	GPG14		EINT22	YMON
	GPG13		EINT21	nXPON
	GPG12		EINT20	XMON
	GPG11		EINT19	TCLK1
	GPG10～GPG8		EINT18～EINT16	—
PORT G	GPG7	输入/输出	EINT15	SPICLK1
	GPG6		EINT14	SPIMOSI
	GPG5		EINT13	SPIMISO
	GPG4		EINT12	D_PWR
	GPG3		EINT11	nSS1
	GPG2		EINT10	nSS0
	GPG1～GPG0		EINT9～EINT8	—
	GPH10		CLKOUT1	—
	GPH9		CLKOUT0	—
	GPH8		UCLK	—
	GPH7		RXD2	nCTS1
	GPH6		TXD2	nRTS1
PORT H	GPH5	输入/输出	RXD1	—
	GPH4		TXD1	—
	GPH3		RXD0	—
	GPH2		TXD0	—
	GPH1		nRTS0	—
	GPH0		nCTS0	—

在 S3C2410X 中，大部分端口都是功能复用的，因此在使用前需要进行端口配置，以确定每个引脚使用哪种功能。端口的配置和使用通过寄存器完成。相关的寄存器包括：端口配置寄存器、端口数据寄存器、端口上拉电阻寄存器、外部中断控制寄存器以及杂项控制寄存器等。

端口控制寄存器（GPACON-GPHCON）：决定每个引脚的功能。如果 GPF0～GPF7 和 GPG0～GPG7 用于掉电模式的唤醒信号，这些端口必须被配置成中断模式。

端口数据寄存器（GPADAT-GPHDAT）：如果端口被配置成输出端口，可以向 GPnDAT 中的相关位写入数据；如果端口被配置成输入端口，可以从 GPnDAT 中的相关位读入数据。

端口上拉电阻寄存器（GPBUP-GPHUP）：控制每个端口各引脚上拉电阻的使能和禁止。当上拉电阻使能时，不管引脚选择什么功能（输入、输出、数据、外部中断等），上拉电阻都起作用。

外部中断控制寄存器（EXTINTN）：系统可响应 24 个外部中断请求。EXTINTn 寄存器可以配置如下信号请求方式：低电平触发、高电平触发、上升沿触发、下降沿触发、双边沿触发。

杂项控制寄存器（MISCCR）：用于控制数据端口上的上拉电阻、高阻状态、USB Pad 和 CLKOUT 的选择。

下面选择 A、B、C、F 四个端口对相关寄存器的设置进行说明。端口 D、E、G、H 的用法类似，使用时请参见附录 A 或芯片数据手册。

1. 端口 A 寄存器及引脚配置（见表 6-7）

表 6-7　　　　　　　　　　　　端口 A 寄存器及引脚配置

相关寄存器	地　址	读/写	描　　述	复位值
GPACON	0x56000000	读/写	端口 A 配置寄存器，使用位[22:0]，分别用于配置端口 A 的 23 个引脚。 0：对应引脚为输出引脚 1：对应引脚为功能引脚	0x7FFFFF
GPADAT	0x56000004	读/写	端口 A 数据寄存器，使用位[22:0]。	—
保留	0x56000008	—	端口 A 保留寄存器	—
保留	0x5600000C	—	端口 A 保留寄存器	—

2. 端口 B 寄存器及引脚配置（见表 6-8）

表 6-8　　　　　　　　　　　　端口 B 寄存器及引脚配置

相关寄存器	地　址	读/写	描　　述	复位值
GPBCON	0x56000010	读/写	端口 B 引脚配置寄存器，使用位[21:0]，分别用于配置端口 B 的 11 个 I/O 引脚。 00：输入　　　　01：输出 10：功能引脚　　11：保留	0x0
GPBDAT	0x56000014	读/写	端口 B 数据寄存器，使用位[10:0]。	—

续表

相关寄存器	地　址	读/写	描　述	复位值
GPBUP	0x56000018	读/写	端口 B 上拉寄存器,位[10: 0]有意义。 0:对应引脚有上拉 1:对应引脚无上拉	0x0
保留	0x5600001C	—	端口 B 保留寄存器	—

3. 端口 C 寄存器及引脚配置（见表 6-9）

表 6-9　　　　　　　　　　　　　端口 C 寄存器及引脚配置

相关寄存器	地　址	读/写	描　述	复位值
GPCCON	0x56000020	读/写	端口 C 引脚配置寄存器,使用位[31:0], 分别用于配置端口 C 的 16 个 I/O 引脚。 00:输入　　　01:输出 10:功能引脚　11:保留	0x0
GPCDAT	0x56000024	读/写	端口 C 数据寄存器,使用位[15: 0]。	—
GPCUP	0x56000028	读/写	端口 C 上拉寄存器,位[15: 0]有意义。 0:对应引脚有上拉 1:对应引脚无上拉	0x0
保留	0x5600002C	—	端口 C 保留寄存器	—

4. 端口 F 寄存器及引脚配置（见表 6-10）

表 6-10　　　　　　　　　　　　　端口 F 寄存器及引脚配置

相关寄存器	地　址	读/写	描　述	复位值
GPFCON	0x56000050	读/写	端口 F 引脚配置寄存器,使用位 [15:0],分别用于配置端口 F 的 8 个 I/O 引脚。 00:输入　　　01:输出 10:功能引脚　11:保留	0x0
GPFDAT	0x56000054	读/写	端口 F 数据寄存器,使用位[7: 0]。	—
GPFUP	0x56000058	读/写	端口 F 上拉寄存器,位[7:0]有意义。 0:对应引脚有上拉 1:对应引脚无上拉	0x0
保留	0x5600005C	—	端口 F 保留寄存器	—

　　此外,S3C2410X 还安排有外中断控制寄存器、外中断屏蔽寄存器、杂项控制寄存器、DCLK 控制寄存器等寄存器,实现对外部中断、时钟输出及软件复位等控制。篇幅所限,这里不一一介绍,附录 A 给出了相关寄存器及其位描述,也可参见芯片的数据手册。

6.4.2　S3C2410X 通用 I/O 端口编程实例

　　【例 6-1】　　参考图 6-6 所示的硬件连接,GPIO 口 GPF4～GPF7 上分别连接了发光二极管 LED0、LED1、LED2、LED3,编写程序控制发光二极管的亮灭。

参考程序如下。

```
#include "2410addr.h"
#include "2410lib.h"
void main(void)
{
int i;
rGPFCON = 0x5500;                    // 设置 GPF4～GPF7 为输出
rGPFUP=0xf0;                         // 禁止 GPF4～GPF7 端口的上拉电阻
rGPFDAT=0;                           // GPF4～GPF7 输出 0，使 LED 亮
for(i=0;i<100000;i++);              // 延时
rGPFDAT=0xF0;                        // GPF4～GPF7 输出 1，使 LED 灭
for(i=0;i<100000;i++);              // 延时
}
```

【例 6-2】 如图 6-7 所示，GPIO 口 GPF0、GPF1、GPF2、GPF3 上分别连接了按键 S0-S3，编写程序读取按键的开关状态。

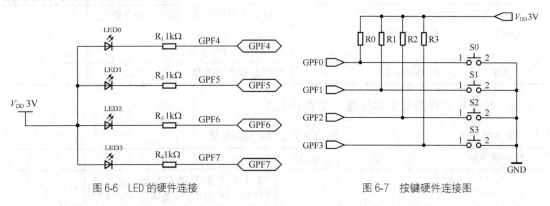

图 6-6　LED 的硬件连接　　　　　　　　　图 6-7　按键硬件连接图

参考程序如下。

```
#include "2410addr.h"
#include "2410lib.h"
void main(void)
{
int k;
rGPFCON = 0x0000;                    // 设置 GPF0～GPF3 为输入
rGPFUP=0x0f;                         // 禁止使用 GPF0～GPF3 端口的上拉电阻
k=rGPFDAT;                           //
k=k & 0x0f;                          // 获取按键值
......
......
......
......

}
```

6.5 定时器

6.5.1 S3C2410X 定时器概述

定时器是处理器的重要片内设备，可用于定时、计数、产生周期性信号等。S3C2410X 有 5 个 16 位定时器。其中定时器 0、1、2、3 具有脉宽调制（PWM）功能，可用于电机控制。定时器 4 是一个内部定时器，没有输出管脚，供内部使用。定时器 0 有一个死区发生器，用于大电流设备的控制。S3C2410X 的 16 位 PWM 定时器结构如图 6-8 所示。

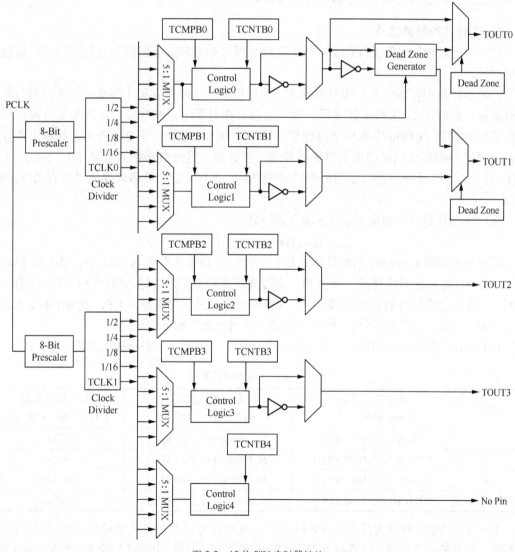

图 6-8   16 位 PWM 定时器结构

每个定时器由时钟产生逻辑、减法计数器、初值寄存器、比较寄存器、观察寄存器、输出控制逻辑等部分构成。其原理框如图 6-9 所示。

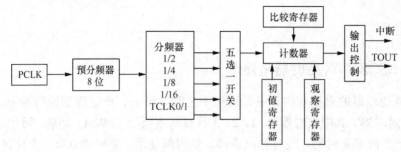

图 6-9　定时器原理框图

6.5.2　S3C2410X 定时器的工作原理

1．定时器的时钟信号

定时器的时钟信号源是 PCLK。PCLK 经过预分频器和分频器两级分频后为定时器提供定时时钟。

定时器模块中有 2 个 8 位预分频器和 2 个分频器。定时器 0 和 1 共享一个 8 位预分频器及分频器，定时器 2、3 和 4 共享另一个 8 位预分频器及对应的分频器。两个 8 位预分频器的值根据寄存器 TCFG0 中相应字段确定，可以将 PCLK 进行 1 至 256 分频，其输出送分频器。分频器能将预分频器送来的时钟信号进一步分频，其分频系数可以是 1/2、1/4、1/8 或 1/16。此外，定时时钟也可以采用外部时钟 TCLK0 或 TCLK1，具体设置通过寄存器 TCFG1 完成。

定时器的计数时钟频率 f_{Tclk} 按下面公式计算。

$$f_{\text{Tclk}} = [f_{\text{pclk}}/(\text{Prescaler}+1)] \times 分频值$$

式中预分频值 Prescaler 的取值范围是 0～255；分频值的取值为 1/2、1/4、1/8 或 1/16。

S3C2410X 的定时器是减 1 计数器，定时器设置初值后，对输入时钟进行减 1 计数。溢出时，一方面会在定时器输出引脚上产生电平的变化，另一方面会向 CPU 发出中断信号。如果定时器的初值 TCNTBn 不变，则可以在输出引脚上获得周期性信号。

设 PCLK 的频率为 50MHz，经过两次分频后，定时器的最大、最小输出周期如表 6-11 所示。

表 6-11　　　　　　　　　定时器最大、最小输出周期

分频值	最小输出周期 （prescaler = 0）	最大输出周期 （prescaler = 255）	最大输出周期 （TCNTBn = 65535）
1/2	0.0400µs (25.0000 MHz)	10.2400µs (97.6562 kHz)	0.6710sec
1/4	0.0800µs (12.5000 MHz)	20.4800µs (48.8281 kHz)	1.3421sec
1/8	0.1600µs (6.25000 MHz)	40.9601µs (24.4140 kHz)	2.6843sec
1/16	0.3200µs (3.12500 MHz)	81.9188µs (12.2070 kHz)	5.3686sec

T0～T3 四个定时器支持产生 PWM 信号，其中信号周期由计数器的周期即 TCNTBn 的值确定，信号的占空比由比较寄存器 TCMPBn 的值决定。所以，PWM 的输出时钟频率和 PWM 输出信号占空比可以用下式表示：

$$PWM \text{ 输出时钟频率} = f_{\text{Tclk}}/TCNTBn$$

$$PWM \text{ 输出信号占空比} = TCMPBn/TCNTBn$$

2．定时器的双缓冲功能

除定时器 4 外，每一个定时器都包含 TCNTBn、TCNTn、TCMPBn、TCMPn 和 TCNTOn 等寄存器（定时器 4 没有 TCMPB 和 TCMP 寄存器）。

TCNTBn 是定时器计数缓冲寄存器，用于存放计数初始值，这个值会通过手动方式或自动重装方式被装载到递减计数器 TCNTn 中，它决定着定时器的溢出周期。当 TCNTn 的值减到 0，且定时器中断使能时，定时器将产生一个中断请求。

定时器比较缓冲寄存器 TCMPBn 用于存放比较初值，这一值被装载到比较寄存器 TCMPn 中，用来与递减计数器值进行比较，并据此确定 TOUT 输出信号的占空比。

由于有两个缓冲寄存器的存在，使得定时器具有双缓冲功能。当定时器工作在自动加载模式下，即使定时器在工作过程中设置了一个新的计数初值，但当前定时器的操作仍会继续完成而不受影响，即改变下次加载值的同时不影响当前定时周期。因此，在频率和占空比发生改变时仍能产生一个稳定的输出。

定时器的周期值写入定时器计数缓冲寄存器 TCNTBn 中，而当前计数器的值可以通过读定时器计数值观测寄存器 TCNTOn 得到。当 TCNTn 的值减到 0 时，自动加载操作复制 TCNTBn 的值到 TCNTn 中。但是如果自动加载模式没有使能，TCNTn 将不进行任何操作。此时的工作时序如图 6-10 所示。

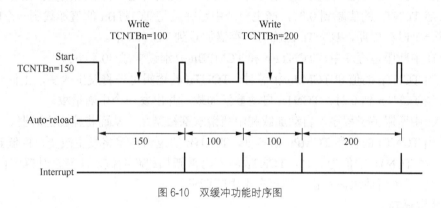

图 6-10　双缓冲功能时序图

3．手动加载定时器初值和 TOUT 状态初始化

当递减计数器的值减到 0 时，自动加载操作才能进行。所以，用户必须预先对 TCNTn 定义一个起始值，而起始值必须由手动更新方式载入。以下步骤描述了如何起始一个定时器。

（1）将初始值写入到 TCNTBn 和 TCMPBn 寄存器中。

（2）通过定时器控制寄存器 TCON 设置相应定时器的手动更新位，设置 TOUT 反相器控制位开或关（不管反相器使用与否）。

（3）通过定时器控制寄存器使能相应定时器的起始位，从而启动定时器工作，同时清除手动更新位。

如果定时器被迫停止，TCNTn 将保留计数器的值且不重载 TCNTBn。如果用户需要设置一个新值，必须执行手动更新。

需要注意的是，无论何时改变 TOUT 反相器开关控制位的值，TOUTn 的逻辑值都将随之改变。因此，建议反相器开关控制位的配置与手动更新位同时进行。

4. 定时器操作步骤

以下是一个定时器操作的示例，每个步骤的结果如图 6-11 所示。

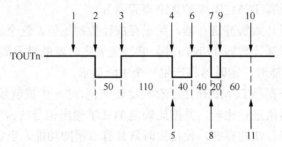

图 6-11 定时器操作示意图

（1）设置 TCNTBn 为 160，TCMPBn 为 110，设置手动更新位并配置输出反相器控制位。手动更新设置 TCNTn 和 TCMPn 的值与 TCNTBn 和 TCMPBn 相同。然后设置 TCNTBn 和 TCMPBn 的值分别为 80 和 40，确定下一个周期的值。

（2）如果手动更新位为 0、输出反相器关并且自动加载打开，则设置定时器启动位，在定时器的延迟时间后定时器开始递减计数。

（3）当 TCNTn 的值和 TCMPn 相等时，TOUTn 的逻辑电平将发生改变，由低到高。

（4）当 TCNTn 的值减到 0 时，产生一个中断并且将 TCNTBn 的值加载到一个临时寄存器。在下一个时钟周期，TCNTn 由临时寄存器加载到 TCNTn 中。

（5）在中断服务程序中，TCNTBn 和 TCMPBn 分别设置成 80 和 60。

（6）当 TCNTn 的值和 TCMPn 相等时，TOUTn 的逻辑电平将发生改变，由低到高。

（7）当 TCNTn 到 0 时，TCNTn 自动重新加载，并出发一个中断请求。

（8）在中断服务子程序，自动加载和中断请求都被禁止，从而将停止定时器。

（9）当 TCNTn 的值和 TCMPn 相等时，TOUTn 的逻辑电平将发生改变，由低到高。

（10）当 TCNTn 的值为 0 时，TCNTn 将不再重新加载新的值，从而定时器停止工作。

（11）由于中断请求被禁止，不再产生中断请求。

5. 脉宽调制

脉宽调制功能可以通过改变 TCMPBn 的值实现。当计数器 TCNTn 中的值减到与 TCMPBn 的值相同时，TOUT 的输出电平取反。PWM 的频率由 TCNTBn 决定，改变 TCMPB 的值，即可改变输出信号的占空比。图 6-12 所示为一个通过改变 TCMPBn 实现 PWM 的例子。

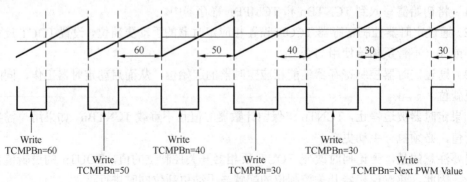

图 6-12 脉宽调制示意图

如果想得到一个高的 PWM 值，则要减小 TCMPBn 的值。相反，如果想要得到一个低的 PWM 值，则要增加 TCMPBn 的值。如果反相器使能的话，则情况正好相反。

由于定时器具有双缓冲功能，则在当前周期的任何时间都可以通过 ISR 和其他程序改变 TCMPBn 的值。

6．输出电平控制

以下步骤描述了如何控制 TOUTn 的值为高或低。

① 关闭自动加载位，TOUTn 的值变高且在 TCNTn 为 0 后定时器停止运行。

② 通过定时器开始位清零来停止定时器运行。如果 TCNTn<=TCMPn，输出为高，如果 TCNTn>TCMPn，输出为低。

③ 通过改变 TCON 中的输出反相器开关位来使 TOUTn 为高或为低。

输出反相器开与关时的输出波形如图 6-13 所示。

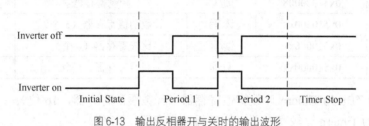

图 6-13　输出反相器开与关时的输出波形

7．死区发生器

死区是用 PWM 的输出控制功率设备时采用的一种技术。它的作用是在输出电平翻转时插入一段小的时间间隔，在这个时间间隔内，禁止两个开关同时处于开启状态，避免两个设备同时开启造成损坏。S3C2410X 的 Timer0 具有死区发生器功能，可用于控制大功率设备。图 6-14 是死区波形图。

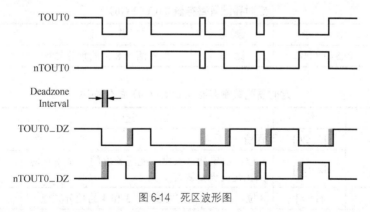

图 6-14　死区波形图

TOUT0 是一个 PWM 输出，nTOUT0 是 TOUT0 的反相。如果死区使能，则 TOUT0 和 nTOUT0 的输出波形将是 TOUT0_DZ 和 nTOUT0_DZ。nTOUT0_DZ 由 TOUT1 脚输出。在死区间隔内，TOUT0_DZ 和 nTOUT0_DZ 将不会同时开启。

8．DMA 请求模式

PWM 定时器能在任何时间产生一个 DMA 请求。定时器保持 DMA 请求信号（nDMA_REQ）为低，直到定时器接收到 ACK 信号。当定时器接收到 ACK 信号时，定时器将使请求信号无效。定时器由设置 DMA 模式位（在 TCFG1 寄存器中）产生 DMA 请求。如果一个定时器配置成 DMA 请求模式，则此定时器将不能产生中断请求，而其他定时器将正常产生中断请求。具体使用方法详见芯片手册。

9. 定时器专用寄存器

定时器的所有操作均借助于专用寄存器完成。定时器专用寄存器共有 6 种、17 个寄存器，如表 6-12 所示。

表 6-12 定时器专用寄存器

寄存器	地 址	读/写	描 述	复位值
TCFG0	0x51000000	读/写	配置寄存器 0	0x00000000
TCFG1	0x51000004	读/写	配置寄存器 1	0x00000000
TCON	0x51000008	读/写	控制寄存器	0x00000000
TCNTBn	0x510000xx	读/写	计数初值寄存器（5 个）	0x0000
TCMPBn	0x510000xx	读/写	比较寄存器（4 个）	0x0000
TCNTOn	0x510000xx	只读	观察寄存器（5 个）	0x0000

其中：TCNTBn 为 Timern 计数初值寄存器（计数缓冲寄存器，16 位）；

TCMPBn 为 Timern 比较寄存器（比较缓冲寄存器，16 位）；

TCNTOn 为 Timern 计数读出寄存器（16 位）；

TCFG0 用于设定定时器两个预分频器的取值，取值范围为：0～255；

TCFG1 用于设定定时器 Timer0～Timer4 的分频值，取值为 2、4、8 或 16；

TCON 为定时器控制寄存器。

（1）定时器配置寄存器 0（TCFG0）及其位描述（见表 6-13、表 6-14）

表 6-13 定时器配置寄存器 0（TCFG0）

寄存器	地 址	读/写	描 述	复位值
TCFG0	0x51000000	读/写	配置两个 8 位的预分频器	0x00000000

表 6-14 定时器配置寄存器 0（TCFG0）的位描述

TCFG0	位	描 述	复位值
保留	[31:24]	保留	0x00
Dead zone length	[23:16]	8 位，决定死区长度。死区长度的 1 个单位时间由定时器 0 决定	0x00
Prescaler 1	[15:8]	8 位，用于决定定时器 2，3 和 4 的预分频值	0x00
Prescaler 0	[7:0]	8 位，用于决定定时器 0 和 1 的预分频值	0x00

（2）定时器配置寄存器 1（TCFG1）（见表 6-15、表 6-16）

表 6-15 定时器配置寄存器 1（TCFG1）

寄存器	地 址	读/写	描 述	复位值
TCFG1	0x51000004	读/写	5 个定时器的分频输入选择和 DMA 模式选择	0x00000000

表 6-16   定时器配置寄存器 1（TCFG1）的位描述

TCFG1	位	描 述	复位值
保留	[31:24]	保留	00000000
DMA mode	[23:20]	选择 DMA 请求通道 0000：不选择，0001：Timer0 0010：Timer1，0011：Timer2 0100：Timer3，0101：Timer4 0110：保留	0000
MUX 4	[19:16]	Timer4 分频选择 0000：1/2，0001：1/4，0010：1/8 0011：1/16，01xx：外部 TCLK1	0000
MUX 3	[15:12]	Timer3 分频选择 0000：1/2，0001：1/4，0010：1/8 0011：1/16，01xx：外部 TCLK1	0000
MUX 2	[11:8]	Timer2 分频选择 0000：1/2，0001：1/4，0010：1/8 0011：1/16，01xx：外部 TCLK1	0000
MUX 1	[7:4]	Timer1 分频选择 0000：1/2，0001：1/4，0010：1/8 0011：1/16，01xx：外部 TCLK0	0000
MUX 0	[3:0]	Timer0 分频选择 0000：1/2，0001：1/4，0010：1/8 0011：1/16，01xx：外部 TCLK0	0000

（3）定时器控制寄存器（TCON）及其位描述（见表 6-17、表 6-18）

表 6-17   定时器控制寄存器（TCON）

寄存器	地 址	读/写	描 述	复位值
TCON	0x51000008	读/写	定时器控制寄存器	0x00000000

表 6-18   定时器控制寄存器（TCON）的位描述

TCON	位	描 述	复位值
Timer 4 auto reload on/off	[22]	决定自动重装载的开/关，用于 Timer4 0：仅一次，1：自动重装载	0
Timer 4 manual update	[21]	决定手动更新，用于 Timer4 0：无操作，1：更新 TCNTB4	0
Timer 4 start/stop	[20]	决定 Timer4 的启始/停止 0：停止，1：启始	0
Timer 3 auto reload on/off	[19]	决定自动重装载的开/关，用于 Timer3 0：仅一次，1：自动重装载	0
Timer 3 output inverter on/off	[18]	决定输出反相器的开/关，用于 Timer3 0：反相器关，1：反相器开，用于 TOUT3	0

续表

TCON	位	描　述	复位值
Timer 3 manual update	[17]	决定手动更新，用于 Timer3 0：无操作，1：更新 TCNTB3 和 TCMPB3	0
Timer 3 start/stop	[16]	决定 Timer3 的启始/停止 0：停止，1：启始	0
Timer 2 auto reload on/off	[15]	决定自动重装载的开/关，用于 Timer2 0：仅一次，1：自动重装载	0
Timer 2 output inverter on/off	[14]	决定输出反相器的开/关，用于 Timer2 0：反相器关，1：反相器开，用于 TOUT2	0
Timer 2 manual update	[13]	决定手动更新，用于 Timer2 0：无操作，1：更新 TCNTB2 和 TCMPB2	0
Timer 2 start/stop	[12]	决定 Timer2 的启始/停止 0：停止，1：启始	0
Timer 1 auto reload on/off	[11]	决定自动重装载的开/关，用于 Timer1 0：仅一次，1：自动重装载	0
Timer 1 output inverter on/off	[10]	决定输出反相器的开/关，用于 Timer1 0：反相器关，1：反相器开，用于 TOUT1	0
Timer 1 manual update	[9]	决定手动更新，用于 Timer1 0：无操作，1：更新 TCNTB1 和 TCMPB1	0
Timer 1 start/stop	[8]	决定 Timer1 的启始/停止 0：停止，1：启始	0
保留	[7:5]	保留	
Dead zone enable	[4]	决定死区的操作 0：禁止，1：使能	0
Timer 0 auto reload on/off	[3]	决定自动重装载的开/关，用于 Timer0 0：仅一次，1：自动重装载	0
Timer 0 output inverter on/off	[2]	决定输出反相器的开/关，用于 Timer0 0：反相器关，1：反相器开，用于 TOUT0	0
Timer 0 manual update	[1]	决定手动更新，用于 Timer0 0：无操作，1：更新 TCNTB0 和 TCMPB0	0
Timer 0 start/stop	[0]	决定 Timer0 的启始/停止 0：停止，1：启始	0

（4）定时器 0 计数缓冲寄存器与比较缓冲寄存器（TCNTB0/TCMPB0）（见表 6-19）

表 6-19　　定时器 0 计数缓冲寄存器与比较缓冲寄存器（**TCNTB0/TCMPB0**）

寄存器	地　　址	读/写	描　　述	复位值
TCNTB0	0x5100000C	读/写	定时器 0 计数缓冲寄存器[15:0]，用于设置 Timer0 的计数缓冲值	0x00000000
TCMPB0	0x51000010	读/写	定时器 0 比较缓冲寄存器[15:0]，用于设置 Timer0 的比较缓冲值	0x00000000

（5）定时器 0 计数观察寄存器（TCNTO0）（见表 6-20）

表 6-20 定时器 **0** 计数观察寄存器（**TCNTO0**）

寄存器	地 址	读/写	描 述	复位值
TCNTO0	0x51000014	只读	定时器 0 计数观察寄存器[15:0]，用于读取 Timer 0 的当前计数值	0x00000000

（6）定时器 1 计数缓冲寄存器与比较缓冲寄存器（TCNTB1/TCMPB1）（见表 6-21）

表 6-21 定时器 **1** 计数缓冲寄存器与比较缓冲寄存器（**TCNTB1/TCMPB 1**）

寄存器	地 址	读/写	描 述	复位值
TCNTB1	0x51000018	读/写	定时器 1 计数缓冲寄存器[15:0]，用于设置 Timer1 的计数缓冲值	0x00000000
TCMPB1	0x5100001C	读/写	定时器 1 比较缓冲寄存器[15:0]，用于设置 Timer1 的比较缓冲值	0x00000000

（7）定时器 1 计数观察寄存器（TCNTO1）（见表 6-22）

表 6-22 定时器 **1** 计数观察寄存器（**TCNTO1**）

寄存器	地 址	读/写	描 述	复位值
TCNTO1	0x51000020	只读	定时器 1 计数观察寄存器[15:0]，用于读取 Timer1 的当前计数值	0x00000000

（8）定时器 2 计数缓冲寄存器与比较缓冲寄存器（TCNTB2/TCMPB2）（见表 6-23）

表 6-23 定时器 **2** 计数缓冲寄存器与比较缓冲寄存器（**TCNTB2/TCMPB2**）

寄存器	地 址	读/写	描 述	复位值
TCNTB2	0x51000024	读/写	定时器 2 计数缓冲寄存器[15:0]，用于设置 Timer2 的计数缓冲值	0x00000000
TCMPB2	0x51000028	读/写	定时器 2 比较缓冲寄存器[15:0]，用于设置 Timer2 的比较缓冲值	0x00000000

（9）定时器 2 计数观察寄存器（TCNTO2）（见表 6-24）

表 6-24 定时器 **2** 计数观察寄存器（**TCNTO2**）

寄存器	地 址	读/写	描 述	复位值
TCNTO2	0x5100002C	只读	定时器 2 计数观察寄存器[15:0]，用于读取 Timer2 的当前计数值	0x00000000

（10）定时器 3 计数缓冲寄存器与比较缓冲寄存器（TCNTB3/TCMPB3）（见表 6-25）

表 6-25 定时器 **3** 计数缓冲寄存器与比较缓冲寄存器（**TCNTB3/TCMPB3**）

寄存器	地 址	读/写	描 述	复位值
TCNTB3	0x51000030	读/写	定时器 3 计数缓冲寄存器[15:0]，用于设置 Timer3 的计数缓冲值	0x00000000
TCMPB3	0x51000034	读/写	定时器 3 比较缓冲寄存器[15:0]，用于设置 Timer3 的比较缓冲值	0x00000000

（11）定时器 3 计数观察寄存器（TCNTO3）（见表 6-26）

表 6-26　　　　　　　　　　定时器 2 计数观察寄存器（TCNTO3）

寄存器	地　　址	读/写	描　　述	复位值
TCNTO3	0x51000038	只读	定时器 3 计数观察寄存器[15:0]，用于读取 Timer3 的当前计数值	0x00000000

（12）定时器 4 计数缓冲寄存器（TCNTB4）（见表 6-27）

表 6-27　　　　　　　　　　定时器 4 计数缓冲寄存器（TCNTB4）

寄存器	地　　址	读/写	描　　述	复位值
TCNTB4	0x5100003C	读/写	定时器 4 计数缓冲寄存器[15:0]，用于设置 Timer4 的计数缓冲值	0x00000000

（13）定时器 4 计数观察寄存器（TCNTO4）（见表 6-28）

表 6-28　　　　　　　　　　定时器 4 计数观察寄存器（TCNTO4）

寄存器	地　　址	读/写	描　　述	复位值
TCNTO4	0x51000040	只读	定时器 4 计数观察寄存器[15:0]，用于设置 Timer3 的当前计数值	0x00000000

6.5.3　PWM 输出控制直流电动机应用实例

1．直流电动机的 PWM 电路原理

晶体管的导通时间也被称为导通角 α，若改变调制晶体管的开关时间，即通过改变导通角 α 的大小（如图 6-15 所示）来改变加在负载上的平均电压的大小，以实现对电动机的变速控制，称为脉宽调制（PWM）变速控制。在 PWM 变速控制中，系统采用直流电源，放大器的频率是固定的，变速控制通过调节脉宽来实现。

构成 PWM 的功率转换电路可采用 "H" 桥式驱动，也可采用 "T" 式驱动。由于 "T" 式电路要求双电源供电，而且功率晶体管承受的反向电压为电源电压的两倍。因此，只适用于小功率低电压的电动机系统。而 "H" 桥式驱动电路只需一个电源，功率晶体管的耐压相对要求也低些，所以应用得较广泛，尤其用在耐高压的电动机系统中。

图 6-16 给出了一个直流电动机的 PWM 控制电路的等效电路。在这个等效电路中，传送到负载（电动机）上的功率值决定于开关频率、导通角度及负载电感的大小。开关频率的大小主要和所用功率器件的种类有关，对于双极结型晶体管（GTR），一般为 1~5kHz，小功率时（100W，5A 以下）可以取高些，这决定于晶体管的特性。对于绝缘栅双极晶体管（IGBT），一般为 5~12kHz；对于场效应晶体管（MOSFET），频率可高达 20kHz。另外，开关频率还和电动机电感有关，电感小的应该取得高些。

当接通电源时，电动机两端加上电压 U_P，电动机储能，电流增加。当电源中断时，电枢电感所储的能量通过续流二极管 VD 继续流动，而储藏的能量呈下降的趋势。除功率值以外，电枢电流的脉动量与电动机的转速无关，仅与开关周期、正向导通时间及电动机的电磁时间常数有关。

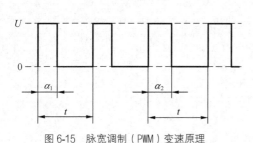

图 6-15　脉宽调制（PWM）变速原理

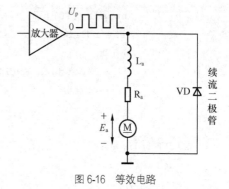

图 6-16　等效电路

2. 实验平台中直流电动机驱动的实现

对于实验平台中的直流电动机的驱动，由于 S3C2410X 芯片自带 PWM 定时器，所以控制部分省去了三角波产生电路、脉冲调制电路和 PWM 信号延迟及信号分配电路，取而代之的是 S3C2410X 芯片的定时器 0、1 组成的双极性 PWM 发生器。

PWM 发生器用到的寄存器主要有以下几个。

（1）TCFG0 参考设置：Dead zone length=0；prescaler value=2。

（2）TCFG1：时钟输入频率=PCLK/(prescaler value+1)/(divider value)。

prescaler value 由 TCFG0 决定；divider value 由 TCFG1 决定。

参考设置：无 DMA 模式，divider value=2，本系统中 PCLK=50.7MHz。

（3）TCON 参考设置：Dead zone operation enable，Inverter off。

（4）TCNTB0 及 TCMPB0：TCNTB0 决定脉冲的频率，TCMPB0 决定正脉冲的宽度。

当 TCMPB0=TCNTB0/2 时，正负脉冲宽度相同；当 TCMPB0 由 0 变到 TCNTB0 时，负脉冲宽度不断增加。本例中脉冲频率为 1Hz。

3. 参考程序

【例 6-3】　PWM 直流电动机控制程序。

主要程序参考代码如下：

```
//主程序
int main(void)
{
    int i,j,ADData,lastADData,count=0;
    ARMTargetInit();                    //开发板初始化
    init_MotorPort();
    init_ADdevice();
    Uart_Printf(0,"\nBegin control DC motor.\t\tPress any key to stop DC motor.\n");
    for(;;)
    {
        for(i=0;i<2;i++)
        ADData=GetADresult(0);          //取采样值
        Uart_Printf(0,"addata=%d",ADData);
            hudelay(10);
            SetPWM((ADData-512)*MOTOR_CONT/1024);
```

```
                    hudelay(10);
                    if((rUTRSTAT0 & 0x1))        //有输入，则跳出
                    {
                            *Revdata=RdURXH0();
                            break;
                    }
            }
        SetPWM(0);
        hudelay(10);
        return 0;
    }
```

主要的定义和函数如下：

```
#include "../inc/drivers.h"
#include "../inc/lib.h"
#include <string.h>
#include <stdio.h>
#include "inc/max504. h"
#include "inc/MotorCtrl.h"
#include "inc/EXIO.h"
#pragma import(__use_no_semihosting_swi)
#define PCLK (50700000)
#define MOTOR_SEVER_FRE 1000                    //20kHz
#define MOTOR_CONT (PCLK/2/2/MOTOR_SEVER_FRE)
#define MOTOR_MID (MOTOR_CONT/2)
#define rTCFG0  (*(volatile unsigned *)0x51000000)
#define rTCFG1  (*(volatile unsigned *)0x51000004)
#define rTCNTB0  (*(volatile unsigned *)0x5100000C)
#define rTCMPB0  (*(volatile unsigned *)0x51000010)
#define rTCON  (*(volatile unsigned *)0x51000008)
#define rGPBCON  (*(volatile unsigned *)0x56000010)
#define rGPBUP  (*(volatile unsigned *)0x56000018)
#define rGPBDAT  (*(volatile unsigned *)0x56000014)
#define ADCCON_FLAG (0x1<<15)
#define ADCCON_ENABLE_START_BYREAD (0x1<<1)
#define rADCCON (*(volatile unsigned *)0x58000000)
#define rADCDAT0 (*(volatile unsigned *)0x5800000C)
#define rUTRSTAT0 (*(volatile unsigned *)0x50000010)
#define RdURXH0() (*(volatile unsigned char *)0x50000024)
#define PRSCVL (49<<6)
#define ADCCON_ENABLE_START (0x1)
#define STDBM (0x0<<2)
#define PRSCEN (0x1<<14)
```

```
void init_ADdevice()
{                                        //初始化
    rADCCON=(PRSCVL|ADCCON_ENABLE_START|STDBM|PRSCEN);
}


void init_MotorPort()
{   rGPBCON=rGPBCON&0x3ffff0|0xa;
    //Dead Zone=24, PreScalero1=2;
    rTCFG0=(0<<16)|2;
    //divider timer0=1/2;
    rTCFG1=0;
    rTCNTB0= MOTOR_CONT;
    rTCMPB0= MOTOR_MID;
    rTCON=0x2;                           //update mode for TCNTB0 and TCMPB0.
    rTCON=0x19;                          //timer0 = auto reload, start. Dead Zone
}


void SetPWM(int value)
{
    rTCMPB0= MOTOR_MID+value;
}


int GetADresult(int channel)
{
    rADCCON=ADCCON_ENABLE_START_BYREAD|(channel<<3)|PRSCEN|PRSCVL;
    hudelay(10);
    while(!(rADCCON&ADCCON_FLAG));        //转换结束
    return (0x3ff&rADCDAT0);             //返回采样值
}
```

6.6 异步串行通信接口

6.6.1 S3C2410X 的异步串行口简介

异步串行通信是处理器与其他部件交换信息的重要方式。S3C2410X 提供 3 个独立的异步串行通信端口（UART），每个端口可以基于中断或者 DMA 进行操作。换言之，UART 控制器可以在 UART 和 CPU 之间产生一个中断或者 DMA 请求来传输数据。如果使用外部设备提供的 UEXTCLK，UART 的速度可以更高。每个 UART 通道各含有两个 16 位的接收 FIFO 和发送 FIFO。

S3C2410X 的每个 UART 包含一个发送器、一个接收器、一个波特率发生器和一个控制单元，其结构如图 6-17 所示。

波特率发生器的输入可以是 PCLK 或者 UEXTCLK。发送器和接收器包含 16 位的 FIFO

和移位寄存器。发送时，数据被送入 FIFO，然后被复制到发送移位寄存器按位从发送数据引脚 TxDn 输出。接收时，接收数据从接收数据引脚 RxDn 按位移入接收移位寄存器，并复制到 FIFO。

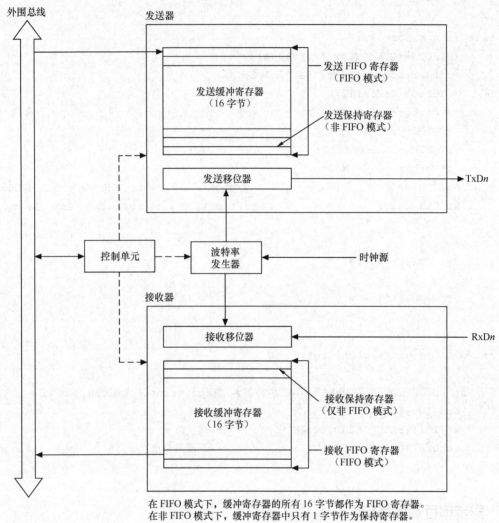

在 FIFO 模式下，缓冲寄存器的所有 16 字节都作为 FIFO 寄存器。
在非 FIFO 模式下，缓冲寄存器中只有 1 字节作为保持寄存器。

图 6-17　串行口结构框图

6.6.2　S3C2410X UART 工作原理

1. UART 的工作机制

下面介绍 UART 的基本操作，包括数据发送、数据接收、自动流控制、中断/DMA 请求的产生、UART 错误状态产生、波特率发生、回送模式、红外模式等。

（1）数据发送

发送数据的帧结构是可编程的，它由 1 个起始位、5～8 个数据位、1 个可选的奇偶位和 1～2 个停止位组成，这些可以在线控制寄存器 ULCONn 中设定。发送器也可以产生一个间断条件——使串行输出保持 1 帧发送时间的逻辑 0 状态。当前发送字被完全发送出去后，这个间断信号随后发送。之后，发送器继续发送数据到 Tx FIFO（如果没有使用 FIFO 则发送到

Tx 保持寄存器）。

（2）数据接收

与数据发送一样，接收数据的帧格式也是可编程的。它由 1 个起始位、5～8 个数据位、1 个可选的奇偶位和 1～2 个停止位组成，这些可以在线控制寄存器 ULCONn 中设定。接收器可以检测到溢出错误、奇偶校验错误、帧错误和间断条件，每一种情况都可以设置错误标志。

溢出错误：在旧数据被读出来之前新的数据覆盖了旧的数据。

奇偶校验错误：接收数据的奇偶值与预期不符。

帧错误：接收数据没有有效的停止位。

间断条件错误：RxDn 输入处于逻辑 0 状态的持续时间长于一帧时间。

当在 3 个字时间（与字长度位的设置有关）内没有接收到任何数据并且 Rx FIFO 非空时，将会产生一个接收超时条件。

（3）自动流控制（AFC）

S3C2410X 的 UART0 和 UART1 通过 nRTS 和 nCTS 信号支持自动流控制。如果用户希望将 UART 连接到一个 MODEM，可以在 UMCONn 寄存器中禁止自动流控制位，并且通过软件控制 nRTS 信号。

在 AFC 功能启用时，nRTS 由接收器的状态决定，而 nCTS 信号控制发送器的操作。只有当 nCTS 信号有效的时候（在使用 AFC 功能时，nCTS 意味着其他 UART 的 FIFO 准备接收数据）UART 发送器才会发送 FIFO 中的数据。在 UART 接收数据之前，当它的接收 FIFO 多于 2 字节的剩余空间时 nRTS 必须有效，当它的接收 FIFO 少于 1 字节的剩余空间时 nRTS 必须无效（nRTS 意味着它的接收 FIFO 准备好接收数据）。UART2 不支持 AFC 功能，因为 S3C2410X 没有 nRTS2 和 nCTS2 信号。

如果希望将 UART 连接到 MODEM，则 nRTS、nCTS、nDSR、nDTR、DCD 和 nRI 信号是必须要使用的。这种情况下，用户可以通过 GPIO 控制这些信号。

（4）中断/DMA 请求的产生

S3C2410X 的每个 UART 有 7 个状态信号：溢出错误、奇偶错、帧错误、间断、接收缓冲器满、发送缓冲器空和发送移位寄存器空。这些状态信号体现在 UART 状态寄存器（UTRSTATn/UERSTATn）中的相关位上。

溢出错、奇偶错、帧错误和间断都与接收错误状态相关。如果控制寄存器 UCONn 中的接收错误状态中断使能位被置 1 的话，每个错误可以产生一个接收错误状态中断请求。如果 CPU 检测到一个接收错误状态中断使能位，通过读 UERSTSTn 的值可以识别这一中断请求。

如果控制寄存器 UCONn 的接收模式设为 1（中断或者循环检测模式），则当接收器在 FIFO 模式下将一个数据从接收移位寄存器写入 FIFO 时，如果接收到的数据到达了 Rx FIFO 的触发条件，就会产生 Rx 中断。在非 FIFO 模式下，每次接收器将数据从移位寄存器写入接收保持寄存器都将产生一个 Rx 中断请求。

如果控制寄存器 UCONn 的发送模式设为中断或者循环检测模式，当 FIFO 中数据的个数达到 Tx FIFO 的触发条件时，则产生 Tx 中断。在非 FIFO 模式下，每次发送器将数据送到发送移位寄存器时都将产生一个 Tx 中断请求。

如果控制寄存器的接收和发送模式选择为 DMAn 请求模式，在上述情况下将产生 DMAn 请求而不是 Rx/Tx 中断请求。

（5）UART 错误状态 FIFO

UART 除了 Rx FIFO 外还有错误状态 FIFO。错误状态 FIFO 指示接收到的哪个数据有错误。只有当有错误的数据准备读出的时候才会产生错误中断。要清除错误状态 FIFO，URXHn 和 UERSTATn 必须被读出。

例如，假设 UART Rx FIFO 顺序接收到 ABCD 4 个字符，在接收 B 的时候发生了帧错误。此时 UART 不产生错误中断，因为错误的数据 B 还没有被读出，只有当读 B 字符的时候才会发生错误中断。

（6）波特率发生器

每个 UART 口的波特率发生器为发送器和接收器提供串行时钟。波特率发生器的时钟源可以选择内部系统时钟或者 UEXTCLK。波特率时钟通过对时钟源（PCLK OR UEXTCLK）进行分频得到，用户需要通过波特率因子寄存器 UBRDIVn 设定一个 16 位的分频数。UBRDIVn 可由下式得出：

$$UBRDIVn = (int)(PCLK/(bit/s \times 16)) - 1$$

此除数应该在 1～（$2^{16}-1$）。

为了 UART 的精确性，S3C2410X 还支持 UEXTCLK 作为时钟源。如果使用 UEXTCLK（由外部 UART 设备或者系统提供），串行时钟能够精确地和 UEXTCLK 同步，因此用户可以得到更精确的 UART 操作，UBRDIVn 由下式决定：

$$UBRDIVn = (int)(UEXTCLK/(bit/s \times 16)) - 1$$

此除数应该在 1～（$2^{16}-1$），且 UEXTCLK 要比 PCLK 低。

例如，如果波特率为 115200bit/s，而 PCLK 或者 UEXTCLK 为 40MHz，则 UBRDIVn 为
$$UBRDIVn = (int)(40000000/(115200 \times 16)) - 1 = (int)(21.7) - 1 = 21 - 1 = 20$$

在应用中，实际波特率往往与理想波特率有差别，但其误差不能超过一定的范围。例如，UART 传输 10bit 数据的时间误差应该小于 1.87%（3/160）。

误差容限可通过下面的方法计算：

$tUPCLK = (UBRDIVn + 1) \times 16 \times 10 / PCLK$　；tUPCLK：一帧数据的实际传输时间

$tUEXACT = 10 / baud\text{-}rate$　　　　　　；tUEXACT：一帧数据的理想传输时间

$UART\ error = (tUPCLK - tUEXACT) / tUEXACT \times 100\%$

（7）回送（loop-back）模式

为了识别通信连接中的故障，UART 提供了一种叫做 loop-back 模式的测试模式。这种模式从内部将 UART 的 TXD 和 RXD 连接起来，因此发送数据可通过 RXD 接收。该模式允许处理器检查每个 SIO 通道内部的收发数据路径。可以通过设置 UART 控制寄存器 UCONn 中的 loopback 位选择这一模式。

（8）红外（IR）模式

UART 支持 IR 接收和发送，可以通过设置 UART 线控制寄存器 ULCONn 的 Infra-red-mode 位来进入这一模式。

在 IR 发送模式下，发送数据位的脉宽是正常发送数据位脉宽的 3/16，在 IR 接收模式下，接收器必须在 3/16 的脉宽期间识别数据值。

2. 与 UART 相关的寄存器

与 UART 相关的寄存器如下：

- UART 控制寄存器（UCONn）；
- UART 线控寄存器（ULCONn）；
- UART FIFO 控制寄存器（UFCONn）；
- UART Modem 控制寄存器（UMCONn）；
- UART TX/RX 状态寄存器（UTRSTATn）；
- UART 错误状态寄存器（UERSTATn）；
- UART FIFO 状态寄存器（UFSTATn）；
- UART MODEM 状态寄存器（UMSTATn）；
- UART 发送缓冲寄存器（UTXHn）；
- UART 接收缓冲寄存器（URXHn）；
- UART 波特率因子寄存器（UBRDIVn）。

下面对这些寄存器分别进行说明。

（1）线控寄存器（ULCON）及其位描述（见表 6-29 和表 6-30）

线控寄存器，主要用来规定传输帧的格式。

表 6-29　　　　　　　　　　　线控寄存器（ULCON）的地址

寄存器	地　　址	读/写	描　　述	复位值
ULCON0	0x50000000	读/写	UART 通道 0 线路控制寄存器	0x00
ULCON1	0x50004000	读/写	UART 通道 1 线路控制寄存器	0x00
ULCON2	0x50008000	读/写	UART 通道 2 线路控制寄存器	0x00

表 6-30　　　　　　　　　　　线控寄存器（ULCON）的位描述

ULCONn	位	描　　述	复位值
保留	[7]	保留	0
Infra-Red Mode	[6]	决定是否使用红外模式 0：正常模式操作，1：红外 Tx/Rx 模式	0
Parity Mode	[5:3]	指定奇偶产生的类型并在 UART 的发送与接收操作中检查 0xx：无奇偶校验，100：奇校验，101：偶校验， 110：强制奇偶/设为 1，111：强制奇偶/设为 0	000
Number of Stop Bit	[2]	指定使用多少个停止位作为帧结束信号 0：每帧一个停止位，1：每帧两个停止位	0
Word Length	[1:0]	指示每帧发送或接收的数据位的数目 00：5 位，01：6 位，10：7 位，11：8 位	00

（2）控制寄存器（UCON）及其位描述（见表 6-31 和表 6-32）

表 6-31　　　　　　　　　　　控制寄存器（UCON）的地址

寄存器	地　　址	读/写	描　　述	复位值
UCON0	0x50000004	读/写	UART 通道 0 控制寄存器	0x00
UCON1	0x50004004	读/写	UART 通道 1 控制寄存器	0x00
UCON2	0x50008004	读/写	UART 通道 2 控制寄存器	0x00

表 6-32   控制寄存器（UCON）的位描述

UCONn	位	描　　述	复位值
Clock Selection	[10]	选择 PCLK 或 UCLK，用于 UART 的波特率 0=PCLK：UBRDIVn = (int)(PCLK / (bit/s×16)) −1 1=UCLK(@GPH8)：UBRDIVn = (int)(UCLK / (bit/s×16)) −1	0
Tx Interrupt Type	[9]	发送中断请求类型 0：脉冲型（在非 FIFO 模式下发送缓冲区变空或在 FIFO 模式下 Tx FIFO 内的数值个数达到触发值时，产生中断请求） 1：电平型（在非 FIFO 模式下发送缓冲区变空或在 FIFO 模式下 Tx FIFO 内的数值个数达到触发值时，产生中断请求）	0
Rx Interrupt Type	[8]	接收中断请求类型 0：脉冲型（在非 FIFO 模式下 Rx 缓冲区收到数据或在 FIFO 模式下 Rx FIFO 内的数值个数到触发值时，产生中断请求） 1：电平型（在非 FIFO 模式下 Rx 缓冲区收到数据或在 FIFO 模式下 Rx FIFO 内的数值个数达到触发值时，产生中断请求）	0
Rx Time Out Enable	[7]	当 UART FIFO 使能时，允许/禁止 Rx 超时中断。该中断是一个接收中断。 0：禁止，1：使能	0
Rx Error Status Interrupt Enable	[6]	在接收操作中如遇到暂停、帧错误、奇偶校验错或溢出错误时，允许 UART 产生接收错误状态中断。 0：不产生接收错误的状态中断 1：产生接收错误的状态中断	0
Loopback Mode	[5]	设置回送位为 1 使 UART 进入回送模式。这种模式是为测试目的而提供的。 0：正常操作，1：回送模式	0
Send Break Signal	[4]	设置该位使 UART 在一帧的时间内传送一个暂停信号，该位在送出暂停信号后会被自动清除。 0：正常传输，1：传送暂停信号	0
Transmit Mode	[3:2]	决定当前能够将数据写入 UART 发送缓冲寄存器的方式。 00：禁止 01：中断请求或轮流检测模式 10：DMA0 请求（只用于 UART0），DMA3 请求（只用于 UART2） 11：DMA1 请求（只用于 UART1）	00
Receive Mode	[1:0]	决定当前能够从 UART 接收缓冲寄存器读取数据的方式。 00：禁止 01：中断请求或轮流检测模式 10：DMA0 请求（只用于 UART0），DMA3 请求（只用于 UART2） 11：DMA1 请求（只用于 UART1）	00

（3）FIFO 控制寄存器（UFCON）及其位描述（见表 6-33 和表 6-34）

表 6-33   FIFO 控制寄存器（UFCON）

寄存器	地 址	读/写	描 述	复位值
UFCON0	0x50000008	读/写	UART 通道 0 FIFO 控制寄存器	0x0
UFCON1	0x50004008	读/写	UART 通道 1 FIFO 控制寄存器	0x0
UFCON2	0x50008008	读/写	UART 通道 2 FIFO 控制寄存器	0x0

表 6-34   FIFO 控制寄存器（UFCON）的位描述

UFCONn	位	描 述	复位值
Tx FIFO Trigger Level	[7:6]	决定发送器 FIFO 的触发条件 00：空，01：4 字节，10：8 字节，11：12 字节	00
Rx FIFO Trigger Level	[5:4]	决定接收器 FIFO 的触发条件 00：4 字节，01：8 字节，10：12 字节，11：16 字节	00
保留	[3]	保留	0
Tx FIFO Reset	[2]	在重新设置 FIFO 后自动清除 0：正常，1：Tx FIFO 重置	0
Rx FIFO Reset	[1]	在重新设置 FIFO 后自动清除 0：正常，1：Rx FIFO 重置	0
FIFO Enable	[0]	0：禁止 1：使能	0

（4）MODEM 控制寄存器（UMCON）及其位描述（见表 6-35 和表 6-36）

表 6-35   MODEM 控制寄存器（UMCON）

寄存器	地 址	读/写	描 述	复位值
UMCON0	0x5000000C	读/写	UART 通道 0 Modem 控制寄存器	0x0
UMCON1	0x5000400C	读/写	UART 通道 1 Modem 控制寄存器	0x0
保留	0x5000800C	—	保留	—

表 6-36   MODEM 控制寄存器（UMCON）的位描述

UMCONn	位	描 述	复位值
保留	[7:5]	这些位必须是 0	00
Auto Flow Control (AFC)	[4]	0：AFC 禁止，1：AFC 使能	0
保留	[3:1]	这些位必须是 0	00
Request to Send	[0]	如果 AFC 位使能，这个值将被忽略。在这种情况下 S3C2410X 将自动控制 nRTS。如果 AFC 位是禁止的，nRTS 必须由软件控制 0：高电平（不激活 nRTS）1：低电平（激活 nRTS）	0

（5）发送/接收状态寄存器（UTRSTAT）及其位描述（见表 6-37 和表 6-38）

表 6-37   发送/接收状态寄存器（UTRSTAT）

寄存器	地 址	读/写	描 述	复位值
UTRSTAT0	0x50000010	只读	UART 通道 0 Tx/Rx 状态寄存器	0x6
UTRSTAT1	0x50004010	只读	UART 通道 1 Tx/Rx 状态寄存器	0x6
UTRSTAT2	0x50008010	只读	UART 通道 2 Tx/Rx 状态寄存器	0x6

表 6-38   发送/接收状态寄存器（UTRSTAT）的位描述

UTRSTATn	位	描 述	复位值
Transmitter empty	[2]	当发送缓冲寄存器中没有有效的值发送且发送移位寄存器中为空的时候，自动置 1 0：不为空，1：发送器（发送缓冲器&转换寄存器）为空	1
Transmit buffer empty	[1]	当发送缓冲寄存器为空时自动置 1 0：缓冲寄存器不为空，1：为空 （在非 FIFO 模式下，中断和 DMA 被请求；在 FIFO 模式下，只有当 Tx FIFO 的触发条件被设置为 00 时，中断和 DMA 被请求） 如果 UART 使用 FIFO，用户应当检查 UFSTAT 寄存器的 Tx FIFO 计数位和 Tx FIFO 满标志位代替检查该位	1
Receive buffer data ready	[0]	当接收缓冲寄存器中没有包含有效的值时自动置 1 0：为空，1：缓冲寄存器接收到数据（在非 FIFO 模式下，中断和 DMA 被请求），如果 UART 使用 FIFO，用户应当检查 UFSTAT 寄存器的 Rx FIFO 计数位和 Rx FIFO 满标志位代替检查该位	0

（6）错误状态寄存器（UERSTAT）及其位描述（见表 6-39 和表 6-40）

表 6-39   错误状态寄存器（UERSTAT）

寄存器	地 址	读/写	描 述	复位值
UERSTAT0	0x50000014	R	UART 通道 0 Rx 错误状态寄存器	0x0
UERSTAT1	0x50004014	R	UART 通道 1 Rx 错误状态寄存器	0x0
UERSTAT2	0x50008014	R	UART 通道 2 Rx 错误状态寄存器	0x0

表 6-40   错误状态寄存器（UERSTAT）的位描述

UERSTATn	位	描 述	复位值
保留	[3]	0：接收过程中没有帧错误，1：帧错误（中断请求）	0
Frame Error	[2]	在接收操作中发生了帧错误后自动置 1 0：接收过程中没有帧错误，1：帧错误（中断请求）	0
保留	[1]	0：接收过程中没有帧错误，1：帧错误（中断请求）	0
Overrun Error	[0]	在接收操作中发生了溢出错误后自动置 1 0：接收过程中没有溢出错误，1：溢出错误（中断请求）	0

（7）FIFO 状态寄存器（UFSTAT）及其位描述（见表 6-41 和表 6-42）

表 6-41   FIFO 状态寄存器（UFSTAT）的位描述

寄存器	地 址	读/写	描 述	复位值
UFSTAT0	0x50000018	只读	UART 通道 0 FIFO 状态寄存器	0x00
UFSTAT1	0x50004018	只读	UART 通道 1 FIFO 状态寄存器	0x00
UFSTAT2	0x50008018	只读	UART 通道 2 FIFO 状态寄存器	0x00

表 6-42 FIFO 状态寄存器（UFSTAT）的位描述

UFSTATn	位	描　　述	复位值
保留	[15:10]	保留	0
Tx FIFO Full	[9]	当发送过程中发送 FIFO 为满的时候自动置 1 0：0-byte ≤Tx FIFO 数据个数≤15-byte，1：Full	0
Rx FIFO Full	[8]	当接收过程中接收 FIFO 为满的时候自动置 1 0：0-byte≤Rx FIFO 数据个数≤15-byte，1：Full	0
Tx FIFO Count	[7:4]	Tx FIFO 中数据的个数	0
Rx FIFO Count	[3:0]	Rx FIFO 中数据的个数	0

（8）MODEM 状态寄存器（UMSTAT）及其位描述（见表 6-43 和表 6-44）

表 6-43 MODEM 状态寄存器（UMSTAT）的位描述

寄存器	地　　址	读/写	描　　述	复位值
UMSTAT0	0x5000001C	读	UART 通道 0 Modem 状态寄存器	0x0
UMSTAT1	0x5000401C	读	UART 通道 1 Modem 状态寄存器	0x0
保留	0x5000801C	—	保留的	—

表 6-44 MODEM 状态寄存器（UMSTAT）的位描述

UMSTAT0	位	描　　述	复位值
保留	[3]	保留	0
Delta CTS	[2]	该位指示输入到 S3C2410X 的 nCTS 信号自从上次被 CPU 读取后已经改变状态 0：没有被改变，1：被改变	0
保留	[1]	保留	0
Clear to Send	[0]	0：CTS　信号没有被激活（nCTS 引脚为高电平） 1：CTS　信号被激活（nCTS 引脚为低电平）	0

（9）发送缓冲寄存器（UTXHn）（见表 6-45）

表 6-45 发送缓冲寄存器（UTXHn）

寄存器	地　　址	读/写	描　　述	复位值
UTXH0	0x50000020(L) 0x50000023(B)	按字节写	UART 通道 0 发送缓冲寄存器 [7:0]：UART0 的发送数据	—
UTXH1	0x50004020(L) 0x50004023(B)	按字节写	UART 通道 1 发送缓冲寄存器 [7:0]：UART1 的发送数据	—
UTXH2	0x50008020(L) 0x50008023(B)	按字节写	UART 通道 2 发送缓冲寄存器 [7:0]：UART2 的发送数据	—

（10）接收缓冲寄存器（URXHn）（见表 6-46）

表 6-46   接收缓冲寄存器（**URXHn**）

寄存器	地　址	读/写	描　述	复位值
URXH0	0x50000024(L) 0x50000027(B)	按字节读	UART 通道 0 接收缓冲寄存器 [7:0]：UART0 的接收的数据	—
URXH1	0x50004024(L) 0x50004027(B)	按字节读	UART 通道 1 接收缓冲寄存器 [7:0]：UART1 的接收的数据	—
URXH2	0x50008024(L) 0x50008027(B)	按字节读	UART 通道 2 接收缓冲寄存器 [7:0]：UART2 的接收的数据	—

（11）波特率因子寄存器（见表 6-47）

表 6-47   波特率因子寄存器（**UBRDIVn**）

寄存器	地　址	读/写	描　述	复位值
UBRDIV0	0x50000028	读/写	波特率因子寄存器 0，[15:0]，UBRDIV0>0	—
UBRDIV1	0x50004028	读/写	波特率因子寄存器 1，[15:0]，UBRDIV1>0	—
UBRDIV2	0x50008028	读/写	波特率因子寄存器 2，[15:0]，UBRDIV2>0	—

6.6.3　S3C2410X UART 编程实例

【例 6-4】　UART 串口功能测试程序。

根据前面的原理介绍，下面给出了一个测试串行口功能的程序。该程序从串行口 0 采集数据并将接收到的数据回送，异步串口通信部分参考代码如下。

主要的定义。

```
#include <string.h>
#include <stdio.h>
#define TRUE  1
#define FALSE  0
#pragma import(__use_no_semihosting_swi)  // ensure no functions that use semihosting

#define rULCON0    (*(volatile unsigned *)0x50000000)    //UART 0 行控制寄存器
#define rUCON0     (*(volatile unsigned *)0x50000004)    //UART 0 控制寄存器
#define rUFCON0    (*(volatile unsigned *)0x50000008)    //UART 0 FIFO 控制寄存器
#define rUMCON0    (*(volatile unsigned *)0x5000000c)    //UART 0 Modem 控制寄存器
#define rUTRSTAT0  (*(volatile unsigned *)0x50000010)    //UART 0 Tx/Rx 状态寄存器
#define rUERSTAT0  (*(volatile unsigned *)0x50000014)    //UART 0 Rx 错误状态寄存器
#define rUFSTAT0   (*(volatile unsigned *)0x50000018)    //UART 0 FIFO 状态寄存器
#define rUMSTAT0   (*(volatile unsigned *)0x5000001c)    //UART 0 Modem 状态寄存器
#define rUBRDIV0   (*(volatile unsigned *)0x50000028)    //UART 0 波特率因子寄存器
#ifdef __BIG_ENDIAN
#define rUTXH0     (*(volatile unsigned char *)0x50000023)  //UART 0 发送缓冲寄存器
```

```
#define rURXH0      (*(volatile unsigned char *)0x50000027) //UART 0 接收缓冲寄存器
#define WrUTXH0(ch) (*(volatile unsigned char *)0x50000023)=(unsigned char)(ch)
#define RdURXH0()   (*(volatile unsigned char *)0x50000027)
#define UTXH0       (0x50000020+3)           //DMA 使用的字节访问地址
#define URXH0       (0x50000024+3)
#else //Little Endian
#define rUTXH0  (*(volatile unsigned char *)0x50000020)   //UART 0 发送缓冲寄存器
#define rURXH0  (*(volatile unsigned char *)0x50000024)   //UART 0 接收缓冲寄存器
#define WrUTXH0(ch) (*(volatile unsigned char *)0x50000020)=(unsigned char)(ch)
#define RdURXH0()   (*(volatile unsigned char *)0x50000024)
#define UTXH0       (0x50000020)             //DMA 使用的字节访问地址
#define URXH0       (0x50000024)
#endif

#define U8 unsigned char
void Uart_Init(int pclk,int baud)
void Uart_SendByten(int,U8);
char Uart_Getchn(char* Revdata, int Uartnum, int timeout);
void ARMTargetInit(void);
void hudelay(int time);
```

主函数。

```
int main(void)
{
    char c1[1];
    char err;
    ARMTargetInit();              //开发板初始化
    Uart_Init(0,115200)           //串行口初始化
    while (1)
    {
        Uart_SendByten(0,0xa);        //换行
        Uart_SendByten(0,0xd);        //回车
        err=Uart_Getchn(c1,0,0);      //从串口采集数据
        Uart_SendByten(0,c1[0]);      //显示采集的数据
    }

}
```

串口初始化及发送与接收函数。

```
void Uart_Init(int pclk,int baud)
{
    int i;
    if(pclk == 0) pclk = SYS_PCLK;
```

```
        rUFCON0 = 0x0;                        //UART 0 FIFO 控制寄存器, FIFO 禁止
        rUMCON0 = 0x0;                        //UART 0 MODEM 控制寄存器, AFC 禁止
    //UART0
        rULCON0 = 0x3;    //控制寄存器: 正常模式, 无校验, 1 个停止位, 8 个数据位
    // [10]     [9]      [8]      [7]      [6]      [5]      [4]      [3:2]      [1:0]
    //Clock Sel,Tx Int, Rx Int, Rx Time Out, Rx err, Loop-back, Send break,Transmit
Mode,Receive Mode
    // 0         1        0        0        1        0        0         01         01
    //PCLK,    Level, Pulse, Disable,  Generate, Normal,  Normal,   Interrupt or Polling
        rUCON0 = 0x245;    //控制寄存器
        rUBRDIV0=( (int)(pclk/16./baud+0.5) -1 );        //波特率因子寄存器 0
    //  Console_Baud = baud;
        for(i=0;i<100;i++);
    }
    void Uart_SendByten(int Uartnum, U8 data)            //发送函数
    {
        if(Uartnum==0)                            //串口 0
        {
            while(!(rUTRSTAT0 & 0x4));        //等到 THR 为空
            hudelay(10);
            WrUTXH0(data);                    //向串口 0 发送一个字符
        }
        Else                                //串口 1
        {
            while(!(rUTRSTAT1 & 0x4));        //等到 THR 为空
            hudelay(10);
            WrUTXH1(data);                    //向串口 1 发送一个字符
        }
    }


    char Uart_Getchn(char* Revdata, int Uartnum, int timeout)  //接收函数
    {
        if(Uartnum==0){
            while(!(rUTRSTAT0 & 0x1));        //重复检查串口 0 直到收到字符
            *Revdata=RdURXH0();                //从串口 0 接收一个字符
            return TRUE;
        }
        else{
            while(!(rUTRSTAT1 & 0x1));        //重复检查串口 1 直到收到字符
            *Revdata=RdURXH1();                //从串口 1 接收一个字符
            return TRUE;
        }
    }
```

6.7　A/D 转换接口

6.7.1　A/D 转换器简介

A/D 转换器是模拟信号源和 CPU 之间联系的接口，它的任务是将连续变化的模拟信号转换为数字信号，以便计算机和数字系统进行存储、处理、控制和显示。在工业控制、数据采集及许多其他领域中，A/D 转换是不可缺少的功能部件。

A/D 转换器的类型有逐位比较型、积分型、计数型、并行比较型、电压-频率型等。使用时应根据使用场合的具体要求，按照转换速度、精度、价格、功能、接口条件等因素来决定选择何种类型。下面介绍常用的两种 A/D 转换器。

1．双积分型的 A/D 转换器

双积分型 A/D 转换器工作原理的实质是测量和比较两个积分的时间，一个是对模拟输入电压积分的时间 T_0，此时间往往是固定的；另一个是以充电后的电压为初值，对参考电源 V_{Ref} 反向积分，积分电容被放电至零所需的时间 T_1。模拟输入电压 V_i 与参考电压 V_{Ref} 之比，等于上述两个时间之比。由于 V_{Ref}、T_0 固定，而放电时间 T_1 可以测出，因而可计算出模拟输入电压的大小（V_{Ref} 与 V_i 符号相反）。

由于 T_0、V_{Ref} 为已知的固定常数，因此反向积分时间 T_1 与输入模拟电压 V_i 在 T_0 时间内的平均值成正比。输入电压 V_i 越高，V_i 越大，T_1 就越长。在 T_1 开始时刻，控制逻辑同时打开计数器的控制门开始计数，直到积分器恢复到零电平时，计数停止，则计数器所计出的数值正比于输入电压 V_i 在 T_0 时间内的平均值，于是完成了一次 A/D 转换。

由于双积分型 A/D 转换是测量输入电压 V_i 在 T_0 时间内的平均值，所以对常态干扰（串模干扰）有很强的抑制作用，尤其对正负波形对称的干扰信号，抑制效果更好。

双积分型的 A/D 转换器电路简单，抗干扰能力强，精度高，这是其突出的优点。但转换速度比较慢，常用芯片的转换时间为毫秒级。例如，12 位的积分型 A/D 芯片 ADCETl2BC，其转换时间为 1 ms。因此，该型转换器适用于模拟信号变化缓慢，采样速率要求较低，而对精度要求较高，或现场干扰较严重的场合，例如在数字电压表中常被采用。

2．逐次逼近型的 A/D 转换器

逐次逼近型（也称逐位比较式）的 A/D 转换器的应用比积分型更为广泛。其原理框图如图 6-18（a）所示，主要由逐次逼近寄存器 SAR、D/A 转换器、比较器以及时序和控制逻辑等部分组成。它的实质是逐次把设定的 SAR 寄存器中的数字量经 D/A 转换后得到电压 V_c 与待转换模拟电压 V_o 进行比较。比较时，先从 SAR 的最高位开始，逐次确定各位的数码是"1"还是"0"，其工作过程如下。

转换前，先将 SAR 寄存器各位清零。转换开始时，控制逻辑电路先设定 SAR 寄存器的最高位为"1"，其余位为"0"，此试探值经 D/A 转换成电压 V_c，然后将 V_c 与模拟输入电压 V_x 比较。如果 $V_x \geqslant V_c$，说明 SAR 最高位的"1"应予保留；如果 $V_x < V_c$，说明 SAR 该位应予清零。然后再对 SAR 寄存器的次高位置"1"，依上述方法进行 D/A 转换和比较。如此重复上述过程，直至确定 SAR 寄存器的最低位为止。过程结束后，给出转换结束状态标志，表明已完成一次转换。最后，逐次逼近寄存器 SAR 中的内容就是与输入模拟量 V 相对应的二进

制数字量。

显然 A/D 转换器的位数 N 决定于 SAR 的位数和 D/A 的位数。如图 6-18（b）所示为 4 位 A/D 转换器的逐次逼近过程。转换结果能否准确逼近模拟信号，主要取决于 SAR 和 D/A 的位数。位数越多，越能准确逼近模拟量，但转换所需的时间也越长。

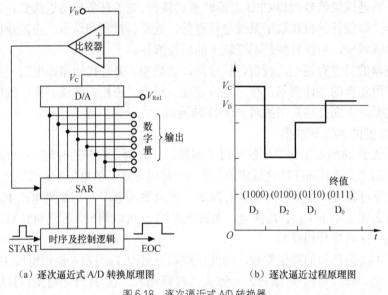

（a）逐次逼近式 A/D 转换原理图　　　　　（b）逐次逼近过程原理图

图 6-18　逐次逼近式 A/D 转换器

逐次逼近式的 A/D 转换器的主要特点是转换速度较快，在 1～100μs 以内，分辨率可达 18 位，特别适用于工业控制系统。其次，转换时间固定，不随输入信号的变化而变化。缺点是抗干扰能力相对积分型的差。例如，对模拟输入信号采样过程中，若在采样时刻有一个干扰脉冲迭加在模拟信号上，则采样时，包括干扰信号在内，都被采样和转换为数字量，这就会造成较大的误差，所以有必要采取适当的滤波措施。

6.7.2　A/D 转换的主要指标

1．分辨率

分辨率反映 A/D 转换器对输入微小变化响应的能力，通常用数字输出最低位（LSB）所对应的模拟输入的电平值表示。n 位 A/D 能反应 $1/2^n$ 满量程的模拟输入电平。由于分辨率直接与转换器的位数有关，所以也可简单地用数字量的位数来表示分辨率，即 n 位二进制数，最低位所具有的权值，就是它的分辨率。

例如，一个满量程电压为 10V 的 12 位 A/D 转换器，其分辨率为 10V/4096，即 2.44mV。

A/D 转换器的位数通常有 8 位、10 位、12 位、14 位、16 位等，位数越多分辨率越高。

值得注意的是，分辨率与精度是两个不同的概念，不要把两者相混淆。即使分辨率很高，也可能由于温度漂移、线性度等原因，而使其精度不够高。

2．量程

量程是指所能转换的模拟输入电压范围，分单极性、双极性两种类型。例如，单极性量程有：0～+5V，0～+10V，0～+20V；双极性量程有：−5～+5V，−10～+10V。

3．精度

精度（Accuracy）有绝对精度（Absolute Accuracy）和相对精度（Relative Accuracy）两种表示方法。

（1）绝对精度

绝对精度又称绝对误差。在一个转换器中，对应于一个数字量的实际模拟输入电压和理想的模拟输入电压之差并非是一个常数。我们把它们之间的差的最大值，定义为"绝对误差"。

例如，一个量程为 0～10V 的 12 位 A/D 转换器，理论上模拟输入电压为 5V±1.22mV 时，对应的数字量输出为 1000 0000 0000，如果实际输入的模拟电压在 4.997～4.999V 范围内都产生这一输出，则绝对精度（误差）=1/2(4.997+4.999)−5=−0.002V=−2mV。

通常以数字量的最小有效位（LSB）的分数值来表示绝对误差，如±1LSB 等。绝对误差包括增益误差、偏移误差、非线性误差和量化误差等所有误差。

（2）相对精度

相对精度又称相对误差，是指整个转换范围内，任一数字量所对应的模拟输入量的实际值与理论值之差，定义为绝对精度与满量程电压之比的百分比数。

例如，满量程为 10V，10 位 A/D 芯片，若其绝对精度为 ± 1/2LSB，则其最小有效位的量化单位为 9.77mV，其绝对精度为 4.88mV，其相对精度为 0.048%。

分辨率很高的转换器，可能因为温度漂移、线性不良等原因，并不一定具有很高的精度。

4．转换时间

转换时间（Conversion Time）是指完成一次 A/D 转换所需的时间，即由发出启动转换命令信号到转换结束信号开始有效的时间间隔。通常用微秒（μs）或毫秒（ms）表示。

转换时间的倒数称为转换速率，如 AD570 的转换时间为 25μs，其转换速率为 40kHz。

5．电源灵敏度

电源灵敏度（Power Supply Sensitivity）是指 A/D 转换芯片的供电电源的电压发生变化时，产生的转换误差。一般用电源电压变化 1%时相应的模拟量变化的百分数来表示。基准电源的精度将对整个系统的精度产生影响。

6．输出逻辑电平

多数 A/D 转换器的输出逻辑电平与 TTL 电平兼容。在考虑数字量输出与微处理的数据总线接口时，应注意是否要三态逻辑输出，是否要对数据进行锁存等。

7．工作温度范围

由于工作温度会对比较器、运算放大器、电阻网络等产生影响，所以只在一定的温度范围内才能保证额定精度指标。一般 A/D 转换器的工作温度范围为 0℃～70℃，军用品的工作温度范围为−55℃～+125℃。

6.7.3　S3C2410X A/D 转换接口

ARM S3C2410X 芯片自带一个 8 路 10 位 A/D 转换器，并且支持触摸屏功能，其功能框图如图 6-19 所示。触摸屏的 X 通道和 Y 通道分别连接到 AIN[7]和 AIN[5]。

ARM S3C2410X 片上 A/D 转换器具有采样保持功能，最大转换率为 500KSPS，输入电压范围为 0～3.3V，非线性度为±1.5LSB。

如果系统时钟 PCLK 为 50MHz，预分频值为 49，则

A/D 转换器频率＝50 MHz/(49+1) = 1 MHz。

A/D 转换时间＝1/(1 MHz/5cycles) = 1/200 kHz = 5 μs。

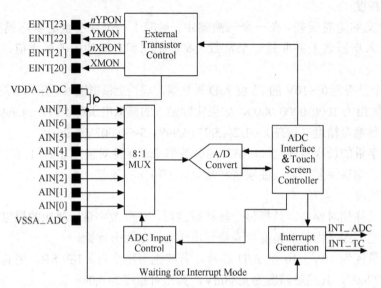

图 6-19　A/D 转换和触摸屏接口功能框图

编程注意事项如下。

（1）A/D 转换的数据可以通过中断或查询的方式来读取。如果是用中断方式，全部的转换时间（从 A/D 转换开始到数据读出）要更长，因为中断服务程序返回和数据访问都需花费时间。如果是查询方式，则要检测 ADCCON[15]（转换结束标志位）来确定从 ADCDAT 寄存器读取的数据是否是最新的转换数据。

（2）A/D 转换可以有不同的启动方式：一种是将 ADCCON[1]置为 1，另一种方式是转换数据一旦被读走，下一次转换就会同步开始。

（3）与 A/D 转换相关的寄存器。

① A/D 采样控制寄存器 ADCCON 及其位描述（见表 6-48 和表 6-49）

表 6-48　　　　　　　　　　　　　A/D 采样控制寄存器（ADCCON）

寄存器	地　　址	读/写	描　　述	复位值
ADCCON	0x58000000	读/写	ADC 采样控制寄存器	0x3FC4

表 6-49　　　　　　　　　　　A/D 采样控制寄存器（ADCCON）的位描述

ADCCON	位	描　　述	复位值
ECFLG	[15]	转换结束的标志（只读）。0：A/D 转换正在进行，1：A/D 转换结束	0
PRSCEN	[14]	A/D 转换时钟使能 0：禁止，1：使能	0
PRSCVL	[13:6]	A/D 转换时钟预分频参数 取值：1～255，当预分频值是 N 时分频参数是（N+1）	0xFF

续表

ADCCON	位	描 述	复位值
SEL_MUX	[5:3]	模拟输入通道选择 000：AIN 0 001：AIN 1 010：AIN 2 011：AIN 3 100：AIN 4 101：AIN 5 110：AIN 6 111：AIN 7（XP）	0
STDBM	[2]	待机模式选择。0：正常工作模式，1：待机模式	1
READ_START	[1]	由读数据启动 A/D 转换 0：禁止由读操作启动转换 1：由读操作启动转换	0
ENABLE_START	[0]	A/D 转换启动位。如果 READ_START 被激活，该值没有意义。 0：无操作 1：A/D 转换开始并且在转换开始后将该位清零	0

ADCCON 寄存器的第 15 位是转换结束标志位，为 1 时表示转换结束。第 14 位表示 A/D 转换预分频器使能位，1 表示预分频器开启。第 13～6 位表示预分频值，需要注意的是如果这里的值是 N，则除数因式是（N+1）。第 5～3 位为模拟输入通道选择位。第 2 位表示待机模式选择位。第 1 位是读使能 A/D 转换开始位，第 0 位置 1 则 A/D 转换开始（如果第 1 位置 1，则这位是无效的）。

② A/D 转换结果数据寄存器（ADCDAT0）（见表 6-50 和表 6-51）。

表 6-50 A/D 转换结果数据寄存器（ADCDAT0）

寄存器	地 址	读/写	描 述	复位值
ADCDAT0	0x5800000C	读	ADC 转换结果数据寄存器	—

表 6-51 A/D 转换结果数据寄存器（ADCDAT0）的位描述

ADCDAT0	位	描 述	复位值
UPDOWN	[15]	选择中断模式的类型 0：按下产生中断 1：释放产生中断	—
AUTO_PST	[14]	x/y 轴自动转换使能位 0：正常 A/D 转换模式 1：按顺序测量 x 轴和 y 轴的坐标	—
XY_PST	[13:12]	选择 x/y 轴自动转换模式 00：不做任何操作 01：x 轴测量 10：y 轴测量 11：等待中断模式	—
保留	[11:10]	保留	
XPDATA (Normal ADC)	[9:0]	x 轴转换值（包括普通 ADC 转换的数值），数值范围：0～3FF	—

在表 6-51 中，ADCDAT0 工作在普通 ADC 转换模式。该寄存器的 10 位表示转换后的结果，全为 1 时为满量程 3.3V。

S3C2410X 包含两个 ADC 转换结果数据寄存器：ADCDAT0 和 ADCDAT1。ADCDAT1 的地址为 0x58000010。ADCDAT1 除了位[9:0]为 y 位置的转换数据值以外，其他位与 ADCDAT0 类似。

6.7.4 A/D 转换器应用实例

本书使用的 UP-NetARM2410-S 教学平台给出了 A/D 转换器的应用实例。教学平台使用了 3 路 A/D 转换。模拟信号可以从平台外部接入，也可由接到 3.3V 电源上的电位器分压而来。电路连接如图 6-20 所示。

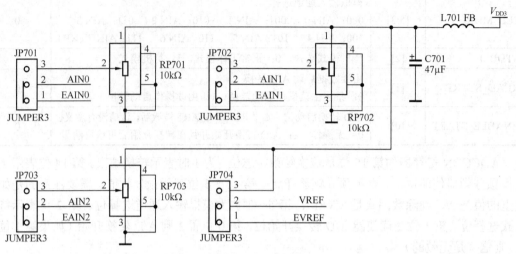

图 6-20　实验平台 A/D 转换器电路连接

【例 6-5】　A/D 转换测试程序。

程序功能：调节 A/D 转换电路的模拟输入电位器，将 A/D 转换结果从串行口 0 输出。

主程序参考代码如下。

```
int main(void)
{   int i,j;
    float d;
    ARMTargetInit();                    //开发板初始化
    init_ADdevice();                    //A/D 初始化
    Uart_Printf(0,"\n");
    While (1)
    {
        for(i=0; i<=2; i++)             //采样 0~3 路 A/D 值
        {
            for(j=0;j<=1;j++)
            {d=GetADresult(i)*3.3/1023;  //数据采集，处理
            }
            Uart_Printf(0, "a%d=%f\t",i,d);
            hudelay(1000);              //延时
        }
        Uart_Printf(0, "\r");
    }
    return 0;
}
```

寄存器定义和相关函数参考代码如下。

```
#define ADCCON_FLAG      (0x1<<15)
#define ADCCON_ENABLE_START_BYREAD    (0x1<<1)
#define rADCCON          (*(volatile unsigned *)0x58000000)
#define rADCDAT0         (*(volatile unsigned *)0x5800000C)
#define PRSCVL (49<<6)
#define ADCCON_ENABLE_START (0x1)
#define STDBM (0x0<<2)
#define PRSCEN (0x1<<14)
void  ARMTargetInit(void);
void init_ADdevice()                    //初始化 A/D
{    rADCCON=(PRSCVL|ADCCON_ENABLE_START|STDBM|PRSCEN);
}
int GetADresult(int channel)            //取采样值
{    rADCCON=ADCCON_ENABLE_START_BYREAD|(channel<<3)|PRSCEN|PRSCVL;
hudelay(10);
while(!(rADCCON&ADCCON_FLAG));          //转换结束
        return (0x3ff&rADCDAT0);        //返回采样值
}
```

6.8　中断控制器

6.8.1　S3C2410X 中断概述

S3C2410X 中断控制器可以接收来自 56 个中断源的中断请求。这些中断请求可以是外部中断，也可以是由 DMA、UART、I^2C、Timer 等片内外设产生的中断。

ARM920T 有 FIQ 和 IRQ 两种中断模式，每个中断源在请求中断时要通过设置中断模式（INTMOD）明确使用的是哪种模式。而 CPU 可以通过程序状态寄存器 CPSR 中的中断控制位 F 和 I 来决定是否接收 FIQ 和 IRQ 中断。

当中断源请求中断服务时，中断请求记录在源请求寄存器（SRCPND）中。用户可以通过中断屏蔽寄存器（INTMSK）设定哪些中断源允许响应，哪些中断源禁止响应。如果有多个中断源同时发出中断请求，则中断控制器需要根据分配给各中断源的优先级，经过仲裁后选择优先级最高的中断源向 ARM920T 请求 FIQ 或者 IRQ 中断。图 6-21 给出了中断处理的流程。

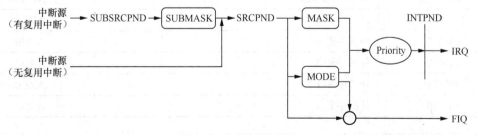

图 6-21　中断处理流程图

1. 中断源

如表 6-52 所示为中断控制器支持的 56 个中断源。

表 6-52　　　　　　　　　　中断控制器支持的 **56** 个中断源

中断源	描　　述	仲裁器分组
INT_ADC	ADC EOC 和触摸中断（INT_ADC/INT_TC）	ARB5
INT_RTC	RTC 报警中断	ARB5
INT_SPI1	SPI1 中断	ARB5
INT_UART0	UART0 中断（ERR，RXD，and TXD）	ARB5
INT_IIC	IIC 中断	ARB4
INT_USBH	USB 主设备中断	ARB4
INT_USBD	USB 从设备中断	ARB4
保留	保留	ARB4
INT_UART1	UART1 中断（ERR，RXD，and TXD）	ARB4
INT_SPI0	SPI0 中断	ARB4
INT_SDI	SDI 中断 t	ARB 3
INT_DMA3	DMA 通道 3 中断	ARB3
INT_DMA2	DMA 通道 2 中断	ARB3
INT_DMA1	DMA 通道 1 中断	ARB3
INT_DMA0	DMA 通道 0 中断	ARB3
INT_LCD	LCD 中断（INT_FrSyn 和 INT_FiCnt）	ARB3
INT_UART2	UART2 中断（ERR，RXD，和 TXD）	ARB2
INT_TIMER4	定时器 4 中断	ARB2
INT_TIMER3	定时器 3 中断	ARB2
INT_TIMER2	定时器 2 中断	ARB2
INT_TIMER1	定时器 1 中断	ARB 2
INT_TIMER0	定时器 0 中断	ARB2
INT_WDT	看门狗定时器中断	ARB1
INT_TICK	RTC 时钟中断	ARB1
nBATT_FLT	电源故障中断	ARB1
保留	保留	ARB1
EINT8_23	外部中断 8-23	ARB1
EINT4_7	外部中断 4-7	ARB1
EINT3	外部中断 3	ARB0
EINT2	外部中断 2	ARB0
EINT1	外部中断 1	ARB0
EINT0	外部中断 0	ARB0

2．中断优先级产生模块

S3C2410X 的中断源通过 32 个中断请求（部分请求被多个中断源复用）向 CPU 发出中断申请。中断控制器采用优先级产生逻辑来管理中断请求。优先级产生逻辑分两级仲裁，包含有 6 个一级仲裁和一个二级仲裁。经过仲裁后，只有一个中断请求会获得响应。仲裁逻辑如图 6-22 所示。

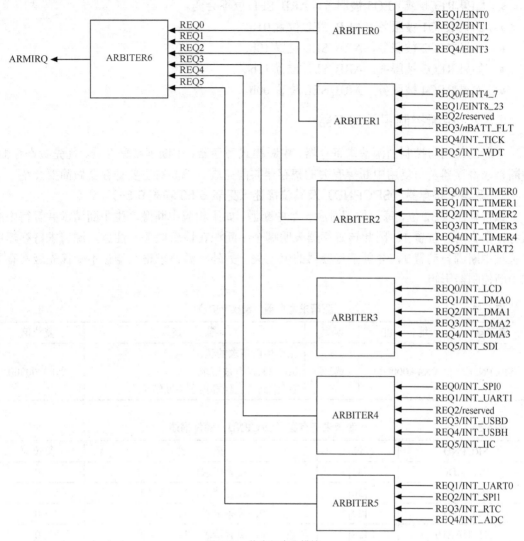

图 6-22　优先级产生模块

每个仲裁器可以处理 6 个中断请求，这六个请求在仲裁器模式（ARB_MODE）和优先级选择信号（ARB_SEL）的控制下，可以调整优先级顺序。

- 如果 ARB_SEL 位为 00b，优先级顺序是：REQ0, REQ1, REQ2, REQ3, REQ4, REQ5。
- 如果 ARB_SEL 位为 01b，优先级顺序是：REQ0, REQ2, REQ3, REQ4, REQ1, REQ5。
- 如果 ARB_SEL 位为 10b，优先级顺序是：REQ0, REQ3, REQ4, REQ1, REQ2, REQ5。
- 如果 ARB_SEL 位为 11b，优先级顺序是：REQ0, REQ4, REQ1, REQ2, REQ3, REQ5。

REQ0 总是具有最高优先级，REQ5 总是具有最低优先级，改变 ARB_SEL 位只能改变 REQ1～REQ4 的优先级。

如果 ARB_MODE 位被清 0，ARB_SEL 不会自动改变，这会使仲裁器处于固定优先级模式（注意即使处于这种模式，还是可以通过手动改变 ARB_SEL 位来配置优先级）。如果

ARB_MODE 位被置 1，ARB_SEL 循环变换优先级。例如，如果 REQ1 被服务，ARB_SEL 自动变成 01 把 REQ1 变为最低优先级。ARB_SEL 的详细规则如下。

- 如果 REQ0 或 REQ5 被服务，ARB_SEL 位不会变。
- 如果 REQ1 被服务，ARB_SEL 位置 01b。
- 如果 REQ2 被服务，ARB_SEL 位置 10b。
- 如果 REQ3 被服务，ARB_SEL 位置 11b。
- 如果 REQ4 被服务，ARB_SEL 位置 00b。

6.8.2 中断控制相关寄存器

中断的使用与控制由源请求寄存器、中断模式寄存器、中断屏蔽寄存器、优先级寄存器、中断请求寄存器及与复用中断等有关的寄存器共同完成。下面对主要寄存器做简要介绍。

1. 源请求寄存器（SRCPND）及其位描述（见表 6-53 和表 6-54）

该寄存器有 32 位，每一位都对应一个中断源。如果相应中断源产生中断请求并等待中断服务，那么对应位置 1。因此该寄存器表明哪个中断源在请求服务。注意，源请求寄存器中的位被中断源自动置 1，与屏蔽寄存器的值无关。另外，源请求寄存器也不受优先级寄存器和中断控制器影响。

表 6-53 源请求寄存器（SRCPND）

寄存器	地　址	读/写	描　述	复位值
SRCPND	0X4A000000	读/写	指明中断请求的状态 0：中断没有被请求 1：中断源已经提出了中断请求	0x00000000

表 6-54 源请求寄存器（SRCPND）的位描述

SRCPND	位	描　述	复位值
INT_ADC	[31]	0：没有请求，1：已请求	0
INT_RTC	[30]	0：没有请求，1：已请求	0
INT_SPI1	[29]	0：没有请求，1：已请求	0
INT_UART0	[28]	0：没有请求，1：已请求	0
INT_IIC	[27]	0：没有请求，1：已请求	0
INT_USBH	[26]	0：没有请求，1：已请求	0
INT_USBD	[25]	0：没有请求，1：已请求	0
保留	[24]	保留	0
INT_UART1	[23]	0：没有请求，1：已请求	0
INT_SPI0	[22]	0：没有请求，1：已请求	0
INT_SDI	[21]	0：没有请求，1：已请求	0
INT_DMA3	[20]	0：没有请求，1：已请求	0
INT_DMA2	[19]	0：没有请求，1：已请求	0
INT_DMA1	[18]	0：没有请求，1：已请求	0
INT_DMA0	[17]	0：没有请求，1：已请求	0

续表

SRCPND	位	描　　述	复位值
INT_LCD	[16]	0：没有请求，1：已请求	0
INT_UART2	[15]	0：没有请求，1：已请求	0
INT_TIMER4	[14]	0：没有请求，1：已请求	0
INT_TIMER3	[13]	0：没有请求，1：已请求	0
INT_TIMER2	[12]	0：没有请求，1：已请求	0
INT_TIMER1	[11]	0：没有请求，1：已请求	0
INT_TIMER0	[10]	0：没有请求，1：已请求	0
INT_WDT	[9]	0：没有请求，1：已请求	0
INT_TICK	[8]	0：没有请求，1：已请求	0
nBATT_FLT	[7]	0：没有请求，1：已请求	0
Reserved	[6]	没有使用	0
EINT8_23	[5]	0：没有请求，1：已请求	0
EINT4_7	[4]	0：没有请求，1：已请求	0
EINT3	[3]	0：没有请求，1：已请求	0
EINT2	[2]	0：没有请求，1：已请求	0
EINT1	[1]	0：没有请求，1：已请求	0
EINT0	[0]	0：没有请求，1：已请求	0

在中断服务程序中，SRCPND 中的相应位应该被清除，这样才能正确得到同一中断源的下一次中断请求。如果你在中断服务程序返回时没有清除相应的位，中断控制器会认为该中断源又产生了一次中断。换句话说，如果 SRCPND 中有一位为 1，中断控制器会始终认为一个有效的中断请求等待服务。

2．中断模式寄存器（INTMOD）（见表 6-55）

该寄存器的每一位对应一个中断源，值为 1 表示对应中断为 FIQ 模式，为 0 表示对应中断为 IRQ 模式。注意，只有一个中断源能处于 FIQ 模式下，因此，该寄存器只有 1 位能够被置 1。

表 6-55　　　　　　　　　　中断模式寄存器（INTMOD）

寄存器	地　　址	读/写	描　　述	复位值
INTMOD	0X4A000004	读/写	中断模式寄存器 0：IRQ 模式　1：FIQ 模式	0x00000000

3．中断屏蔽寄存器（INTMSK）（见表 6-56）

该寄存器的每一位对应一个中断源。如果某个位为 1，CPU 不响应其对应中断的服务请求，如果该位为 0，中断请求可以响应。

表 6-56　　　　　　　　　　中断屏蔽寄存器（INTMSK）

寄存器	地　　址	读/写	描　　述	复位值
INTMSK	0X4A000008	读/写	决定哪个中断被屏蔽 0：可以提供中断服务 1：中断服务被屏蔽	0xFFFFFFFF

4. 优先级寄存器（PRIORITY）及其位描述（见表6-57和表6-58）

表 6-57 　　　　　　　　　　　　优先级寄存器（**PRIORITY**）

寄存器	地　　址	读/写	描　　述	复位值
PRIORITY	0x4A00000C	读/写	IRQ 中断优先级寄存器	0x7F

表 6-58 　　　　　　　　　　优先级寄存器（**PRIORITY**）的位描述

PRIORITY	位	描　　述	复位值
ARB_SEL6	[20:19]	仲裁器 6 的优先级设置 00：REQ 0-1-2-3-4-5，01：REQ 0-2-3-4-1-5 10：REQ 0-3-4-1-2-5，11：REQ 0-4-1-2-3-5	0
ARB_SEL5	[18:17]	仲裁器 5 的优先级设置 00：REQ 1-2-3-4，01：REQ 2-3-4-1 10：REQ 3-4-1-2，11：REQ 4-1-2-3	0
ARB_SEL4	[16:15]	仲裁器 4 的优先级设置 00：REQ 0-1-2-3-4-5，01：REQ 0-2-3-4-1-5 10：REQ 0-3-4-1-2-5，11：REQ 0-4-1-2-3-5	0
ARB_SEL3	[14:13]	仲裁器 3 的优先级设置 00：REQ 0-1-2-3-4-5，01：REQ 0-2-3-4-1-5 10：REQ 0-3-4-1-2-5，11：REQ 0-4-1-2-3-5	0
ARB_SEL2	[12:11]	仲裁器 2 的优先级设置 00：REQ 0-1-2-3-4-5，01：REQ 0-2-3-4-1-5 10：REQ 0-3-4-1-2-5，11：REQ 0-4-1-2-3-5	0
ARB_SEL1	[10:9]	仲裁器 1 的优先级设置 00：REQ 0-1-2-3-4-5，01：REQ 0-2-3-4-1-5 10：REQ 0-3-4-1-2-5，11：REQ 0-4-1-2-3-5	0
ARB_SEL0	[8:7]	仲裁器 0 的优先级设置 00：REQ 1-2-3-4，01：REQ 2-3-4-1 10：REQ 3-4-1-2，11：REQ 4-1-2-3	0
ARB_MODE6	[6]	仲裁器 6 优先设置轮换使能 0：优先级不轮换，1：优先级轮换	1
ARB_MODE5	[5]	仲裁器 5 优先设置轮换使能 0：优先级不轮换，1：优先级轮换	1
ARB_MODE4	[4]	仲裁器 4 优先设置轮换使能 0：优先级不轮换，1：优先级轮换	1
ARB_MODE3	[3]	仲裁器 3 优先设置轮换使能 0：优先级不轮换，1：优先级轮换	1
ARB_MODE2	[2]	仲裁器 2 优先设置轮换使能 0：优先级不轮换，1：优先级轮换	1
ARB_MODE1	[1]	仲裁器 1 优先设置轮换使能 0：优先级不轮换，1：优先级轮换	1
ARB_MODE0	[0]	仲裁器 0 优先设置轮换使能 0：优先级不轮换，1：优先级轮换	1

5. 中断请求寄存器（INTPND）（见表 6-59）

该寄存器有 32 位，每一位表示它对应的中断是否有请求，当然这个中断应该没有被屏蔽，且拥有最高优先级。由于 INTPND 寄存器位于优先级逻辑之后，所以只有一位能够被置 1，表示它对应的中断向 CPU 产生一个 IRQ 请求。在 IRQ 的中断服务程序中，可以读取该寄存器以确定哪一个中断源被服务。像 SRCPND 一样，我们也需要在中断服务程序中将 INTPND 的相应位清除。清除操作可以通过向 INTPND 写数据完成，向某个位写 1，则它对应的中断请求被清除。

表 6-59 中断请求寄存器（INTPND）

寄存器	地　址	读/写	描　述	复位值
INTPND	0X4A000010	读/写	显示中断请求状态 0：中断没有被请求 1：中断源请求了中断	0x00000000

6. 中断偏移寄存器（INTOFFSET）及其位描述（见表 6-60 和表 6-61）

该寄存器表示哪一个 IRQ 模式的中断请求在 INTPND 中。在清除 SRCPND 和 INTPND 后，该寄存器会自动清除。

表 6-60 中断偏移寄存器（INTOFFSET）

寄存器	地　址	读/写	描　述	复位值
INTOFFSET	0X4A000014	只读	显示 IRQ 中断请求源	0x00000000

表 6-61 中断偏移寄存器（INTOFFSET）的位描述

中断源	中断偏移	中断源	中断偏移
INT_ADC	31	INT_UART2	15
INT_RTC	30	INT_TIMER4	14
INT_SPI1	29	INT_TIMER3	13
INT_UART0	28	INT_TIMER2	12
INT_IIC	27	INT_TIMER1	11
INT_USBH	26	INT_TIMER0	10
INT_USBD	25	INT_WDT	9
保留	24	INT_TICK	8
INT_UART1	23	nBATT_FLT	7
INT_SPI0	22	保留	6
INT_SDI	21	EINT8_23	5
INT_DMA3	20	EINT4_7	4
INT_DMA2	19	EINT3	3
INT_DMA1	18	EINT2	2
INT_DMA0	17	EINT1	1
INT_LCD	16	EINT0	0

7. 子源请求寄存器（SUBSRCPND）及其位描述（见表 6-62 和表 6-63）

子源请求寄存器用于描述复用中断的请求情况。它们的清除也可以通过向对应位写 1 来完成。

表 6-62 子源请求寄存器（SUBSRCPND）

寄存器	地 址	读/写	描 述	复位值
SUBSRCPND	0X4A000018	读/写	表示中断请求状态。 0：中断没有被请求 1：中断源请求了中断	0x00000000

表 6-63 子源请求寄存器（SUBSRCPND）的位描述

SUBSRCPND	位	描 述	复位值
保留	[31:11]	保留	0
INT_ADC	[10]	0：没有请求，1：已请求	0
INT_TC	[9]	0：没有请求，1：已请求	0
INT_ERR2	[8]	0：没有请求，1：已请求	0
INT_TXD2	[7]	0：没有请求，1：已请求	0
INT_RXD2	[6]	0：没有请求，1：已请求	0
INT_ERR1	[5]	0：没有请求，1：已请求	0
INT_TXD1	[4]	0：没有请求，1：已请求	0
INT_RXD1	[3]	0：没有请求，1：已请求	0
INT_ERR0	[2]	0：没有请求，1：已请求	0
INT_TXD0	[1]	0：没有请求，1：已请求	0
INT_RXD0	[0]	0：没有请求，1：已请求	0

8. 中断子屏蔽寄存器（INTSUBMSK）及其位描述（见表 6-64 和表 6-65）

中断子屏蔽寄存器用于复用中断的屏蔽设置。

表 6-64 中断子屏蔽寄存器（INTSUBMSK）

寄存器	地 址	读/写	描 述	复位值
INTSUBMSK	0X4A00001C	读/写	表明哪个中断源被屏蔽 0：可以提供中断服务 1：中断服务被屏蔽	0x7FF

表 6-65 中断子屏蔽寄存器（INTSUBMSK）的位描述

INTSUBMSK	位	描 述	复位值
保留	[31:11]	保留	0
INT_ADC	[10]	0：允许中断，1：中断被屏蔽	1
INT_TC	[9]	0：允许中断，1：中断被屏蔽	1
INT_ERR2	[8]	0：允许中断，1：中断被屏蔽	1
INT_TXD2	[7]	0：允许中断，1：中断被屏蔽	1
INT_RXD2	[6]	0：允许中断，1：中断被屏蔽	1
INT_ERR1	[5]	0：允许中断，1：中断被屏蔽	1
INT_TXD1	[4]	0：允许中断，1：中断被屏蔽	1

续表

INTSUBMSK	位	描　　述	复位值
INT_RXD1	[3]	0：允许中断，1：中断被屏蔽	1
INT_ERR0	[2]	0：允许中断，1：中断被屏蔽	1
INT_TXD0	[1]	0：允许中断，1：中断被屏蔽	1
INT_RXD0	[0]	0：允许中断，1：中断被屏蔽	1

9. 当前程序状态寄存器（CPSR）

ARM920T 有一个记录当前程序状态的寄存器 CPSR 和 5 个用于备份状态数据的 SPSR。这些寄存器的功能在第 2 章中有详细介绍，其位定义如图 6-23 所示。

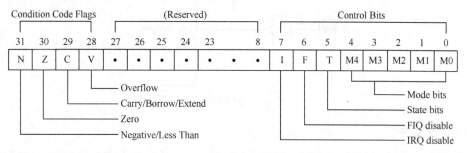

图 6-23　当前程序状态寄存器格式

该寄存器中的 I 位和 F 位与中断控制有关。它们是中断禁止位，当被置 1 时，IRQ 和 FIQ 被禁止。

除了以上寄存器外，还有几个与外中断使用有关的寄存器：EXINT0～EXINT2、EINTMAK、EINTPAND。其中，EXINT0～EXINT2 用于设置外中断请求信号的触发方式；EINTMAK 是 EINT23～EINT4 的中断屏蔽设置；EINTPAND 为 EINT23～EINT4 中断请求寄存器。具体定义请参考附录或 S3C2410X 数据手册。

6.8.3　S3C2410X 中断响应与返回

异常或者中断都是处理器处理突发事件的一种机制，对 ARM 处理器来说中断是异常的一种，它们的响应方式及处理流程相同。

当中断异常发生时，处理器会做如下响应。

① 在链接寄存器 LR 中保存断点处下一条指令的地址，以便中断服务后能正确返回。

② 将处理器当前状态寄存器（CPSR）的值保存到异常中断的 SPSR 中。

③ 设置当前状态寄存器（CPSR）的值，主要是设置处理器模式、屏蔽 IRQ 中断或 FIQ 中断。

④ 强制程序计数器 PC 从相关的中断异常向量地址取下一条指令执行，该指令通常为跳转指令，从而跳转到相应的中断服务程序首地址，以便执行中断服务程序。

以上工作是由 ARM 处理器硬件完成的，不需要用户程序参与。用户程序需要做的是在中断初始化程序中正确设置好相关寄存器。

中断异常处理完毕之后，ARM 微处理器会执行以下操作返回。

① 将返回地址复制到程序计数器 PC 中。这样程序将返回到中断异常产生的下一条指令

处执行。

② 恢复状态寄存器，将保存在 SPSR 中的值复制回当前状态寄存器 CPSR。

③ 若在进入中断时设置了中断禁止位，则要在此清除。

6.8.4 中断编程举例

【例 6-6】 GPF0-7 除了可用作通用 I/O 外还可用作外部中断输入。图 6-24 是假设某外设通过 GPF0 向处理器发出中断的参考电路，下面给出中断编程参考实例。

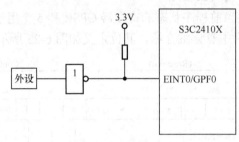

图 6-24 外部中断电路

编程参考如下。

```
/********************外中断 0 服务程序***************************/
static void __irq Eint0_ISR(void)
{
  Delay(10);
  Uart_Printf("Device0 interrupt is serviced.\n");
  ClearPending(BIT_EINT0);
}


/********************中断初始化程序******************************/
void Eint_Init(void)
{
  rGPFCON = rGPFCON & ~(3)|(1<<1);          //GPF0 设置为 EINT0
  rGPFUP|=(1<<0);                           //disable GPF0 pull up
  rEXTINT0 = (rEXTINT0 & ~(7<<0))|(2<<0); //EINT0 ->falling edge triggered
  pISR_EINT0 = (unsigned)Eint0_ISR;
}


/********************中断使能********************************/
void Enable_Eint(void)
{
  rEINTPEND = 0xffffff;              //to clear the previous pending states
  rSRCPND |= BIT_EINT0;
  rINTPND |= BIT_EINT0;
  //rEINTMASK=~( (1<<11)|(1<<19) );
  //rEINTMASK=~(1<<11);
```

```
    rINTMSK=~(BIT_EINT0);
}
/**************************主程序***************************/
int Main()
{
  Uart_Init(115200);
  Eint_Init();
  Enable_Eint();
  while(1)                        //等待中断，死循环
  {
    Uart_Printf("The main is running\n");
    Delay(50);
  }
}
```

由于篇幅所限，S3C2410X 片内集成的 LCD 控制器、触摸屏接口、I²C 总线控制器等功能的使用在此不做详细介绍。如有需要，请读者参考相关数据手册。

思考题与习题

1. S3C2410X 的结构分哪几部分？每一部分主要由哪些部件构成？
2. NAND Flash 与 NOR Flash 有哪些不同？
3. 简述 S3C2410X NAND Flash 自动导入模式的工作步骤。
4. S3C2410X 的时钟产生模块能产生哪些时钟，分别用于何处？
5. 简述 S3C2410X 的电源管理策略。
6. 掌握 GPIO 的使用。
7. 用定时器产生一周期信号时，信号的周期如何确定？信号的占空比如何确定？
8. 例 6-1 中 LED 灯的闪烁频率如果用定时器来控制，程序应该如何修改？
9. 简述 S3C2410X 异步串行通信接口的组成结构及工作原理，掌握其程序设计方法。
10. 简述 S3C2410X 中断响应过程及处理流程，掌握其程序设计方法。

第 **7** 章　嵌入式 Linux 操作系统

　　在所有操作系统中，Linux 是发展最快、应用最为广泛的一种操作系统。Linux 本身的种种特性使其成为嵌入式开发者的首选。在进入市场的前两年中，嵌入式 Linux 设计通过了广泛应用获得了巨大的成功。随着技术的成熟，Linux 提供对更小尺寸和更多类型的处理器的支持，并从早期的试用阶段迈进到嵌入式的主流。

7.1　操作系统简介

7.1.1　操作系统

　　计算机软件分为系统软件和应用软件两大类：系统软件用于管理计算机本身和应用程序；应用软件是为满足用户特定需求而设计的软件。

　　操作系统（Operating System，OS）是最基本的系统软件，它和系统工具软件构成了系统软件。但给操作系统下定义是困难的，至今没有一个能公认的统一说法，以下列举了如今操作系统教材中常见的几种观察操作系统的角度。

　　① 自顶向下的角度。操作系统是对裸机的第 1 层软件，是对机器的第 1 次扩展，为用户提供了一台与实际硬件等价的虚拟机。

　　② 自底向上的角度。操作系统是资源管理，在相互竞争的程序之间有序地控制对处理器、存储器以及其他 I/O 接口设备的分配。

　　③ 软件分类角度。操作系统是最基本的系统软件，它控制着计算机所有的资源并提供应用程序开发的接口。

　　④ 系统管理员角度。操作系统合理地组织管理了计算机系统的工作流程，使之能为多个用户提供安全高效的计算机资源共享。

　　⑤ 程序员角度（即从操作系统产生的角度）。操作系统是将程序员从复杂的硬件控制中解脱出来，并为软件开发者提供了一个虚拟机，从而能更方便地进行程序设计。

　　⑥ 一般用户角度。操作系统为他们提供了一个良好的交互界面，使得他们不必了解有关硬件和系统软件的细节，就能方便地使用计算机。

　　⑦ 硬件设计者角度。操作系统为计算机系统功能扩展提供了支撑平台，使硬件系统与应用软件产生了相对独立性，可以在一定范围内对硬件模块进行升级和添加新硬件，而不会影

响原先应用软件。

　　总而言之，传统的操作系统定义如下。

　　操作系统是计算机系统中负责支撑应用程序运行环境以及用户操作环境的系统软件，同时也是计算机系统的核心与基石。它的职责常包括对硬件的直接监管，对各种计算资源（如内存、处理器时间等）的管理，以及提供诸如作业管理之类的面向应用程序的服务等。通常来说，现代标准操作系统应具备的功能分别为处理机管理、存储管理、文件管理、设备管理、进程管理、用户界面、网络通信、安全机制等。

　　操作系统根据在用户界面的使用环境和功能特征的不同，一般可分为 3 种基本类型，即批处理操作系统、分时操作系统和实时操作系统。随着计算机体系的发展，又出现了许多种操作系统，分别是嵌入式操作系统、个人操作系统、网络操作系统、分布式操作系统、云操作系统等。

7.1.2　嵌入式操作系统

　　嵌入式操作系统（Embedded Operating System，EOS）是嵌入式系统的操作系统。它们通常被设计得非常紧凑有效，抛弃了运行在它们之上的特定的应用程序中所不需要的各种功能。嵌入式操作系统多数也是实时操作系统。

　　嵌入式操作系统是一种用途广泛的系统软件，过去它主要应用于工业控制和国防系统领域。嵌入式操作系统负责嵌入式系统的全部软、硬件资源的分配、调度工作，控制协调并发的活动，并且体现其所在系统的特征，能够通过装卸某些模块来达到系统所要求的功能。随着 Internet 技术的发展、信息家电的普及应用以及嵌入式操作系统的微型化和专业化，嵌入式操作系统开始从单一的弱功能向高专业化的强功能方向发展。嵌入式操作系统在系统实时高效性、硬件的相关依赖性、软件固态化以及应用的专用性等方面具有较为突出的特点。嵌入式操作系统是相对于一般操作系统而言的，它除具备了一般操作系统最基本的功能，如任务调度、同步机制、中断处理、文件功能等外，还有以下特点。

　　① 可装卸性。开放性、可伸缩性的体系结构。

　　② 强实时性。嵌入式操作系统实时性一般较强，可用于各种设备控制当中。

　　③ 统一的接口。提供各种设备驱动接口。

　　④ 操作方便、简单，提供友好的图形用户界面，追求易学易用。

　　⑤ 提供强大的网络功能，支持 TCP/IP 及其他协议，提供 TCP/UDP/IP/PPP 支持及统一的 MAC 访问层接口，为各种移动计算设备预留接口。

　　⑥ 强稳定性，弱交互性。嵌入式系统一旦开始运行就不需要用户过多的干预，这就要求负责系统管理的嵌入式操作系统具有较强的稳定性。嵌入式操作系统的用户接口一般不提供操作命令，它通过系统调用命令向用户程序提供服务。

　　⑦ 固化代码。在嵌入式系统中，嵌入式操作系统和应用软件被固化在嵌入式系统计算机的 ROM 中。辅助存储器在嵌入式系统中很少使用，因此，嵌入式操作系统的文件管理功能应该能够很容易地拆卸，嵌入式操作系统使用各种内存文件系统。

　　⑧ 更好的硬件适应性，也就是良好的移植性。

　　嵌入式操作系统与嵌入式系统密不可分。嵌入式系统主要由嵌入式微处理器、外围硬件设备、嵌入式操作系统以及用户的应用程序 4 个部分组成。国外嵌入式操作系统已经从简单走向成熟，主要有 VxWorks、QNX、Windows CE、Android、iOS 等。国内的嵌入式操作系统研究开发有两种类型，一类是基于国外操作系统二次开发完成的，如海信的基于 Windows CE 的机顶盒系统；另一类是中国自主开发的嵌入式操作系统，如凯思集团公司自主研制开发的嵌入式操作系统 Hopen OS（"女娲计划"）等。

Windows CE 内核较小，能作为一种嵌入式操作系统应用到工业控制等领域。其优点在于便携性、提供对微处理器的选择以及非强行的电源管理功能。内置的标准通信能力使 Windows CE 能够访问 Internet 并收发 E-mail 或浏览 Web。除此之外，Windows CE 特有的与 Windows 类似的用户界面使最终用户易于使用。Windows CE 的缺点是速度慢、效率低、价格偏高，开发应用程序相对较难。

Android 是一种基于 Linux 的自由及开放源代码的操作系统，主要使用于移动设备，如智能手机和平板电脑，由 Google 公司和开放手机联盟领导及开发。Android 操作系统最初由 Andy Rubin 开发，主要支持手机。2005 年 8 月由 Google 收购注资。2007 年 11 月，Google 与 84 家硬件制造商、软件开发商及电信运营商组建开放手机联盟共同研发改良 Android 系统。随后 Google 以 Apache 开源许可证的授权方式，发布了 Android 的源代码。第一部 Android 智能手机发布于 2008 年 10 月。Android 逐渐扩展到平板电脑及其他领域上，如电视、数码相机、游戏机等。

Android 采用了软件堆层（Software Stack，又名软件叠层）的架构，主要分为 3 部分：底层以 Linux 核心为基础，由 C 语言开发，只提供基本功能；中间层包括函数库 Library 和虚拟机 Virtual Machine，由 C++开发；最上层是各种应用软件，包括通话程序、短信程序等，应用软件则由各公司自行开发，以 Java 编写。

截至 2016 年第二季度，在手机操作系统市场份额方面，得益于安卓系统厂商数量众多等因素，全球安卓操作系统份额已超过 8 成，达 81%，而苹果 iOS 操作系统也已经达到了 16% 的市场份额，留给其他操作系统的生存空间仅有 3%。

iOS 是由苹果公司开发的移动操作系统。苹果公司最早于 2007 年 1 月公布这个系统，最初是设计给 iPhone 使用的，后来陆续套用到 iPod touch、iPad 以及 Apple TV 等产品上。iOS 与苹果的 Mac OS X 操作系统一样，属于类 UNIX 的商业操作系统。原本这个系统名为 iPhone OS，因为 iPad，iPhone，iPod touch 都使用 iPhone OS，所以 2010WWDC（Worldwide Developers Conference，全球开发者大会）宣布改名为 iOS（iOS 为美国 Cisco 公司网络设备操作系统注册商标，苹果改名已获得 Cisco 公司授权）。

QNX 是由加拿大 QSSL 公司开发的分布式实时操作系统，它由微内核和一组共操作的进程组成，具有高度的伸缩性，可灵活地剪裁，最小配置只占用几十 KB 内存。因此，可以广泛地嵌入到智能机器、智能仪器仪表、机顶盒、通信设备、PDA 等应用中。

Hopen OS 是凯思集团自主研制开发的嵌入式操作系统，由一个体积很小的内核及一些可以根据需要进行定制的系统模块组成。其核心 Hopen Kernel 约为 10KB，占用空间小，并具有实时、多任务、多线程的系统特征。

在众多的实时操作系统和嵌入式操作系统产品中，WindRiver 公司的 VxWorks 是较为有特色的一种实时操作系统。VxWorks 支持各种工业标准，包括 POSIX、ANSI C 和 TCP/IP 网络协议。VxWorks 运行系统的核心是一个高效率的微内核，该微内核支持各种实时功能，包括快速多任务处理、中断支持、抢占式和轮转式调度。微内核设计减轻了系统负载并可快速响应外部事件。在美国宇航局的"极地登陆者""深空二号"和"火星气候轨道器"等登陆火星探测器上，就采用了 VxWorks，负责火星探测器全部飞行控制，包括飞行纠正、载体自旋和降落时的高度控制等，而且还负责数据收集和与地球的通信工作。目前，在全世界装有 VxWorks 系统的智能设备数以百万计，其应用范围遍及互联网、电信和数据通信、数字影像、网络、医学、计算机外设、汽车、火控、导航与制导、航空、指挥、控制、通信和情报、声呐与雷达、空间与导弹系统、模拟和测试等众多领域。

目前，世面上有很多商业性嵌入式系统都在努力地为自己争取着嵌入式市场的份额。但是这些专用操作系统均属于商业化产品，价格昂贵；它们各自的源代码不公开，使得每个系统上的应用软件与其他系统都无法兼容。由于这种封闭性还导致了商业嵌入式系统在对各种设备的支持方面存在很大的问题，使得对它们的软件移植变得很困难。

7.2　嵌入式 Linux 操作系统

嵌入式 Linux 是以 Linux 为基础的嵌入式操作系统，被广泛地使用在移动电话、PDA、媒体播放器以及众多消费性电子装置中。在过去，嵌入式应用通常使用专用的代码，开发者必须撰写所有的硬件驱动程序以及接口。自从嵌入式 Linux 出现之后，以自由软件为主的核心与公用程序被放进嵌入式装置的硬件资源中。典型的嵌入式 Linux 安装大概需要 2MB 的系统内存。

嵌入式 Linux 与其他嵌入式操作系统相比具有如下优点。

① 开放源码。

② 所需容量小（最小的安装大约需要 2MB）。

③ 无须版权费用。

④ 成熟且稳定（经历许多年的发展与使用）。

⑤ 良好的支援。

嵌入式 Linux 操作系统与普通的 Linux 操作系统在功能与结构上没有很大的区别，作为嵌入式 Linux 操作台，突出的就是 Linux 适应于多种 CPU 和多种硬件平台，是一个跨平台的系统。到目前为止，它可以支持二三十种 CPU。其性能稳定，裁剪性很好，开发和使用都很容易。因此，要了解嵌入式 Linux 操作系统必须首先了解 Linux 操作系统。

7.2.1　Linux 介绍

Linux 是一个世界上最受欢迎的自由计算机操作系统内核，1991 年是由芬兰人 Linus Torvalds 为尝试在英特尔 x86 架构上提供只有免费的类 UNIX 操作系统而开发的。技术上说 Linux 是一个内核。"内核"指的是一个提供硬件抽象层、磁盘及文件系统控制、多任务等功能的系统软件。一个内核不是一套完整的操作系统，还需要加载库文件、应用程序等，才可以形成完整的操作系统。一套基于 Linux 内核的完整操作系统叫作 Linux 操作系统。

Linux 操作系统具备结构清晰、功能简洁等特征，逐渐成为一个稳定可靠、功能完善的操作系统。作为一个操作系统，Linux 几乎满足当今 UNIX 操作系统的所有要求，简单说，Linux 具有以下特点。

1. 完全免费

Linux 是一款免费的操作系统，用户可以通过网络或其他途径免费获得，并可以任意修改其源代码，这是其他的操作系统所做不到的。正是由于这一点，来自全世界的无数程序员参与了 Linux 的修改、编写工作，程序员可以根据自己的兴趣和灵感对其进行改变。这让 Linux 吸收了无数程序员的精华，不断壮大。

2. 开放性

开放性是指系统遵循世界标准规范，特别是遵循开放系统互连（OSI）国际标准。凡是遵循国际标准开发的硬件和软件，都能彼此兼容，可方便地实现互连。

3. 支持多用户访问和多任务编程

Linux 是一个多用户操作系统，它允许多个用户同时访问系统而不会造成用户之间的相互干扰。另外，Linux 还支持真正的多用户编程，一个用户可以创建多个进程，并使各个进程协同工作来完成用户的需求。

4. 良好的用户界面

Linux 向用户提供了两种界面：用户界面和系统调用。Linux 的传统用户界面是基于文本的命令行界面，即 Shell。Shell 有很强的程序设计能力，用户可方便地使用它编制程序，从而为用户扩充系统功能提供了更高级的手段。

系统调用给用户提供编程时使用的界面，用户可以在编程时直接使用系统提供的系统调用命令。系统通过这个界面为用户程序提供低级、高效率的服务。

Linux 还为用户提供了图形用户界面，可利用鼠标、菜单、窗口和滚动条等设施，给用户呈现一个直观、易操作、交互性强的图形化友好界面。

5. 支持多种文件系统

Linux 能支持多种文件系统。目前支持的文件系统有 ext2、ext、XIAFS、ISOFS、HPFS、MSDOS、UMSDOS、PROC、NFS、SYSV、MINIX、SMB、UFS、NCP、VFAT、AFFS。Linux 最常用的文件系统是 ext2 它的文件名长度可达 255 字符，并且还有许多特有的功能，使它比常规的 UNIX 文件系统更加安全。

6. 采用虚拟内存管理技术

Linux 支持请求页式虚拟内存管理技术，这意味着只有当前运行的或者必须的代码和数据，才会被装入到系统的物理内存。为了进一步优化内存，Linux 还支持内存缓冲机制，空闲的内存可用于磁盘和设备缓存，从而加速了对代码和数据的访问，并能根据内存的使用情况自动对缓存的大小进行调整。

7. 设备独立性

设备独立性是指操作系统把所有外部设备当成文件来看待，只要安装设备的驱动程序，任何用户都可以像使用文件一样，操纵、使用这些设备，而不必知道它们具体存在形式。

Linux 是具有设备独立性的操作系统，它的内核具有高度适应能力，随着更多的程序员加入 Linux 编程，会有更多硬件设备加入到各种 Linux 内核和发行版本中。另外，由于用户可以免费得到 Linux 的内核源代码，因此，用户可以修改内核源代码，以适应新增加的外部设备。

8. 丰富的网络功能

完善的并且内置在核心的网络功能是 Linux 的一大特点。Linux 在通信和网络功能方面优于其他操作系统。其他操作系统通常不包含如此紧密地和内核在一起的连接网络的能力，用于通信和联网的实用程序也不多。

支持 Internet 是网络功能之一：Linux 免费提供了大量支持 Internet 的软件，用户可以通过这类软件，同世界上其他人进行网络通信。

文件传输是网络功能之二：用户能通过一些 Linux 命令完成内部信息或文件的传输。

远程访问是网络功能之三：Linux 不仅允许进行文件和程序传输，还为系统管理员和技术人员提供了访问其他系统的窗口。通过这种远程访问的功能，技术人员能有效地为多个系统服务。

9．可靠的系统安全

Linux 采取了许多安全技术措施，包括对读/写进行权限控制、带保护的子系统、审计跟踪、核心授权等，这为网络多用户环境中的用户提供了必要的安全保障。

10．良好的可移植性

可移植性是指将操作系统从一个平台转移到另一个平台时，它仍然能按其自身的方式运行的能力。

Linux 是一种可移植的操作系统，能够在从微型计算机到大型计算机的任何环境中和任何平台上运行。可移植性为运行 Linux 的不同计算机平台与其他任何机器进行准确而有效的通信提供了手段，不需要另外增加特殊的和昂贵的通信接口。

作为一个完整的操作系统，Linux 具有稳定而强大的功能，想要访问任何非自己的存储器空间的进程只能通过系统调用来达成。一般进程是处于用户模式底下，而运行系统调用时会被切换成内核模式，所有的特殊指令只能在内核模式运行，此措施让内核可以完美管理系统内部与外部设备，并且拒绝无权限的进程提出的请求。因此理论上任何应用程序运行时的错误，都不可能让系统崩溃。Linux 的架构如图 7-1 所示。

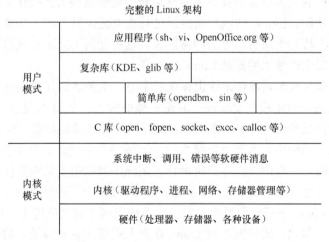

图 7-1　Linux 架构图

7.2.2　Linux 作为嵌入式操作系统的优势

Linux 作为嵌入式操作系统的优势主要有以下几点。

1．支持多种硬件平台

由于嵌入式设备硬件平台的多样性，CPU 芯片的快速更新，嵌入式操作系统要求支持常用的嵌入式 CPU，如 x86、ARM、MIPS、PowerPC 等，并具有良好的可移植性。另外，还需要支持种类繁多的外部设备。Linux 支持以上几乎所有的主流芯片，并且还在不断地被移植到新的芯片上。

2．占有较少的硬件资源

由于多数嵌入式系统具有成本敏感性，处理器速度较低，存储器空间较少，这要求嵌入式操作系统体积小、速度快。Linux 体系结构比较灵活，易于裁减，可以小到 2MB Flash 或 4MB RAM。

3．高可定制性

由于不同的嵌入式应用对系统要求各不相同，这要求嵌入式操作系统具备较高的可定制性，能够根据需要方便地增加和减少各项功能模块。这一点对于嵌入式领域至关重要，而 Linux 由于图形系统不在内核中，且支持模块机制，内核可根据需要加入或去掉功能。其外围工具拥有众多选择，由于可以自由修改源代码，具有极强的可定制性。

4．具有实时处理能力

实时应用分为硬实时和软实时两大类，嵌入式操作系统需要明确是否支持实时和支持哪一类实时应用，需要提供最坏情况响应时间为多长。Linux 最初设计时没有考虑实时应用，但众多的实时 Linux 项目已使 Linux 具备了硬实时和软实时处理能力，硬实时有 RT-Linux 和 RTAI，而版本为 2.6 的 Linux 中加入了可抢占核心，使得 Linux 具备了软实时处理能力，此外还有 Timsys、Montavista 等实时 Linux 实现。Linux 自由开发模式的优点得到了充分的体现。RT-Linux 已经在美国航天部门、印度军方等得到了广泛应用，还有 Montavista 和 Timsys 的实时 Linux 都有很多成功案例。

5．具备强大的网络功能

现在越来越多的嵌入式设备需要具备网络功能。这要求嵌入式操作系统支持常用的网络协议和可靠的网络功能。Linux 的网络功能经过几次改进，其效率、功能都很突出。且具有众多的网络工具，支持几乎所有常见的网络协议。这些使得 Linux 在网络设备中备受青睐，很多防火墙、低端路由器使用的都是 Linux。

当然，Linux 作为嵌入式操作系统也存在着不足，主要表现在集成开发环境有待改善。一个完整的嵌入式系统的集成开发环境一般需要提供的工具是编译/连接器、内核调试/跟踪器和集成图形界面开发平台。其中集成图形界面开发平台包括编辑器、调试器、软件仿真器、监视器等。在 Linux 系统中，具有功能强大的 gcc 编译工具链，它使用基于 GNU 的调试器 gbd 的远程调试功能，一般由一台客户机运行调试程序调试宿主机的操作系统内核，在使用远程开发时还可以使用交叉平台的方式，如在 Windows 平台下的调试跟踪器对 Linux 的宿主系统做调试。但是 Linux 在基于图形界面的特定系统定制平台的研究上，与 Windows 操作系统相比还存在差距，因此，要使嵌入式 Linux 在嵌入式操作系统领域中的优势更加明显，整体集成开发环境还有待提高和完善。

7.2.3 进程管理

进程是 Linux 操作系统最基本的抽象之一。一个进程就是处于执行期的程序（目标代码存放在某种存储介质上）。但进程并不仅仅局限于一段可执行代码，通常进程还包含其他资源，像用来存放全局变量的数据段（Text Section）、打开的文件、挂起的信号等，当然还包含地址空间及一个或几个执行线程（Threads of Execution）。

执行线程，简称线程（Threads），是在进程中活动的对象。每个线程都拥有一个独立的程序计数器、进程栈和一组进程寄存器。内核调度的对象是线程，而不是进程。在传统的 UNIX 系统中，一个进程只包含一个线程，但现在的系统大多支持多线程应用程序。进程提供两种虚拟机制：虚拟处理器和虚拟内存。虽然实际上可能是许多进程正在分享一个处理器，但虚拟处理器给进程一种假象，让这些进程觉得自己在独享处理器。而虚拟内存使得进程在获取和使用内存时觉得自己拥有整个系统的所有内存资源。线程之间（包含在同一个进程中的线程）可以共享虚拟内存，但拥有各自的虚拟处理器。

要注意的是并不能说程序就是进程，进程是处于执行期的程序以及它包含的资源的总称。实际上完全可能存在两个以上不同的进程执行的是同一个程序，并且两个以上并存的进程还可以共享许多诸如打开的文件、地址空间之类的资源。

1．Linux 进程的基础

（1）进程的基本概念

程序是为了完成某种任务而设计的软件，比如 vi 是程序。进程就是运行中的程序。一个运行着的程序，可能有多个进程，例如，Web 服务器是 Apache 服务器，当管理员启动服务后，可能会有好多用户来访问，也就是说许多用户同时请求 httpd 服务，Apache 服务器将会创建多个 httpd 进程来对其进行服务。

对于进程来说，可以看成是一个具有独立功能的程序关于某个数据集合的一次可以并发执行的运行活动，是处于活动状态的计算机程序。进程作为构成系统的基本细胞，不仅是系统内部独立运行的实体，而且是独立竞争资源的基本实体。了解进程的本质，对于理解、描述和设计操作系统有着极为重要的意义。了解进程的活动、状态，也有利于编制复杂程序。

（2）进程的属性

进程的定义：一个进程是一个程序的一次执行的过程；程序是静态的，它是一些保存在磁盘上的可执行的代码和数据集合；进程是一个动态的概念，它是 Linux 系统的基本的调度单位。一个进程由如下元素组成：

- 程序读取的上、下文，它表示程序读取执行的状态；
- 程序当前执行的目录；
- 程序服务的文件和目录；
- 程序访问的权限；
- 内存和其他分配给进程的系统资源。

Linux 进程中最知名的属性就是它的进程号（Process Idenity Number，PID）和它的父进程号（Parent Process ID，PPID）。PID、PPID 都是非零正整数。一个 PID 唯一地标识一个进程。一个进程创建新进程称为创建了子进程（Child Process）。相反地，创建子进程的进程称为父进程。所有进程追溯其祖先最终都会落到进程号为 1 的进程身上，这个进程叫作 init 进程，是内核自举后第 1 个启动的进程。init 进程扮演终结父进程的角色。因为 init 进程永远不会被终止，所以系统总是可以确信它的存在，并在必要的时候以它为参照。如果某个进程在它衍生出来的全部子进程结束之前被终止，就会出现必须以 init 为参照的情况。此时那些失去了父进程的子进程就都会以 init 作为它们的父进程。如果执行一下 ps-af 命令，可以列出许多父进程 ID 为 1 的进程来。Linux 提供了一条 pstree 命令，允许用户查看系统内正在运行的各个进程之间的继承关系。直接在命令行中输入 pstree 即可，程序会以树状结构方式列出系统中正在运行的各进程之间的继承关系。

（3）理解 Linux 下进程的结构

Linux 中一个进程在内存里有 3 部分数据，即"数据段""堆栈段"和"代码段"。基于 I386 兼容的中央处理器，都有上述 3 种段寄存器，以方便操作系统的运行，如图 7-2 所示。

代码段	数据段	堆栈段

图 7-2 Linux 下进程的结构

代码段是存放了程序代码的数据，假如机器中有数个进程运行相同的一个程序，那么它们就可以使用同一个代码段。而数据段则存放程序的全局变量、常数及动态数据分配的数据空间。堆栈段存放的就是子程序的返回地址、子程序的参数及程序的局部变量。堆栈段包含在进程控制块（Process Control Block，PCB）中。PCB 处于进程核心堆栈的底部，不需要额外分配空间。

（4）进程状态

进程状态是指进程在生存周期中的各种状态及状态的转换。下面是 Linux 系统的进程状态模型的各种状态。

- 用户状态：进程在用户状态下运行的状态。
- 内核状态：进程在内核状态下运行的状态。
- 内存中就绪：进程没有执行，但处于就绪状态，只要内核调度它，就可以执行。
- 内存中睡眠：进程正在睡眠并且进程存储在内存中，没有被交换到 SWAP 设备。
- 就绪且换出：进程处于就绪状态，但是必须把它换入内存，内核才能再次调度它运行。
- 睡眠且换出：进程正在睡眠，且被换出内存。
- 被抢先：进程从内核状态返回用户状态时，内核抢先于它做了上下文切换，调度了另一个进程，原先这个进程就处于被抢先状态。
- 创建状态：进程刚被创建。该进程存在，但既不是就绪状态，也不是睡眠状态。这个状态是除了进程 0 以外的所有进程的最初状态。
- 僵死状态：进程调用 exit 结束，进程不再存在，但在进程表项中仍有记录，该记录可由父进程收集。

下面详细叙述进程从创建到结束来说明进程的状态转化。需要说明的是，进程在它的生命周期里并不一定要经历所有的状态。

（1）进程的创建与结束

在 Linux 系统中，通常使用 fork( )系统调用用来复制一个现有进程，从而创建一个全新的进程。被复制的进程被称为父进程，新产生的进程被称为子进程。fork 一词在英文中是"分叉"的意思，同样 fork( )调用也起到一个"分叉"的作用，如果系统中只提供 fork( )调用，那么整个操作系统的所有进程都只能运行同一个程序了，因为其代码段都是复制或者共享的。Linux 为了创建进程运行新的程序，又提供了 execve( )系统调用。进程的结束可以使用 exit( )系统调用，无论在执行到什么位置，只要执行到 exit( )系统调用，进程会停止所有操作并将其占用的资源释放掉。

为了方便用户处理父进程与子进程之间的一些事物，Linux 允许父进程在创建了进程之后，通过调用 wait( )先进入等待状态，以使子进程先运行，然后再决定自己的进一步行为，这成为父进程的阻塞方式。一般情况下，父进程可能比子进程结束得要早，如果父进程提前结束了，子进程会变成僵尸进程，这时需要使用 wait( )调用，利用父进程清理子进程结束后的一些环境，父进程将阻塞在 wait 运行点，等待子进程结束后再运行。

在 Linux 网络编程中经常用到 fork( )系统调用。例如，在一个客户机/Web 服务器构建的网络环境中，Web 服务器往往可以满足许多客户端的请求。如果一个客户机要访问 Web 服务器，需要发送一个请求，此时由服务器生成一个父进程，然后父进程通过 fork( )系统调用产生一个子进程，此时客户机的请求由子进程完成。父进程可以再度回到等待状态不断服务其他客户端。

有一个更简单的执行其他程序的函数 system，参数 string 传递给一个命令解释器（一般为 sh）执行，即 string 被解释为一条命令，由 sh 执行该命令。若参数 string 为一个空指针，则检查命令解释器是否存在。该命令可以和同命令行下的命令形式相同，但由于命令作为一个参数放在系统调用中，应注意编译时对特殊意义字符的处理。命令的查找是按 PATH 环境变量的定义执行的。命令所生成的后果一般不会对父进程编程造成影响。

返回值：当参数为空指针时，只有当命令解释器有效时返回值为非零。若参数不为空指针，返回值为该命令的返回状态（同 waitpid()）的返回值。命令无效或语法错误则返回非零值，所执行的命令被终止。其他情况则返回-1。这是一个较高层的函数，实际上相当于在 Shell 下执行一条命令，除了 system 之外，系统调用 exec 执行一个可执行文件，来代替当前进程的执行映像。系统调用 exit 的功能是终止发出调用的进程。sleep 函数调用用来指定进程挂起的秒数。wait 函数族用来等待和控制进程。poppen 函数和 system 函数类似，区别是它用管道方式处理输出。

（2）进程的组成

在 Linux 中，进程是以进程号（Process ID，PID）作为标示。任何对进程进行的操作都要给予其相应的 PID。每个进程都属于一个用户，进程要配备其所属的用户编号（UID）。此外，每个进程都属于多个用户组，所以进程还要配备其归属的用户组编号（GID）的数组。

进程运行的环境成为进程上、下文。Linux 中进程的上、下文由进程控制块（Process Control Block，PCB）、正文段、数据段以及用户堆栈组成。其中，正文段存放该进程的可执行代码，数据段存放进程中静态产生的数据结构，而 PCB 包括进程的编号、状态、优先级以及正文段和数据段中数据分布的大概情况。

一个称作进程表（Process Table）的链表结构将系统中所有的 PCB 块联系起来，如图 7-3 所示。

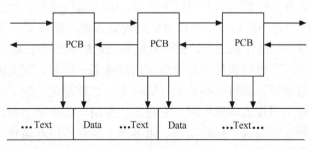

图 7-3　进程的数据结构

启动进程时输入需要运行的程序的程序名，执行一个程序，其实也就是启动了一个进程。在 Linux 系统中，每个进程都具有一个进程号，用于系统识别和调度进程。启动一个进程有两个主要途径：手工启动和调度启动。后者是事先进行设置，根据用户要求自行启动。由用户输入命令，直接启动一个进程便是手工启动进程。但手工启动进程又可以分为很多种，根据启动的进程类型不同、性质不同，实际结果也不一样。

① 前台启动。前台启动是手工启动一个进程的最常用的方式。用户键入一个命令 "df"，就已经启动了一个进程，而且是一个前台的进程。这时候系统其实已经处于多进程状态。有许多运行在后台的、系统启动时就已经自动启动的进程正在悄悄运行着。有的用户在键入"df"命令以后赶紧使用 "ps - x" 查看，却没有看到 df 进程，会觉得很奇怪。其实这是因为 df 这个进程结束太快，使用 ps 查看时该进程已经执行结束了。如果启动一个比较耗时的进程，如在根命令下运行 find，然后使用 ps aux 查看，就会看到在里面有一个 find 进程。

② 后台启动。直接从后台手工启动一个进程用得比较少一些，除非是该进程甚为耗时，且用户也不急着需要结果。假设用户要启动一个需要长时间运行的格式化文本文件的进程，为了不使整个 Shell 在格式化过程中都处于 "瘫痪" 状态，从后台启动这个进程是明智的选择。

（3）进程的状态

进程是一个动态的实体，从创建到结束是一个进程的整个生命周期。在这个周期中，进程可能会经历不同的状态，一般来说，所有进程都要经历 3 种状态，即运行态、就绪态和阻塞态（或封锁态），其状态转换如图 7-4 所示。

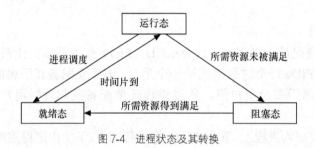

图 7-4 进程状态及其转换

- 运行态是指当前进程已分配到处理器，并不需要等待其他所需资源，正在处理器上执行时的状态。处于这种状态的进程个数不能大于处理器的数目。在一般单 CPU 机制中，任何时刻处于运行态的进程至多有一个。只有在运行态时，进程才可以使用所申请到的资源。
- 就绪态是指进程已经获得运行所需的资源，具备运行条件，但因为其他进程正占用处理器，所以暂时不能运行而等待分配处理器资源的状态。一旦把处理器分配给它，立即就可运行。在操作系统中，处于就绪态的进程数目可以是多个。
- 阻塞态是指进程因等待某种事件发生（如等待某一输入、输出操作完成，等待其他进程发来的信号等）而暂时不能运行的状态。也就是说，处于封锁状态的进程尚不具备运行条件，即使处理器空闲，它也无法使用。这种状态有时也称为休眠状态、封锁状态、等待状态或者挂起状态。阻塞态不能直接进入运行状态。系统中处于这种状态的进程可以是多个。

在 Linux 系统中将上述 3 种状态进行重新组织，得到了 Linux 进程的几个状态，状态变化如图 7-5 所示。

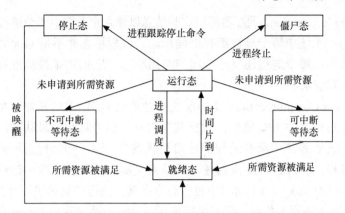

图 7-5　Linux 进程状态变化

- 运行态（TASK_RUNNING）：此时进程正在运行或者准备运行。一个进程处于 RUNNING 状态并不代表它一定被执行。由于在多任务系统中，各个就绪进程需要并发执行，但是一般系统资源中只有一个处理器，因此在某个特定时刻，这些处于 RUNNING 状态的进程之中，只有一个能够得到处理器，而其他进程必须在一个就绪队列中等待。

- 等待态：此时进程在等待一个事件的发生或某种系统资源。Linux 系统分为两种等待进程，即可中断的（TASK_INTERRUPTIBLE）和不可中断的（TASK_UNINTERR-UPTIBLE）。可中断的等待进程处于等待队列中，当需要的条件许可时，可以被操作系统或者其他进程的信号唤醒；而不可中断的等待进程不受信号的打扰，将一直等待系统资源状态的改变，当系统资源有效时，可以由操作系统唤醒，否则一直处于等待状态。

- 停止态（TASK_STOPPED）：进程被暂停，需要通过其他进程的信号才能唤醒。

- 僵尸态（TASK_ZOMBIE）：进程结束但是尚未消亡的一种状态，此时进程已经结束运行并释放大部分资源，但尚未释放进程控制块。

调度程序用来实现进程状态之间的转换。用户进程由 fork( ) 系统调用实现。获得处理器而正在运行的进程若申请不到某个资源，则调用 sleep( ) 进行休眠。进程执行系统调用 exit( ) 或收到外部的终止进程信号 SIG_KILL 时，进程状态变为 ZOMBLE，释放所申请资源，同时启动 schedule( ) 把处理器分配给就绪队列中其他进程。

（4）进程的调度

为了让 Linux 来管理系统中的进程，每个进程用一个 task_struct 数据结构来表示（任务与进程在 Linux 中可以混用）。数组 task 包含指向系统中所有 task_struct 结构的指针。这意味着系统中的最大进程数目受 task 数组大小的限制，默认值一般为 512。创建新进程时，Linux 将从系统内存中分配一个 task_struct 结构并将其加入 task 数组。当前运行进程的结构用 current 指针来指示。

① Linux 还支持实时进程。这些进程必须对外部时间做出快速反应（这就是"实时"的意思），系统将区分对待这些进程和其他进程。虽然 task_struct 数据结构庞大而复杂，但它可以分成一些功能组成部分。

- State：进程在执行过程中会根据环境来改变 state。Linux 进程有图 7-5 所述 4 种状态。

- Scheduling Information：调度器需要这些信息以便判定系统中哪个进程最迫切需要运行。
- Identifiers：系统中每个进程都有进程标志。进程标志并不是 task 数组的索引，它仅仅是个数字。每个进程还有一个用户与组标志，它们用来控制进程对系统中文件和设备的存取权限。
- Inter-Process Communication：Linux 支持经典的 UNIX IPC 机制，如信号、管道和信号灯以及系统 V 中 IPC 机制，包括共享内存、信号灯和消息队列。
- Links：Linux 系统中所有进程都是相互联系的。除了初始化进程外，所有进程都有一个父进程。新进程不是被创建，而是被复制，或者从以前的进程克隆而来的。每个进程对应的 task_struct 结构中包含有指向其父进程和兄弟进程（具有相同父进程的进程）以及子进程的指针。我们可以使用 pstree 命令来观察 Linux 系统中运行进程之间的关系。另外，系统中所有进程都用一个双向链表连接起来，而它们的根是 init 进程的 task_struct 数据结构。这个链表被 Linux 核心用来寻找系统中所有进程，它对 ps 或者 kill 命令提供了支持。
- Times and Timers：核心需要记录进程的创建时间以及在其生命周期中消耗的 CPU 时间。时钟每跳动一次，核心就要更新保存在 jiffies 变量中，记录进程在系统和用户模式下消耗的时间量。Linux 支持与进程相关的 interval 定时器，进程可以通过系统调用来设定定时器，以便在定时器到时后向它发送信号。这些定时器可以是一次性的或者周期性的。
- File System：进程可以自由地打开或关闭文件，进程的 task_struct 结构中包含一个指向每个打开文件描述符的指针以及指向两个 VFS inode 的指针。每个 VFS inode 唯一地标记文件中的一个目录或者文件，同时还对底层文件系统提供统一的接口。这两个指针，一个指向进程的根目录，另一个指向其当前或者 pwd 目录。pwd 从 UNIX 命令 pwd 中派生出来，用来显示当前工作目录。这两个 VFS inode 包含一个 count 域，当多个进程引用它们时，它的值将增加。这就是为什么不能删除进程当前目录，或者其子目录的原因。
- Virtual Memory：多数进程都有一些虚拟内存（核心线程和后台进程没有），Linux 核心必须跟踪虚拟内存与系统物理内存的映射关系。
- Processor Specific Context：进程可以认为是系统当前状态的总和。进程运行时，它将使用处理器的寄存器以及堆栈等。进程被挂起时，进程的上、下文以及所有的与 CPU 相关的状态必须保存在它的 task_struct 结构中。当调度器重新调度该进程时，所有上、下文被重新设定。

② Linux 使用用户和组标志符来检查对系统中文件和可执行映像的访问权限。Linux 系统中所有的文件都有使用者和允许的权限，这些权限描述了系统使用者对文件或者目录的使用权。基本的权限是读、写和可执行，这些权限被分配给 3 类用户：文件的所有者，属于相同组的进程，以及系统中的所有进程。每类用户具有不同的权限，如一个文件允许其拥有者读写，但是同组的只能读而其他进程不允许访问。

Linux 将文件和目录的访问特权授予一组用户，而不是单个用户或者系统中所有进程。如可以为某个软件项目中的所有用户创建一个组，并将其权限设置成只有他们才允许读写项目中的源代码。一个进程可以同时属于多个组（最多为 32 个），这些组都被放在进程的

task_struct 中的 group 数组中。只要某组进程可以存取某个文件，则由此组派生出的进程对这个文件有相应的组访问权限。

task_struct 结构中有 4 对进程和组标志符。

- uid, gid：表示运行进程的用户标志符和组标志符。
- effective uid and gid：有些程序可以在执行过程中将执行进程的 uid 和 gid 改成其程序自身的 uid 和 gid（保存在描述可执行映象的 VFS inode 属性中）。这些程序被称为 setuid 程序，常在严格控制对某些服务的访问时使用，特别是那些为别的进程而运行的进程，如网络后台进程。有效 uid 和 gid 是那些 setuid 执行过程在执行时变化出的 uid 和 gid。当进程试图访问特权数据或代码时，核心将检查进程的有效 gid 和 uid。
- file system uid and gid：它们和有效 uid 和 gid 相似但用来检验进程的文件系统访问权限，如运行在用户模式下的 NFS 服务器存取文件时，NFS 文件系统将使用这些标志符。在这里只有文件系统 uid 和 gid 发生了改变（而非有效 uid 和 gid）。这样可以避免恶意用户向 NFS 服务器发送 KILL 信号。
- saved uid and gid：POSIX 标准中要求实现这两个标志符，它们被那些通过系统调用改变进程 uid 和 gid 的程序使用。当进程的原始 uid 和 gid 变化时，它们被用来保存真正的 uid 和 gid。

③ 进程调度机制的设计，还对系统复杂性有着极大的影响，常常会由于实现的复杂程度而在功能和性能方面做出必要的权衡和让步。另外，进度调度的机制还要考虑到"公正性"，让系统所有进程都有机会向前推进，尽管其进度各有不同，并最终会受到 CPU 速度和负载的影响。更重要的是，还要防止死锁的发生，以及防止对 CPU 能力的不合理使用，也就是说要防止 CPU 尚有能力且有进程等待执行，却由于某种原因而长时间得不到执行的情况。一旦这些情况发生，调度机制还能识别与化解。

所有进程部分时间运行于用户模式，部分时间运行于系统模式。如何支持这些模式，底层硬件的实现各不相同，但是存在一种安全机制可以使它们在用户模式和系统模式之间来回切换。用户模式的权限比系统模式下的小得多。进程通过系统调用切换到系统模式继续执行，此时的核心是为进程而执行的。在 Linux 中，进程不能被抢占。只要能够运行它们就不能被停止。当进程必须等待某个系统事件时，它才决定释放出 CPU，如进程可能需要从文件中读出字符。一般等待的发生是在系统调用过程中，此时进程处于系统模式，处于等待状态的进程将被挂起而其他的进程被调度管理器选出来执行。

进程常因为执行系统调用而需要等待。由于处于等待状态的进程还可能占用 CPU 时间，所以 Linux 采用了预加载调度策略。在此策略中，每个进程只允许运行很短的时间，即 200ms，当这个时间用完之后，系统将选择另一个进程来运行，原来的进程必须等待一段时间以继续运行。这段时间称为时间片。

调度管理器必须选择最迫切需要运行而且可以执行的进程来执行。可运行进程是一个只等待 CPU 资源的进程。Linux 使用基于优先级的简单调度算法来选择下一个运行进程。当选定新进程后，系统必须将当前进程的状态，处理器中的寄存器以及上、下文状态保存到 task_struct 结构中。同时它将重新设置新进程的状态并将系统控制权交给此进程。为了将 CPU 时间合理地分配给系统中每个可执行进程，调度管理器必须将这些时间信息也保存在 task_struct 中。

在每个进程的 task_struct 结构中有以下 4 项：policy、priority、counter、rt_priority，这 4

项是选择进程的依据。其中，policy 是进程的调度策略，用来区分实时进程和普通进程，实时进程优先于普通进程运行；priority 是进程（包括实时和普通）的静态优先级；counter 是进程剩余的时间片，它的起始值就是 priority 的值；由于 counter 在后面计算一个处于可运行状态的进程值得运行的程度 goodness 时起重要作用，因此，counter 也可以看作是进程的动态优先级。rt_priority 是实时进程特有的，用于实时进程间的选择。

进程调度的核心在几个位置调用调度管理器，如当前进程被放入等待队列后运行或者系统调用结束时，以及从系统模式返回用户模式时。此时系统时钟将当前进程的 counter 值设为 0 以驱动调度管理器。每次调度管理器运行时将进行下列操作。

- 内核工作（Kernel Work）：调度管理器运行底层处理程序并处理调度任务队列。
- 当前进程（Current Process）：当选定其他进程运行之前必须对当前进程进行一些处理。

如果当前进程的调度策略是时间片轮转，则它被放回到运行队列。如果任务可中断且从上次被调度后接收到了一个信号，则它的状态变为运行态。如果当前进程的状态是 Running，则状态保持不变。那些既不处于 Running 状态又不是可中断的进程将会从运行队列中删除。这意味着调度管理器选择运行进程时不会将这些进程考虑在内。

调度管理器在运行队列中选择一个最迫切需要运行的进程。如果运行队列中存在实时进程（那些具有实时调度策略的进程），则它们比普通进程有更多的优先级权值。普通进程的权值是它的 counter 值，而实时进程则是 counter 加上 1 000。这表明如果系统中存在可运行的实时进程，它们将总是在任何普通进程之前运行。如果系统中存在和当前进程相同优先级的其他进程，这时当前运行进程已经用掉了一些时间片，所以它将处在不利形势（其 counter 已经变小）；而原来优先级与它相同的进程的 counter 值显然比它大，这样位于运行队列中最前面的进程将开始执行而当前进程被放回到运行队列中。在存在多个相同优先级进程的平衡系统中，每个进程被依次执行，这就是 Round Robin 策略。然而，由于进程经常需要等待某些资源，所以它们的运行顺序也常发生变化。

如果系统选择其他进程运行，则必须被挂起当前进程且开始执行新进程。进程执行时将使用寄存器、物理内存以及 CPU。每次调用子程序时，它将参数放在寄存器中并把返回地址放置在堆栈中，所以调度管理器总是运行在当前进程的上、下文。虽然可能在特权模式或者核心模式中，但是仍然处于当前运行进程中。当挂起进程的执行时，系统的机器状态，包括程序计数器和全部的处理器寄存器，必须存储在进程的 task_struct 数据结构中，同时加载新进程的机器状态。这个过程与系统类型相关，不同的 CPU 使用不同的方法完成这个工作，通常这个操作需要硬件辅助完成。

进程的切换发生在调度管理器运行之后。以前进程保存的上、下文与当前进程加载时的上、下文相同，包括进程程序计数器和寄存器内容。如果以前或者当前进程使用了虚拟内存，则系统必须更新其页表入口，这与具体体系结构有关。如果处理器使用了转换旁视缓冲或者缓冲了页表入口（如 Alpha AXP），那么必须冲刷以前运行进程的页表入口。

2．在 Linux 操作系统中进程的概念

（1）程序和进程

程序是为了完成某种任务而设计的软件，如 OpenOffice 是程序。进程就是运行中的程序。一个运行着的程序，可能有多个进程，如 LinuxSir.Org 所用的 WWW 服务器是 Apache 服务器，当管理员启动服务后，可能会有很多用户来访问，也就是说许多用户来同时请求 httpd

服务，Apache 服务器将会创建有多个 httpd 进程来对其进行服务。

① 进程分类。进程一般分为交互进程、批处理进程和守护进程 3 类。值得一提的是，守护进程总是活跃的，一般是后台运行，守护进程一般是由系统在开机时通过脚本自动激活启动或由超级管理用户 root 来启动的。比如在 Fedora 或 Redhat 中，可以定义 httpd 服务器的启动脚本的运行级别，此文件位于/etc/init.d 目录下，文件名是 httpd，/etc/init.d/httpd 就是 httpd 服务器的守护程序，当把它的运行级别设置为 3 和 5 时，当系统启动时，它会跟着启动。

由于守护进程是一直运行着的，所以它所处的状态是等待请求处理任务。例如，用户是否访问 LinuxSir.Org，LinuxSir.Org 的 httpd 服务器都在运行，等待着用户来访问，也就是等待着任务处理。

② 进程的属性。

- 进程 ID（PID）是唯一的数值，用来区分进程。
- 父进程和父进程的 ID（PPID）。
- 启动进程的用户 ID（UID）和所归属的组（GID）。
- 进程状态：状态分为运行 R、休眠 S、僵尸 Z。
- 进程执行的优先级。
- 进程所连接的终端名。
- 进程资源占用：比如占用资源大小（内存、CPU 占用量）。

③ 父进程和子进程。二者的关系是管理和被管理的关系，当父进程终止时，子进程也随之而终止；但子进程终止，父进程并不一定终止，例如，httpd 服务器运行时，可以终止其子进程，父进程并不会因为子进程的终止而终止。

在进程管理中，当发现某进程占用资源过多，或无法控制的进程时，应该终止它，以保护系统的稳定安全运行。

（2）进程管理

对于 Linux 进程的管理，是通过进程管理工具实现的，有 ps、pgrep 等工具。

① ps 监视进程工具。ps 为我们提供了进程的一次性查看，它所提供的查看结果并不是动态连续的，如果想对进程时间监控，应该用 top 工具。

用法：

```
#ps 参数选项
```

参数选项说明：ps 提供了很多的选项参数，常用的有以下几个。

```
l: 长格式输出;
u: 按用户名和启动时间的顺序来显示进程;
j: 用任务格式来显示进程;
f: 用树形格式来显示进程;
a: 显示所有用户的所有进程（包括其他用户）;
x: 显示无控制终端的进程;
r: 显示运行中的进程;
ww: 避免详细参数被截断。
```

一般常用的选项组合是 aux 或 lax，还有参数 f 的应用。

② pgrep。pgrep 是通过程序的名字来查询进程的工具，一般用来判断程序是否正在运行。在服务器的配置和管理中，这个工具常被应用，简单明了。
用法：

```
#pgrep 参数选项    程序名
```

常用参数选项：

```
-l:   列出程序名和进程 ID;
-o:   进程起始的 ID;
-n:   进程终止的 ID;
```

（3）终止进程的工具

终止一个进程或终止一个正在运行的程序，一般是通过 kill、killall、pkill、xkill 等进行的。例如，一个程序已经终止，但又不能退出，这时就应该考虑应用这些工具。

另外，这些工具应用的场合就是在服务器管理中，在不涉及数据库服务器程序的父进程的停止运行时，也可以用这些工具来终止。为什么数据库服务器的父进程不能用这些工具终止呢？原因很简单，这些工具在强行终止数据库服务器时，会让数据库产生更多的文件碎片，当碎片达到一定程度的时候，数据库就有崩溃的危险。例如，mysql 服务器最好是按其正常的程序关闭，而不是用 pkill mysqld 或 killall mysqld 这样危险的动作，但对于占用资源过多的数据库子进程，则应该用 kill 来终止。

kill：kill 的应用是和 ps 或 pgrep 命令结合在一起使用的。
用法：

```
kill [信号代码]    进程 ID
```

注：信号代码可以省略，一般常用的信号代码是-9，表示强制终止。
（4）监视系统任务的工具

和 ps 相比，top 是动态监视系统任务的工具，top 输出的结果是连续的。
用法：

```
top 参数选项
```

参数选项：

```
-b:   以批量模式运行，但不能接收命令行输入;
-c:   显示命令行，而不仅仅是命令名;
-d:   N 显示两次刷新时间的间隔，比如 -d 5，表示两次刷新时间的间隔为 5s;
-i:   禁止显示空闲进程或僵尸进程;
-n:   NUM 显示更新次数，然后退出，如-n 5，表示 top 更新 5 次数据就退出;
-p:   PID 仅监视指定进程的 ID，PID 是一个数值;
-q:   不经任何延时就刷新;
-s:   安全模式运行，禁用一些效互指令;
-S:   累积模式，输出每个进程的总的 CPU 时间，包括已死的子进程。
```

（5）进程的优先级：nice 和 renice

在 Linux 操作系统中，进程之间是竞争资源（如 CPU 和内存的占用）关系。这个竞争优劣是通过一个数值来实现的，也就是谦让度。高谦让度表示进程优先级别低。负值或 0 表示提高优先级，对其他进程不谦让，也就是拥有优先占用系统资源的权利。谦让度的值从 −20～19。

目前硬件技术快速发展，在大多情况下，不必设置进程的优先级，除非在进程失控而疯狂占用资源的情况下，才有可能来设置一下优先级，但实际上可以用命令终止一些失控进程。

nice 可以在创建进程时，为进程指定谦让度的值，进程的优先级的值是父进程 SHELL 的优先级的值与所指定谦让度的值相加和。所以在用 nice 设置程序的优先级时，所指定数值是一个增量，并不是优先级的绝对值。

所以 nice 最常用的应用为：

```
nice  -n  谦让度的增量值   程序
```

renice 是通过进程 ID（PID）来改变谦让度，进而达到更改进程的优先级。

```
renice  谦让度   PID
```

renice 所设置的谦让度就是进程的绝对值。

7.2.4　存储管理

现在计算机 CPU 的速度越来越快，性能越来越高。但是内存速度方面的增长却远远落后于 CPU 的发展，已成为计算机速度和性能进一步提高的瓶颈。

在这里所说的存储管理一般指的是内存管理，在计算机业界，内存这个名词被广泛用来称作 RAM（随机存取内存），计算机使用随机存取内存来储存执行作业所需的暂时指令以及数据，以使计算机的 CPU 能够更快速读取储存在内存的指令及数据。

1．Linux 存储管理的基本概念

（1）存储管理的任务

存储管理是 Linux 中负责管理内存的模块。存储管理的任务有以下几点。

- 屏蔽各种硬件的内存结构，并向上层返回统一的访问界面。Linux 支持各种各样的硬件体系结构。对每种硬件结构，其内存的组织形式各不相同。然而，对于用户的应用程序来说，总是希望提供一个统一的界面以供调用。这样，存储模块就自然要担负这个屏蔽和转化的任务。
- 解决进程状态下内存不足的问题，按需调页。随着硬件的发展，内存的增大，软件业相应地向着大规模方向发展。在一个多进程系统中，所有进程所占用的内存总和往往会超过物理内存容量。这样就需要存储管理实现能够利用副存储器（比如硬盘）进行辅助存储的功能。存储管理机制甚至还能够处理单个进程所占用内存超过主存大小的情况。
- 阻止进程肆意访问其他进程的地址空间和内核地址空间。由于并发执行的进程所在的地址空间都不能冲突，而进程太多，物理内存空间根本不够，故需要模拟出一个更大的虚拟逻辑空间提供给上层应用程序，并通过一个可靠的机制建立起逻辑空间到物理空间的映射关系。
- 为进程中通信所需要的共享内存提供必要的基础。对于上层用户来讲，共享内存和

普通内存是两种概念。然而对于存储管理系统来讲，这两者却都是内存中的一部分，所有内存空间的任一部分都可被划为共享内存使用。因此，实现共享内存的任务就需要由存储管理模块来实现。

（2）虚拟内存

虚拟内存是现代操作系统的重要特征。对于一个多进程的操作系统来说，每个进程都要占据自己唯一的内存地址空间。虚拟内存的基本原理是将内存中一部分近期不需要的内容移出到外存上，从而让出一块内存空间，以供其他需要内存的进程使用。当要访问到那些已经被调出到外存的数据时，存储管理要将内存中一部分不常被访问的数据调出，让出一块空间以供需要的数据调入内存。

时间局部性和空间局部性的原理是虚拟内存效率的重要保证。所谓时间局部性原理，指在存储访问中，人们对最近访问过的数据进行再次访问的概率非常大。这个原理确保了用户不用频繁地将数据在主存和外存之间换入换出，因为这些数据很可能在未来再次被访问。所谓空间局部性原理，指在存储访问中，人们时常会访问到最近访问过的地址附近的数据。这个原理的启示是将内存划分成一定长度的数据段，从而每次换入换出时，将整个数据段一起操作，这样可以减少访问失效的次数。

（3）页面模式

页面为存储管理中调入调出的基本单位。在存储管理中，将内存划分为长度相等的页面。Linux 将每个用户进程 4GB 长度的虚拟内存划分成固定大小的页面。其中，0～3GB 是用户态空间，由各进程独占；3～4GB 是内核态空间，由所有进程共享，但只有内核态的进程才能访问。

（4）按需调页

当进程访问到某个虚存地址，却发现该地址所对应的物理页面已经被换出内存时，系统会自动产生一个硬件中断，即缺页中断。在中断产生后，系统会自动调用相应的中断处理程序，来将所需的页面从外存调入，或者干脆新建一个空白页面。这个过程就叫作按需调页。

（5）对换

对于虚拟内存页面来说，总是要将其改动过的内容写回到外存中，才能够将其丢弃。一个被更改过的内存页面，但还没有将其内容写到外存中，就称为"脏页面"。在换入页面时，首先考虑将"干净的"页面直接丢弃，然后将外存数据写进来，因为这样不会破坏数据的完整性。然而这是一个矛盾，内存调用者希望尽可能少地进行外存的刷新，这个结果造成内存中"脏页面"不断增加，而换入程序又希望尽可能多一些"干净"页面，以便使它们可以很方便地将数据调入。于是，收拾垃圾的工作就由一个被称作"对换"（swap）的程序来完成。

2．Linux 中存储管理的相关概念及实现

在 Linux 中，CPU 不能按物理地址来访问存储空间，必须使用虚拟地址。因此，对内存页面的管理，通常要先分配虚拟内存区间，然后根据需要为此区间分配物理空间并建立起映射。也就是说，虚拟区间分配在前，物理页面分配在后。

（1）伙伴算法

Linux 的伙伴算法把所有的空闲页面分为 10 个块组，每组中块的大小是 2 的幂次方个页面。例如，第 0 组中块的大小都为 2^0（1 个页面），第 1 组小块的大小都为 2^1（2 个页面），第 9 组中块的大小都为 2^9（512 个页面）。也就是说，每一组中块的大小是相同的，且这同样大小的块形成一个链表。

工作原理是如果要求分配一个大小为 M 个页面的块，伙伴算法会先到与要求分配的 M 个页面大小最接近的空闲块链表中查找，看是否有这样的一个空闲块。如果有，就直接分配；如果没有，该算法就会到下一个更大的空闲块链表中查找，如果有，就将该空闲块分为两等份，一份分配出去，另一份就挂入下一级的空闲块链表中；如果没有，就继续向更大的空闲块链表中查找，直到查找完所有更大的空闲块链表都没找到空闲块为止（空闲块链表最大为 512 个页面），如果没有就放弃分配，并发出出错信息。

以上过程的逆过程就是块的释放过程，这也是该算法名字的来由。满足以下条件的两个块称为伙伴：

① 两个块的大小相同；

② 两个块的物理地址连续。

伙伴算法把满足以上条件的两个块合并为一个块，该算法是迭代算法，如果合并后的块还可以跟相邻的块进行合并，那么该算法就继续合并。

链表中元素的类型将为 men_map_t（即 struct page 结构）。map 域指向一个位图，其大小取决于现有的页面数。Free_area 第 k 项位图的每 1 位，描述的就是大小为 2^k 个页面的两个伙伴块的状态。如果位图的某位为 0，表示一对兄弟块中或者两个都空闲，或者两个都被分配，如果为 1，肯定有一块已被分配。当兄弟块都空闲时，内核把它们当作一个大小为 2^{k+1} 的单独块来处理。

图 7-6 中，Free_area 数组的元素 0 包含了一个空闲页（页面编号为 0）；而元素 2 则包含了两个以 4 个页面为大小的空闲页面块，第 1 个页面块的起始编号为 4，而第 2 个页面块的起始编号为 56。

（2）slab

slab 中引入了对象这个概念，所谓对象就是存放一组数据结构的内存区，其方法就是构造函数或者析构函数，构造函数用于初始化数据结构所在的

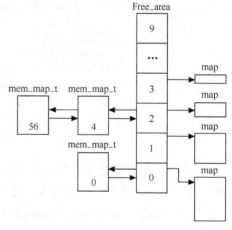

图 7-6　伙伴系统使用的数据结构

内存区，而析构函数收回相应的内存区。但为了便于理解，也可以把对象直接看作内核的数据结构。为了避免重复初始化对象，slab 分配模式并不丢弃已分配的对象，而是释放但把它们依然保留在内存中。当以后又要请求分配同一对象时，就可以从内存获取而不用进行初始化，这就是引入 slab 的基本思想。

实际上，Linux 中对 slab 分配模式有所改进，它对内存区的处理并不需要进行初始化或回收。出于效率的考虑，Linux 并不调用对象的构造函数或析构函数，而是把指向这两个函数的指针都置为空。Linux 中引入 slab 的主要目的是为了减少对伙伴算法的调用次数。

实际中内核经常反复使用某一内存区。例如，只要内核创建一个新的进程，就要为该进程相关的数据结构（task_struct、打开文件对象等）分配内存区。当进程结束时，收回这些内存区。因为进程的创建和撤销非常频繁，因此，Linux 的早期版本把大量的时间花费在反复分配或回收这些内存区上。从 Linux 2.2 版本开始，把那些频繁使用的页面保存在高速缓存中

并重新使用。

　　Linux 内存管理可以根据对内存区的使用频率来对它分类。对于预期频繁使用的内存区，可以创建一组特定大小的专用缓冲区进行处理，以避免内碎片的产生。对于较少使用的内存区，可以创建一组通用缓冲区（如 Linux 2.0 中所使用的 2 的幂次方）来处理，即使这种处理模式产生碎片，也对整个系统的性能影响不大。

　　硬件高速缓存的使用，又为尽量减少对伙伴算法的调用提供了另一个理由。因为对伙伴算法的每次调用都会"弄脏"硬件高速缓存，因此，这就增加了对内存的平均访问次数。

　　slab 分配模式把对象分组放进缓冲区。因为缓冲区的组织和管理与硬件高速缓存的命中率密切相关，因此，slab 缓冲区并非由各个对象直接构成，而是由一连串的"大块（slab）"构成的，而每个大块中则包含了若干个各种类型的对象，这些对象或已被分配，或空闲，如图 7-7 所示。一般而言，对象分两种，一种是大对象，另一种是小对象。所谓小对象，是指在一个页面中可以容纳下好几个对象。例如，一个 inode 结构大约占 300 多个字节，因此，一个页面中可以容纳 8 个以上的 inode 结构，因此，inode 结构就为小对象。Linux 内核中把小于 512 字节的对象叫作小对象。

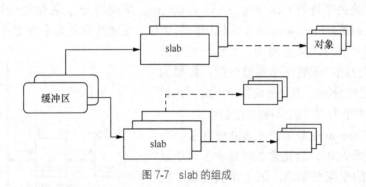

图 7-7　slab 的组成

　　实际上，缓冲区就是主存中的一片区域，把这片区域划分为多个块，每个块就是一个 slab，每个 slab 由一个或多个页面组成，每个 slab 中存放的就是对象。

　　对于小对象，就把 slab 的描述结构 slab_t 放在该 slab 中；对于大对象，则把 slab 结构游离出来，集中存放。每个对象的大小基本上是所需数据结构的大小。只有当数据结构的大小不与高速缓存中的缓冲行对齐时。才增加若干字节使其对齐。所以，一个 slab 上的所有对象的起始地址都必然是按高速缓存区的缓冲行对齐的。

　　（3）缓冲区

　　每个缓冲区还有一个轮转锁（spinlock），在对链表进行修改时用这个轮转锁进行同步。缓冲区只有在以下两个条件都成立的时候才能分配到 slab：

　　① 已发出一个分配新对象的请求；

　　② 缓冲区不包含任何空闲对象。

　　在内核中当初始化开销不大的数据结构可以合用一个通用的缓冲区。

　　当一个数据结构的使用根本不频繁时，或其大小不足一个页面时，而应该调用 kmallo() 进行分配。如果数据结构的大小接近一个页面，则干脆通过 alloc_page() 为之分配一个页面。

　　缓冲区结构 kmem_cache_t 与 slab 结构 slab_t 之间的关系如图 7-8 所示。

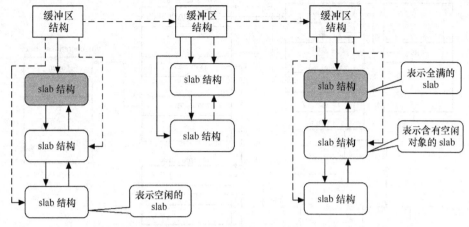

图 7-8　缓冲区结构 kmem_cache_t 与 slab 结构 slab_t 之间的关系

（4）地址映射机制

地址映射就是建立几种存储媒介（内存，辅存，虚存）间的关联，完成地址间的相互转换，它既包括磁盘文件到虚拟内存的映射，也包括虚拟内存到物理内存的映射。图 7-9 所示为内存地址区间的操作集。

（5）进程的虚拟空间

图 7-10 所示为进程虚拟空间的划分，可以看出，堆栈区间位于进程虚拟空间的顶部，运行时由顶向下延伸。数据和代码区间位于虚拟空间的底部，运行时不向上延伸。中间的空洞是进程在运行时可以动态分配的空间（也叫作动态内存）。

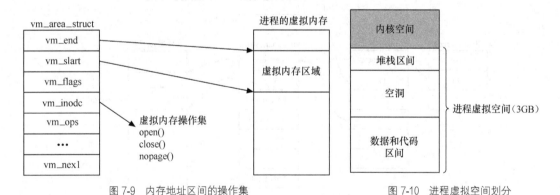

图 7-9　内存地址区间的操作集　　　　　　图 7-10　进程虚拟空间划分

图 7-11 所示为进程的虚存管理数据结构，图 7-12 所示为进程虚拟地址示意图。

（6）页故障的产生

页故障的产生有以下 3 种情况。

① 程序出现错误，如向随机物理内存中写入数据，或页错误发生在 TASK_SIZE（3GB）的范围外，这些情况下，虚拟地址无效，Linux 将向进程发送 SIGSEGV 信号终止进程的运行。

② 虚拟地址有效，但其所对应的页当前不在物理内存中，即缺页错误，这时操作系统必须从磁盘映像或交换文件（此页被换出）中将其装入物理内存。

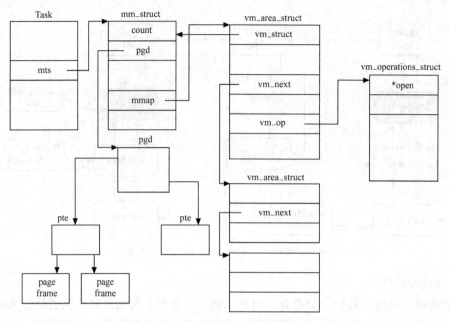

图 7-11　进程的虚存管理数据结构

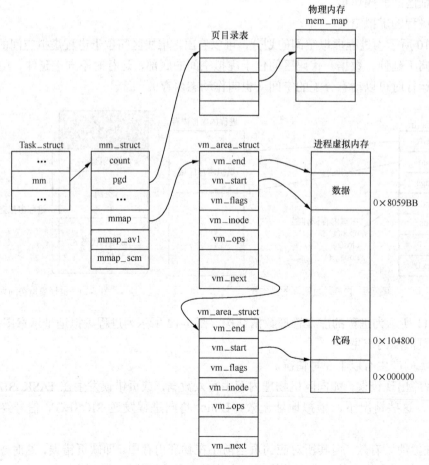

图 7-12　进程虚拟地址示意图

③ 要访问的虚拟地址被写保护，即保护错误，这时，操作系统必须判断：如果是用户进程正在写当前进程的地址空间，则发 SIGSEGV 信号并终止进程的运行；如果错误发生在一面旧的共享页上时，则处理方法有所不同，也就是要对这一共享页进行复制，这要使用写时复制技术。

（7）交换机制

当物理内存出现不足时，Linux 内存管理子系统需要释放部分物理内存页面。这一任务由内核的交换守护进程 kswapd 完成，该内核的交换守护进程实际是一个内核线程，它在内核初始化时启动，并周期地运行。它的任务就是保证系统中具有足够的空闲页面，从而使内存管理子系统能够有效运行。

例如，在时间要求比较紧急的实时系统中，不宜采用页面交换机制，因为它使程序在执行时间上有了较大的不确定性。因此，Linux 给用户提供了一种选择，可以通过命令或系统调用开启或关闭交换机制。

实际上只有与用户空间建立了映射的物理页面才会被交换出去，而内核空间中内核所占的页面则常驻内存。内核调用 kmalloc()、vmalloc()或 alloc_page()分配的页面在使用完之后会立即释放。

页面交换策略如下：

策略一：需要时才交换；

策略二：系统空闲时交换；

策略三：换出但不立即释放；

策略四：把页面换出推迟到不能再推迟为止。

下面对物理页面的换入换出给出一个概要描述。

① 释放页面。如果一个页面变为空闲可用，就把该页面的 page 结构链入某个页面管理区（zone）的空闲队列 free_area，同时页面的使用计数 count 减 1。

② 分配页面。调用_alloc_pages()或_get_free_page()从某个空闲队列分配内存页面，并将其页面使用计数器 count 置为 1。

③ 活跃状态。已分配的页面处于活跃状态，该页面的数据结构 page 通过其队列头结构 lru 链入活跃页面队列 active_list，并且在进程地址空间中至少有一个页与该页面之间建立了映射关系。

④ 不活跃"脏"状态。处于该状态的页面其 page 结构通过其队列头结构 lru 链入不活跃"脏"页面队列 inactive_dirty_list，并且原则是任何进程的页面表项不再指向该页面，也就是说，断开页面的映射，同时把页面的使用计数 count 减 1。

⑤ 将不活跃"脏"页面的内容写到交换区，并将该页面的 page 结构从不活跃"脏"页面队列 inactive_dirty_list 转移到不活跃"干净"页面队列，准备被回收。

⑥ 不活跃"干净"状态。页面 page 结构通过其队列头结构 lru 链入某个不活跃"干净"页面队列，每个页面管理区都有一个不活跃"干净"页面队列 inactive_dirty_list。

⑦ 如果在转入不活跃状态以后的一段时间内，页面又受到访问，则又转入活跃状态并恢复映射。

⑧ 当需要时，就从"干净"页面队列中回收页面，或者把页面链入到空闲队列，或者直接进行分配。

Linux 内存管理子系统将每个交换空间的大小限制在 127MB（实际为（4096-10）×8×4096 = 133890048 B = 127.6875MB）。可以在系统中同时使用 16 个交换空间，从而使交换空间总量达到 2GB。

（8）Linux 中新页框的分配方案

请求调页。这是在类似 UNIX 的操作系统中使用较为普遍的一种动态内存分配技术。所谓动态内存分配技术就是指进程运行所需要的页框不是一开始就全部分配给进程，而是当内核执行进程的一个指令所需的页面不在内存时，再由 CPU 的控制单元引起一个缺页异常，这时再由异常处理程序调入内存。

写时复制。把一个页面标记为只读，而把代表它的 VMA 标记为可写。因此任何对页面的写操作都会造成页面写访问异常，同样会引起缺页中断。

（9）缓冲区高速缓存

缓冲区高速缓存由设备标识号和块标号索引，因此可以快速找出数据块。

缓冲区高速缓存的大小可以变化。当需要新缓冲区而现在又没有可用的缓冲区时，就按需分配页面。

当把一个数据写入文件时，内核将把数据写入内存缓冲区，而不是直接写入磁盘。由于使用了缓冲技术，因此有可能出现这种情况，写磁盘的命令已经返回，但实际的写入磁盘的操作还未执行。

哈希线性表中的指针代表一个链表，该链表所包含的所有节点均具有相同的哈希值，在该链表中查找可访问到指定的数据。

图 7-13 为 Linux 页面缓存示意图，为随着映像的读取和执行，页面缓存中的内容可自给增多，这时，Linux 可移走不再需要的页面。当系统中可用的物理内存量变小时，Linux 也会通过缩小页面缓存的大小而释放更多的物理内存页面。

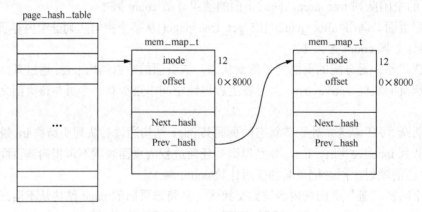

图 7-13　Linux 页面缓存示意图

（10）刷新机制

采取的解决办法是为计算机装备一个不需要经过页表就能把虚拟地址映射成物理地址的小的硬件设备，这个设备叫作翻译旁视缓冲器（Translation Lookside Buffer，TLB），有时也叫作相联存储器（Associative Memory），如图 7-14 所示。它通常在 MMU 内部，条目的数量较少。

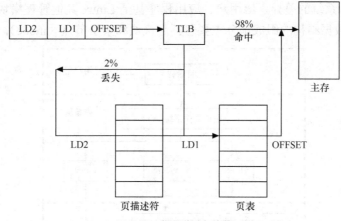

图 7-14 翻译后援存储器

每一个 TLB 的每个条目包含一个页面的信息：有效位、虚页面号、修改位、保护码和页面所在的物理页面号，它们和页面表中的表项一一对应。

当一个虚地址被送到 MMU 翻译时，硬件首先把它和 TLB 中的所有条目同时（并行地）进行比较。如果它的虚页面号在 TLB 中，并且访问没有违反保护位，它的页面会直接从 TLB 中取出而不去访问页表；如果虚页面号在 TLB 中，但当前指令试图写一个只读的页面，这时将产生一个缺页异常，与直接访问页表时相同。

如 MMU 发现在 TLB 中没有命中，它将随即进行一次常规的页表查找，然后从 TLB 中淘汰一个条目并把它替换为刚刚找到的页表项。

在 Linux 中刷新机制（包括 TLB 的刷新和缓存的刷新）主要完成以下两项工作。

① 保证在任何时刻内存管理硬件所看到的进程的内核映射与内核页表一致。

② 如果负责内存管理的内核代码对用户进程页进行了修改，那么用户进程在被允许继续执行前必须在缓存中看到正确的数据。

7.2.5 文件系统

文件系统是对一个存储设备上的数据进行组织的机制，Linux 文件系统接口为分层的体系结构，从而将用户接口层、文件系统实现和操作存储设备的驱动程序分隔开。

1．Linux 文件系统简介

Linux 支持多种文件系统，包括 ext2、ext3、VFAT、NTFS、ISO9660、JFFS、romfs、NFS 等，为了对各类文件系统进行统一管理，Linux 引入了虚拟文件系统（Virtual File System，VFS），为各类文件系统提供一个统一的操作界面和应用编程接口。Linux 操作系统下的文件系统结构如图 7-15 所示。

（1）虚拟文件系统

虚拟文件系统（VFS）是物理文件系统与服务之间的一个接口层，对用户程序隐去各种不同文件系统的实现细节，为用户程序提供一个统一、抽象、虚拟的文件系统界面。VFS 对 Linux 的每个文件系统的所有细节进行抽象，使得不同的文件系统在 Linux 核心以及系统中运行的其他程序看来都是相同的。严格说来，VFS 并不是一种实际的文件系统，它只存在于内存中，不存在于任何外存空间。VFS 在系统启动时产生，在系统关闭时注销。VFS 的作用就是屏蔽各类文件系统的差异，给用户、应用程序甚至 Linux 其他管理模块提供一个统一的界面。管理 VFS 数据结构的组成部分主要包括超级块和索引节点（inode）。

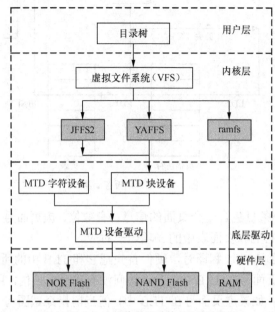

图 7-15　Linux 操作系统下的文件系统结构

VFS 的功能包括：
- 记录可用的文件系统的类型；
- 将设备同对应的文件系统联系起来；
- 处理一些面向文件的通用操作。

文件系统由目录和文件构成。每个子目录或文件只能由唯一的 inode 描述。inode 是 Linux 管理文件系统的最基本单位，也是文件系统连接任何目录、任何文件的桥梁。inode 的内容取自物理设备上的文件系统，由文件系统指定的操作函数（i_op 属性指定）填写。VFS inode 只存在于内存中，可通过 inode cache 访问。

（2）嵌入式文件系统存储

Linux 启动时，第一个必须挂载的是根文件系统，若系统不能从指定设备上挂载根文件系统，则系统会出错而退出启动。Linux 启动之后可以自动或手动挂载其他的文件系统，因此，一个系统中可以同时存在不同的文件系统。

不同的文件系统类型有不同的特点，因而根据存储设备的硬件特性、系统需求等有不同的应用场合。在嵌入式 Linux 应用中，主要的存储设备为 RAM（DRAM，SDRAM）和 ROM（常采用 Flash 存储器），常用的基于存储设备的文件系统类型包括 JFFS2，YAFFS，cramfs，romfs，ramdisk，ramfs/tmpfs 等。

① ext2、ext3 文件系统。这是专门为 Linux 设计的文件系统类型。每个文件系统由逻辑块的序列组成，一个逻辑盘空间一般划分为几个用途各不相同的部分，即引导块、超级块、inode 区以及数据区。
- 引导块：在文件系统的开头，通常为一个扇区，其中存放引导程序，用于读入并启动操作系统。

- 超级块：用于记录文件系统的管理信息。特定的文件系统定义了特定的超级块。
- inode 区：一个文件（或目录）占据一个索引节点。第 1 个索引节点是该文件系统的根节点，利用根节点，可以把几个文件系统挂在另一个文件系统的非叶节点上。
- 数据区：存放文件数据或者管理数据（如一级间址块、二级间址块等）。

ext2 是 Linux 中的一个可扩展的强有力的文件系统。通过 VFS 的超级块可以访问 ext2 的超级块，通过 VFS 的 inode 可以访问 ext2 的 inode。

ext3 是 ext2 的下一代，也就是保有 ext2 的格式之下再加上日志功能。ext3 是一种日志式文件系统（Journal File System），其最大的特点是：它会将整个磁盘的写入动作完整地记录在磁盘的某个区域上，以便有需要时回溯追踪。当在某个过程中断时，系统可以根据这些记录直接回溯并重整被中断的部分，重整速度相当快。

Linux swap 是 Linux 中一种专门用于交换分区的 swap 文件系统。Linux 使用这一整个分区作为交换空间，一般这个 swap 格式的交换分区是主内存的 2 倍。在内存不够时，Linux 会将部分数据写到交换分区上。

② 基于 Flash 的文件系统。Flash（闪存）作为嵌入式系统的主要存储媒介，有其自身的特性。Flash 的写入操作只能把对应位置的 1 修改为 0，而不能把 0 修改为 1（擦除 Flash 就是把对应存储块的内容恢复为 1），一般情况下，向 Flash 写入内容时，需要先擦除对应的存储区间，这种擦除是以块（block）为单位进行的。

闪存主要有 NOR 和 NAND 两种技术，其比较见表 7-1 所示。Flash 存储器的擦写次数是有限的，NAND 闪存还有特殊的硬件接口和读写时序。因此，必须针对 Flash 的硬件特性设计符合应用要求的文件系统，传统的文件系统如 ext2 等，用作 Flash 的文件系统会有诸多弊端。

表 7-1　　　　　　　　　　　NOR Flash 和 NAND Flash 比较

NOR Flash	NAND Flash
接口时序同 SRAM，易使用	地址/数据线复用，数据位较窄
读取速度较快	读取速度较慢
擦除速度慢，以 64～128KB 的块为单位	擦除速度快，以 8～32KB 的块为单位
写入速度慢（因为一般要先擦除）	写入速度快
随机存取速度较快，支持 XIP（eXecute In Place，芯片内执行），适用于代码存储。在嵌入式系统中，常用于存放引导程序、根文件系统等	顺序读取速度较快，随机存取速度慢，适用于数据存储（如大容量的多媒体应用）。在嵌入式系统中，常用于存放用户文件系统等
单片容量较小，1～32MB	单片容量较大，8～128MB，提高了单元密度
最大擦写次数 10 万次	最大擦写次数 100 万次

在嵌入式 Linux 下，存储技术设备（Memory Technology Device，MTD）为底层硬件（闪存）和上层（文件系统）之间提供一个统一的抽象接口，即 Flash 的文件系统都是基于 MTD 驱动层的。使用 MTD 驱动程序的主要优点在于，它是专门针对各种非易失性存储器（以闪存为主）而设计的，因而它对 Flash 有更好的支持、管理和基于扇区的擦除、读/写操作接口。

一块 Flash 芯片可以被划分为多个分区，各分区可以采用不同的文件系统。两块 Flash 芯片也可以合并为一个分区使用，采用一个文件系统，即文件系统是针对于存储器分区而言的，而非存储芯片。

a．JFFS2：JFFS 文件系统最早是由瑞典 Axis Communications 公司基于 Linux 2.0 的内核为嵌入式系统开发的文件系统。JFFS2 是 RedHat 公司基于 JFFS 开发的闪存文件系统，最初是针对 RedHat 公司的嵌入式产品 eCos 开发的嵌入式文件系统，所以 JFFS2 也可以用在 Linux、uCLinux 中。

JFFS2 主要用于 NOR 型闪存，基于 MTD 驱动层，是可读写的、支持数据压缩的、基于哈希表的日志式文件系统，并提供崩溃/掉电安全保护，提供"写平衡"支持等。其缺点主要是当文件系统已满或接近满时，因为垃圾收集的关系而使 JFFS2 的运行速度大大放慢。

目前 JFFS3 正在开发中。JFFSX 不适合用于 NAND 闪存的原因主要是因为 NAND 闪存的容量一般较大，这样导致 JFFSX 为维护日志节点所占用的内存空间迅速增大，另外，JFFSX 文件系统在挂载时需要扫描整个 Flash 的内容，以找出所有的日志节点，建立文件结构，对于大容量的 NAND 闪存会耗费大量时间。

b．YAFFS/YAFFS2：YAFFS/YAFFS2 是专为嵌入式系统使用 NAND 闪存而设计的一种日志式文件系统。与 JFFS2 相比，它减少了一些功能（如不支持数据压缩），所以速度更快，挂载时间很短，对内存的占用较小。另外，它还是跨平台的文件系统，除了 Linux 和 eCos，还支持 WinCE、pSOS 和 ThreadX 等。

YAFFS/YAFFS2 自带 NAND 芯片的驱动，并且为嵌入式系统提供了直接访问文件系统的 API，用户可以不使用 Linux 中的 MTD 与 VFS，直接对文件系统操作。当然，YAFFS 也可与 MTD 驱动程序配合使用。

YAFFS 与 YAFFS2 的主要区别在于，前者仅支持小页（512B）NAND 闪存，后者则可支持大页（2KB）NAND 闪存。同时，YAFFS2 在内存空间占用、垃圾回收速度、读/写速度等方面均有大幅提升。

c．cramfs：cramfs 是 Linux 的创始人 Linus Torvalds 参与开发的一种只读的压缩文件系统，它也基于 MTD 驱动程序。在 cramfs 文件系统中，每一页（4KB）被单独压缩，可以随机页访问，其压缩比高达 2:1，为嵌入式系统节省大量的 Flash 存储空间，使系统可通过更低容量的 Flash 存储相同的文件，从而降低系统成本。

cramfs 文件系统以压缩方式存储，在运行时解压缩，所有的应用程序要求被复制到 RAM 里去运行，但这并不代表比 ramfs 需求的 RAM 空间要大一点，因为 cramfs 是采用分页压缩的方式存放档案，在读取档案时，不会一下子就耗用过多的内存空间，只针对目前实际读取的部分分配内存，尚没有读取的部分不分配内存空间，当读取的档案不在内存时，cramfs 文件系统自动计算压缩后的资料所存的位置，再即时解压缩到 RAM 中。另外，它的速度快、效率高，其只读的特点有利于保护文件系统免受破坏，提高了系统的可靠性。

由于以上特性，cramfs 在嵌入式系统中应用广泛。但是它的只读属性同时又是它的一大缺陷，使得用户无法对其内容对进扩充。cramfs 映像通常放在 Flash 中，但是也能放在其他文件系统里，使用 loopback 设备可以把它安装其他文件系统里。

d．romfs：传统型的 romfs 文件系统是一种简单的、紧凑的、只读的文件系统，不支持动态擦写保存，按顺序存放数据，因而支持应用程序以片内运行（eXecute In Place，XIP）方式运行，在系统运行时，节省 RAM 空间。uClinux 系统通常采用 romfs 文件系统。

e．其他文件系统：FAT/FAT32 也可用于实际嵌入式系统的扩展存储器（如 PDA、Smartphone、数码相机等的 SD 卡），这主要是为了更好地与最流行的 Windows 桌面操作系统相兼容。ext2 也可以作为嵌入式 Linux 的文件系统，不过将它用于 Flash 闪存会有诸多弊端。

③ 基于 RAM 的文件系统。

a. ramdisk：ramdisk 是将一部分固定大小的内存当作分区来使用。它并非一个实际的文件系统，而是一种将实际的文件系统装入内存的机制，并且可以作为根文件系统。将一些经常被访问而又不会更改的文件（如只读的根文件系统）通过 ramdisk 放在内存中，可以明显地提高系统的性能。

在 Linux 的启动阶段，initrd 提供了一套机制，可以将内核映像和根文件系统一起载入内存。

b. ramfs/tmpfs：ramfs 是 Linus Torvalds 开发的一种基于内存的文件系统，工作于虚拟文件系统（VFS）层。特点是：不能格式化，可以创建多个，在创建时可以指定其最大能使用的内存大小。ramfs/tmpfs 文件系统把所有的文件都放在 RAM 中，所以读/写操作发生在 RAM 中。可以用 ramfs/tmpfs 来存储一些临时性或经常要修改的数据，如/tmp 和/var 目录，这样既避免了对 Flash 存储器的读写损耗，也提高了数据读写速度。

ramfs/tmpfs 相对于传统的 ramdisk 的不同之处主要在于：不能格式化，文件系统大小可随所含文件内容大小变化。tmpfs 的一个缺点是当系统重新引导时会丢失所有数据。

④ 网络文件系统（Network File System，NFS）。NFS 是由 SUN 公司开发并发展起来的一项在不同机器、不同操作系统之间通过网络共享文件的技术。在嵌入式 Linux 系统的开发调试阶段，可以利用该技术在主机上建立基于 NFS 的根文件系统，挂载到嵌入式设备，可以很方便地修改根文件系统的内容。

以上所述都是基于存储设备的文件系统（memory-based file system），它们都可用作 Linux 的根文件系统。实际上，Linux 还支持逻辑的或伪文件系统（logical or pseudo file system），如 procfs（proc 文件系统）用于获取系统信息，以及 devfs（设备文件系统）和 sysfs 用于维护设备文件。

（3）文件系统的目录结构

在嵌入式环境下的资源非常有限，所以目录树中的所有文件都应该是系统提供的功能所必需的文件，以免浪费存储空间。

如图 7-16 所示为 romfs 文件系统的根目录结构，这个目录结构基本上与普通 Linux 中的目录相同，其中：

/bin 和/sbin 目录存放的是可执行程序；

/dev 目录存放的是设备文件；

/etc 目录存放的是配置文件和启动脚本；

/lib 目录下存放的是库文件；

/proc 目录下是系统信息（这个目录是虚拟目录，并不存放在 romfs 中，而是在系统运行时自动生成的）；

/tmp、/user 和/var 目录的功能与 Linux 下对应目录没有什么差别。

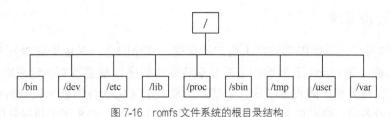

图 7-16　romfs 文件系统的根目录结构

2．Linux 文件系统操作

如果要加载一个分区（文件系统），首先需要确认文件系统的类型，然后才能挂载使用，如通过 mount 加载，或者通过修改/etc/fstab 来开机自动加载；如果想添加一个新的分区，或者增加一个新的硬盘，则要通过分区工具来添加分区，然后要创建分区的文件系统，最后才是挂载文件系统。

对于一个新的存储设备来说，可以通过下面几个步骤完成文件系统的建立和操作。

（1）磁盘的分割

磁盘的分割是针对大容量的存储设备来说的，主要是指硬盘。硬盘的分割，Linux 有 fdisk、cfdisk、parted 等工具，常用的是 fdisk 工具；Windows 和 DOS 常用的工具也有 fdisk，但和 Linux 中的使用方法不一样。

在 Linux 中通过使用 fdisk 的各种参数可以对存储设备进行相关的操作。

（2）文件系统的创建

这个过程是存储设备建立文件系统的过程，一般也被称为格式化或初始化，通过一些初始化工具来进行。在 Linux 中有 mkfs、mkfs.ext3、mkfs.reiserfs、mkfs.ext2、mkfs.msdos、mkfs.vfat、mkswap 等系列工具。

（3）挂载

文件系统只有挂载（mount）才能使用，但 UNIX 类的操作系统是通过 mount 进行的，挂载文件系统时要有挂载点，比如在安装 Linux 的过程中，有时会提示分区，然后建立文件系统，对于挂载点是，大多选择的是根目录下。但是在 Linux 系统的使用过程中，也会挂载其他的硬盘分区，也要选中挂载点，挂载点通常是一个空置的目录，最好是自建的空置目录。

挂载文件系统，目前有两种方法，一种方法是通过 mount 来挂载，另一种方法是通过/etc/fstab 文件来开机自动挂载。

（4）文件系统可视的几何结构

文件系统是用来组织和排列文件存取的，所以也是可见的。在 Linux 操作系统中，可以通过 ls 工具来查看其结构。在 Linux 系统中，常见的都是树形结构，比如操作系统如果安装在一个文件系统中，通常的表现显示为由"/"起始的一个树形结构，这个命令使用相对比较简单。

除了 ls 工具外还可以使用 fsck 命令，fsck 命令不仅可以扫描，还可以修正文件系统的一些问题。值得注意的是，fsck 扫描文件系统时一定要在单用户模式、修复模式或把设备 umount 后进行。但是如果扫描正在运行中的系统，会造成系统文件损坏，因此这个命令在使用时一定要小心，如果系统是正常运行时，不要使用这个扫描工具，否则有可能会让系统崩溃。fsck 一般默认支持 ext2 文件系统，如果想支持 ext3 文件系统的扫描，应该加-j 参数。应该根据不同的文件系统来调用不同的扫描工具，如 fsck.ext2，fsck.jfs，fsck.msdos，fsck.ext3，fsck.reiserfs（reiserfsck）等。

7.2.6　设备管理

Linux 操作系统之所以能够被广大用户所接受，其原因之一是由于它对几乎所有的设备都有良好的支持。在 Linux 下为设备编写并安装驱动程序，是遵循着一定原则的。Linux 下的驱动程序仅仅是为相应的设备编写几个基本函数，并向 VFS 注册就可以安装成功。当应用程序需要使用设备时，通过访问该设备对应的文件节点，利用 VFS 调用该设备的相关处理函数。这种管理方式就是所谓的设备文件管理方式。

设备管理是操作系统诸多管理中最复杂的部分。与 UNIX 系统一样，Linux 系统采用设备文件统一管理硬件设备，从而将硬件设备的特性及管理细节对用户隐藏起来，实现用户程序与设备无关性。

1．Linux 设备管理的功能

（1）设备分类

在计算机系统中除了 CPU 和内存外，其他大部分硬件设备都称为外部设备，包括常用的硬盘、光驱、输入/输出、终端等，下面介绍设备的分类方法。

按设备的所属关系可以将 I/O 设备分为以下两类。

① 系统设备：系统设备是在系统生成时已登记于系统中的标准设备，属于系统的基本配置。

② 用户设备：用户设备是在系统生成时未登记在系统中的非标准设备。

按设备的信息交换的单位可将 I/O 设备分为以下两类。

① 字符设备：字符设备是以字符为单位进行输入和输出的设备。

② 块设备：块设备的输入和输出是以数据块为单位的。

按设备的共享属性可将 I/O 设备分为以下 3 类。

① 独占设备：所有的字符设备都是独占设备。独占设备是指一段时间内只允许一个用户（进程）访问的设备，即临界资源。

② 共享设备：共享设备是指一段时间内允许多个进程同时访问的设备，块设备都是共享设备。

③ 虚拟设备：通过虚拟设备技术把一台独占设备变换为若干台逻辑设备，供若干个用户（进程）同时使用，以提高设备的利用率。

根据设备的用途，可以把设备分为存储设备与输入/输出设备两大类。

① 存储设备是指用来进行数据存储的设备，计算机的存储器分为主存储器（内存）和辅助存储器（外存），外部存储器就是一种典型的存储类型的设备，如硬盘、软盘、CD、U 盘、移动硬盘等。

② 输入/输出设备是主机从外界接收信息或向外界发送信息的媒介。输入设备是计算机用来从外界接收信息的设备，如鼠标、键盘、扫描仪等；输出设备是计算机把处理后的信息向外界发送的设备，如打印机、显示器等，该设备以每次一个字符的方式发送数据，因此称为字符设备。

（2）设备管理的任务和功能

设备管理是对计算机的输入/输出系统的管理，它是操作系统中最具有多样性和复杂性的部分。其主要任务如下所述。

① 选择和分配 I/O 设备以便进行数据传输操作。

② 控制 I/O 设备和 CPU（或内存）之间交换数据。

③ 为用户提供一个友好的透明接口，把用户和设备硬件特性分开，使得用户在编制应用程序时不必涉及具体设备，由系统按用户的要求来对设备的工作进行控制。

另外，这个接口还为新增加的用户设备提供一个和系统核心相连接的入口，以便用户开发新的设备管理程序。

④ 提高设备和设备之间、CPU 和设备之间以及进程和进程之间的并行操作程度，以使

操作系统获得最佳效率。

为了完成上述主要任务,设备管理程序一般要提供下述功能。

a. 提供和进程管理系统的接口。

b. 进行设备分配。

c. 实现设备和设备、设备和 CPU 等之间的并行操作。

d. 进行缓冲管理。

e. 设备控制与驱动。

（3）设备控制器

设备控制器是 CPU 与 I/O 设备之间的接口,它接收从 CPU 发来的命令并去控制 I/O 设备工作。设备控制器是一个可编址设备,当它仅控制一个设备时,它只有一个唯一的设备地址;当它控制多个设备时,则应具有多个设备地址,使每一个地址对应一个设备。

为实现设备控制器的功能,大多数设备控制器都由以下 3 部分组成。

① 设备控制器与处理机的接口。

② 设备控制器与设备的接口。

③ I/O 逻辑。

（4）I/O 通道

设置 I/O 通道的目的是使一些原来由 CPU 处理的 I/O 任务转由通道来承担,从而把 CPU 从繁杂的 I/O 任务中解脱出来。

在设置了通道后,CPU 只需向通道发送一条 I/O 指令。通道在收到该指令后,便从内存中取出本次要执行的通道程序,然后执行该通道程序,仅当通道完成了规定的 I/O 任务后,才向 CPU 发中断信号。

实际上,I/O 通道是一种特殊的处理机,它具有执行 I/O 指令的能力,并通过执行通道（I/O）程序来控制 I/O 操作。

通道有两种基本类型:选择通道和多路通道。

① 选择通道又称高速通道,在物理上它可以连接多个设备,但是这些设备不能同时工作,在某一段时间内通道只能选择一个设备进行工作。选择通道很像一个单道程序的处理器,在一段时间内只允许执行一个设备的通道程序,只有当这个设备的通道程序全部执行完毕后,才能执行其他设备的通道程序。

选择通道主要用于连接高速外围设备,如磁盘、磁带等,信息以成组方式高速传输。由于数据传输率很高,有时可高达 $0.67\mu s$ 传送一个字节,通道在传送两个字节之间很少有空闲,所以在数据传送期间只为一台设备服务是合理的。但是这类设备的辅助操作时间很长,在很长的时间里通道处于等待状态,因此整个通道的利用率不是很高。

② 多路通道又分为数组多路通道和字节多路通道。

数组多路通道的基本思想是指,当某设备进行数据传送时,通道只为该设备服务;当设备在执行寻址等控制性动作时,通道暂时断开与这个设备的连接,挂起该设备的通道程序,去为其他设备服务,即执行其他设备的通道程序。所以数组多路通道很像一个多道程序的处理器。这类通道也包含若干子通道,可并行执行各自的通道程序。

由于数组多路通道既保留了选择通道高速传送数据的优点,又充分利用了控制性操作的时间间隔为其他设备服务,使通道效率充分得到发挥,因此数组多路通道在实际系统中得到较多应用。

字节多路通道主要用于连接大量的低速设备，如键盘、打印机等。例如，数据传输率是1 000B/s，即传送 1 个字节的间隔是 1ms，而通道从设备接收或发送一个字节只需要几百纳秒，因此通道在传送两个字节之间有很多空闲时间，字节多路通道正是利用这个空闲时间为其他设备服务。

（5）Linux 的 I/O 控制

Linux 的 I/O 控制方式有 4 种：查询等待方式、中断方式、内存直接存取（DMA）方式和通道方式。

① 查询等待方式。查询等待方式又称轮询方式（Polling Mode）。对于不支持中断方式的机器只能采用这种方式来控制 I/O 过程，所以 Linux 中也配备了查询等待方式。

② 中断方式。在硬件支持中断的情况下，驱动程序可以使用中断方式控制 I/O 过程。对 I/O 过程控制使用的中断是硬件中断，当某个设备需要服务时就向 CPU 发出一个中断脉冲信号，CPU 接收到信号后根据中断请求号 IRQ 启动中断服务例程。

③ DMA 方式。内存直接存取技术是指数据在内存与 I/O 设备之间自己直接进行或块传送。DMA 有两个技术特征：首先是直接传送，其次是块传送。

所谓直接传送，即在内存与 I/O 设备之间传送一个数据块的过程中，不需要 CPU 的任何中间干涉，只需要 CPU 在过程开始时向设备发出"传送块数据"的命令，然后通过中断来得知过程是否结束和下次操作是否就绪。

一个完整的 DMA 过程包括初始化、DMA 请求、DMA 响应、DMA 传输、DMA 结束 5个阶段。

④ 通道方式。它是一种 I/O 控制方式，但是这种方式是利用一个独立于 CPU 以外的、专门管理 I/O 的处理机来控制输入和输出，它控制设备与内存直接进行数据交换，有着自己的通道指令，这些通道指令由 CPU 启动，并在结束时向 CPU 发出中断信号。在通道方式中，数据的传送方向、存放数据的内存起始地址以及传送的数据块长度等都由通道来进行控制。而且通道控制方式可以做到一个通道控制多台设备与内存进行数据交换，所以通道方式进一步减轻了 CPU 的工作负担，增加了计算机系统的并行能力。

（6）设备驱动程序

设备驱动程序的主要任务，是接收上层软件发来的抽象要求，如 read 或 write 命令，再把它转换为具体要求，发送给设备控制器；此外，它也将由设备控制器发来的信号传送给上层软件，从而完成两者间的相互通信。

设备驱动程序的处理过程如下。

① 将抽象要求转换为具体要求。

② 检查 I/O 请求的合法性。

③ 读出和检查设备的状态。

④ 传送必要的参数。

⑤ 工作方式的设置。

⑥ 启动 I/O 设备。

2. Linux 设备管理的设备

在 Linux 系统中，硬件设备分为两种，即块设备和字符设备，从设备管理的角度还需要考虑特别文件。

（1）特别文件

用户是通过文件系统与设备接口的，所有设备都作为特别文件，从而在管理上就具有一些共性。

① 每个设备都对应文件系统中的一个索引节点，都有一个文件名。设备的文件名一般由两部分构成，第一部分是主设备号，第二部分是次设备号。

主设备号代表设备的类型，可以唯一地确定设备的驱动程序和界面，如 hd 表示 IDE 硬盘，sd 表示 SCSI 硬盘，tty 表示终端设备等；次设备号代表同类设备中的序号，如 hda 表示 IDE 主硬盘，hdb 表示 IDE 从硬盘等。

② 应用程序通常可以通过系统调用 open( )打开设备文件，建立起与目标设备的连接。

③ 对设备的使用类似于对文件的存取。打开设备文件以后，就可以通过 read( )、write( )、ioctl( )等文件操作对目标设备进行操作。

④ 设备驱动程序都是系统内核的一部分，它们必须为系统内核或它们的子系统提供一个标准的接口。例如，一个终端驱动程序必须为 Linux 内核提供一个文件 I/O 接口；一个 SCSI 设备驱动程序应该为 SCSI 子系统提供一个 SCSI 设备接口，同时 SCSI 子系统也应为内核提供文件 I/O 和缓冲区。

⑤ 设备驱动程序利用一些标准的内核服务，如内存分配等。另外，大多数 Linux 设备驱动程序都可以在需要时装入内核，不需要时可以卸载下来。

图 7-17 表示出设备驱动的分层结构，从图中可以看出，处于应用层的进程通过文件描述字 fd 与已打开文件的 File 结构相联系。在文件系统层，按照文件系统的操作规则对该文件进行相应处理。

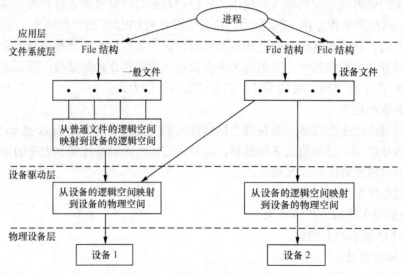

图 7-17　设备驱动分层结构示意图

对于一般文件（即磁盘文件），要进行空间的映射：从普通文件的逻辑空间映射到设备的逻辑空间；然后在设备驱动层做进一步映射：从设备的逻辑空间映射到物理空间（即设备的物理地址空间），进而驱动底层物理设备工作。

对于设备文件，则文件的逻辑空间通常就等价于设备的逻辑空间，然后从设备的逻辑空间映射到设备的物理空间，再驱动底层的物理设备工作。

（2）设备驱动程序和内核之间的接口

Linux 系统和设备驱动程序之间使用标准的交互接口。无论是字符设备、块设备还是网络设备的驱动程序，当内核请求它们提供服务时，都使用同样的接口。

Linux 提供了一种全新的机制，就是"可安装模块"。可安装模块是可以在系统运行时动态地安装和拆卸的内核模块。利用这个机制，可以根据需要在不必对内核重新编译链接的条件下，将可安装模块动态插入运行中的内核，成为其中一个有机组成部分，或者从内核卸载已安装的模块。设备驱动程序或与设备驱动紧密相关的部分（如文件系统）都是利用可安装模块实现的。

在应用程序界面上，利用内核提供的系统调用来实现可安装模块的动态安装和拆卸。但通常情况下，用户利用系统提供的插入模块工具和移走模块工具来装卸可安装模块。插入模块的工作主要如下。

① 打开要安装的模块，把它读到用户空间。这种"模块"就是经过编译但尚未链接的.o 文件。

② 必须把模块内涉及对外访问的符号（函数名或变量名）链接到内核，即把这些符号在内核映像中的地址填入该模块需要访问这些符号的指令及数据结构中。

③ 在内核创建一个 module 数据结构，并申请所需的系统空间。

④ 最后，把用户空间中完成了链接的模块映像装入内核空间，并在内核中"登记"本模块的有关数据结构（如 file_operations 结构），其中有指向执行相关操作函数的指针。

Linux 系统是一个动态的操作系统，用户根据工作中的需要，会对系统中设备重新配置，如安装新的打印机、卸载老式终端等。这样，每当 Linux 系统内核初启时，它都要对硬件配置进行检测，很有可能会检测到不同的物理设备，就需要不同的驱动程序。

在构建系统内核时，可以使用配置脚本将设备驱动程序包含在系统内核中。在系统启动时对这些驱动程序初始化，它们可能未找到所控制的设备，而另外的设备驱动程序可以在需要时作为内核模块装入到系统内核中。

为了适应设备驱动程序动态链接的特性，设备驱动程序在其初始化时就在系统内核中进行登记。Linux 系统利用设备驱动程序的登记表作为内核与驱动程序接口的一部分，这些表中包括指向有关处理程序的指针和其他信息。

（3）字符设备

在 Linux 系统中，打印机、终端等字符设备都作为字符特别文件出现在用户面前。用户对字符设备的使用就和存取普通文件一样。在应用程序中，使用标准的系统调用来打开、关闭、读写字符设备。当字符设备初始化时，其设备驱动程序被添加到由 device_struct 结构组成的 chrdevs 结构数组中。

device_struct 结构由两项构成，一个是指向已登记的设备驱动程序名的指针，另一个是指向 file_operations 结构的指针。而 file_operations 结构的成分几乎全是函数指针，分别指向实现文件操作的入口函数。设备的主设备号用来对 chrdevs 数组进行索引，如图 7-18 所示。

每个 VFS 索引节点都和一系列文件操作相联系，并且这些文件操作随索引节点所代表的文件类型不同而不同。每当一个 VFS 索引节点所代表的字符设备文件创建时，它的有关文件的操作就设置为默认的字符设备操作。

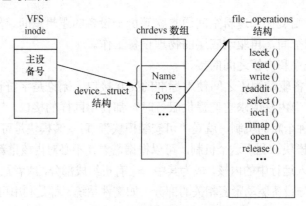

图 7-18 字符设备驱动程序示意图

　　默认的文件操作只包含一个打开文件的操作。当打开一个代表字符设备的特别文件以后，就得到相应的 VFS 索引节点，其中包括该设备的主设备号和次设备号。

　　利用主设备号就可以检索 chrdevs 数组，进而可以找到有关此设备的各种文件操作。这样，应用程序中的文件操作就会映射到字符设备的文件操作调用中。

　　（4）块设备

　　对块设备的存取和对文件的存取方式一样，其实现机制也和字符设备使用的机制相同。Linux 系统中有一个名为 blkdevs 的结构数组，它描述了一系列在系统中登记的块设备。

　　数组 blkdevs 也使用设备的主设备号作为索引，其元素类型是 device_struct 结构。该结构中包括指向已登记的设备驱动程序名的指针和指向 block_device_operations 结构的指针。

　　在 block_device_operations 结构中包含指向有关操作的函数指针。所以，该结构就是连接抽象的块设备操作与具体块设备类型的操作之间的枢纽。

　　与字符设备不一样，块设备有几种类型，如 SCSI 设备和 IDE 设备。每类块设备都在 Linux 系统内核中登记，并向内核提供自己的文件操作。

　　为了把各种块设备的操作请求队列有效地组织起来，内核中设置了一个结构数组 blk_dev，该数组中的元素类型是 blk_dev_struct 结构。这个结构由 3 个成分组成，其主体是执行操作的请求队列 request_queue，还有一个函数指针 queue。当这个指针不为 0 时，就调用这个函数来找到具体设备的请求队列。这是考虑到多个设备可能具有同一主设备号，该指针在设备初始化时被设置好。通常当它不为 0 时，还要使用该结构中的另一个指针 data，用来提供辅助性信息，帮助该函数找到特定设备的请求队列。每一个请求数据结构都代表一个来自缓冲区的请求。

　　每当缓冲区要和一个登记过的块设备交换数据，它都会在 blk_dev_struct 中添加一个请求数据结构，如图 7-19 所示。

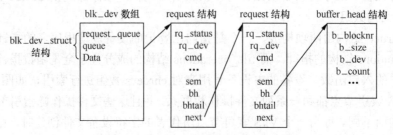

图 7-19 块设备驱动程序数据结构示意图

每一个请求都有一个指针指向一个或多个 buffer_head 数据结构,而该结构都是一个读写数据块的请求。每一个请求结构都在一个静态链表 all_requests 中。若干请求是添加到一个空的请求链表中,则调用设备驱动程序的请求函数,开始处理该请求队列。否则,设备驱动程序就简单地处理请求队列中的每一个请求。

当设备驱动程序完成了一个请求后,就把 buffer_head 结构从 request 结构中移走,并标记 buffer_head 结构已更新,同时解锁。这样,就可以唤醒相应的等待进程。

7.3 嵌入式 Linux 操作系统的构建

作为完整的 Linux 系统,软件部分至少要包括 3 个部分,即引导器、Linux 内核、根文件系统。引导器负责加载 Linux 内核和根文件系统;Linux 内核负责管理系统资源;文件系统提供所有的工具和应用程序。本节的内容基于北京博创科技公司的 UP-NetARM2410-S 实验箱,Linux 内核版本 2.6.18。

7.3.1 嵌入式 Linux 引导过程

当一个微处理器最初启动时,首先执行在一个预定地址处的指令,通常这个位置是只读内存,其中存放着系统初始化或引导程序,在 PC 中指的是 BIOS。这些程序要执行低级的 CPU 初始化并配置其他硬件。BIOS 接着判断出哪一个磁盘包含有操作系统,再把操作系统复制到 RAM 中,并把控制权交给操作系统。

在一个嵌入式系统中,常常没有 BIOS,这样就需要提供等价的启动代码。一个嵌入式系统的 BIOS 并不需要像 PC 引导程序,具有很多的灵活性,因此它通常仅需要处理一种硬件配置方案。这些代码虽然比较简单,但是由于要通过指令序列,将特定数写入指定硬件寄存器,所以在编写代码时需要特别注意。特别是一些关键代码,编写的数值必须要符合用户的硬件系统并且要按照特定的启动顺序来完成。在大多数情况下,这些代码有一个最小化的加电自检模块,用以检查内存,让一些 LED 闪现一下,也可能探测一些其他让 Linux 操作系统启动和运行的必要硬件。这些启动代码是高度硬件专用型的,因而不具备移植性。

在嵌入式系统中,首先要考虑的就是启动问题,即系统如何告知 CPU 启动位置以及启动方法。一般来说,嵌入式系统会提供多种启动方法。具有 Flash ROM 的系统具备有 Flash 启动的方式,也有直接从 RAM 中启动的方法。这些启动部分的工作主要由一个被称为 Bootloader 的程序完成。目前,已经发展了许多引导 Linux 内核的 Bootloader 程序,ARM 体系有 u_boot、armboot、blob、vivi 和 redboot。

1. Bootloader 的 vivi

(1)vivi 简介

vivi 是韩国 mizi 公司开发的 Bootloader,适用于 ARM9 处理器。vivi 有两种工作模式:启动加载模式和下载模式。启动加载模式可以在一段时间后(这个时间可更改)自行启动 Linux 内核,这是 vivi 的默认模式。在下载模式下,vivi 为用户提供一个命令行接口,通过接口可以使用 vivi 提供的一些命令,如表 7-2 所示。

表 7-2   **vivi 提供的一些命令**

命　　令	功　　能
Load	把二进制文件载入 Flash 或 RAM
Part	操作 MTD 分区信息。显示、增加、删除、复位、保存 MTD 分区
Param	设置参数
Boot	启动系统
Flash	管理 Flash，如删除 Flash 的数据

（2）建立编译 vivi 的交叉开发环境

在宿主机上安装标准 Linux 操作系统：RedHat 9.0（主机系统为 winxp，用虚拟机 vmware 安装的 RedHat 9.0，内核版本为 2.6.18）。

宿主机上安装交叉编译器。UP-NetARM2410-S 实验箱提供的光盘上已附交叉编译器工具：armv4l-tools-2.95.2.tar.bz2。

先以 root 用户的身份登录到 Linux 下。

进入 opt 目录：

```
cd /opt
```

将光盘提供的 armv4l-tools-2.95.2.tar.bz2 解压到/opt 目录：

```
tar jxvf armv4l-tools-2.95.2.tar.bz2 -C /opt
```

然后修改 PATH 变量，为了可以方便使用 armv4l-unknown-linux-gcc 编译器系统，把 armv4l-tools 工具链目录加入到环境变量 PATH 中；/root/下有一个 ".bash_Profile" 文件，将文件中 PATH 变量改为：

```
PATH=$PATH:$HOME/bin:/opt/host/armv4l/bin/;
```

以后 armv4l-unknown-linux-gcc 将会被自动搜索到。设置环境变量后，最好是重启或注销一下，这样设置的环境变量才能生效。

（3）配置和编译 vivi

vivi 的源代码可以从网上下载，如果 vivi 的源代码已根据开发板作了相应改动，则需要对源代码进行配置和编译，以生成烧入 flash 的 vivi 二进制映像文件。

由于 vivi 要用到 kernel 的一些头文件，所以需要 kernel 的源代码，所以先要把 Linux 的 kernel 准备好。将 vivi 和 kernel 都解压到相应目录下（例如将提供的 vivi 源代码解压到 /arm2410s/vivi 目录下，提供的 Linux kernel 源码 uptech-kernel.tar.bz2 也解压到/arm2410s/ develop/kernel-2410s 目录下。

然后需修改/vivi/Makefile 里的一些变量设置（光盘提供的 vivi 源代码下面几项已按 armv4l-tools-2.95.2.tar.bz2 的安装路径修改好了）：

```
…
LINUX_INCLUDE_DIR = /arm2410s/develop/kernel-2410s/include/
…
CROSS_COMPILE = /opt/host/armv4l/bin/armv4l-unknown-linux-
…
```

```
ARM_GCC_LIBS = /opt/host/armv4l/lib/gcc-lib/armv4l-unknown-linux/2.95.2
…
```

按照自己需求，自定义 mtd 分区，修改 arch/s3c2410/smdk.c。

```
mtd_partition_t default_mtd_partitions[] = {
    {
        name:           "vivi",
        offset:         0,
        size:           0x00020000,         /* size 128KB */
        flag:           0
    }, {
        name:           "param",
        offset:          0x00020000,        /* size 64KB */
        size:           0x00010000,
        flag:           0
    }, {
        name:           "kernel",
        offset:         0x00030000,         /* size 832KB */
        size:           0x000D0000,
        flag:           0
    }, {
        name:           "root",
        offset:         0x00100000,         /* size 2MB */
        size:           0x00200000,
        flag:           MF_BONFS
    }, {
        name:           "jffs2",
        offset:         0x00300000,         /* size 61MB */
        size:           0x03D00000,
        flag:           MF_JFFS2
    }
};
```

　　这里的分区信息要和在 vivi 命令行下执行"bon part show"的分区信息一致，否则启动系统的时候肯定会出问题。

　　进入/vivi 目录执行 make distclean。（目的是确保编译的有效性，在编译之前将 vivi 里所有的"*.o"和"*.o.flag"文件删掉）

　　进入/vivi 目录里，输入"make menuconfig"，开始选择配置。可以 Load 一个写好的配置文件也可以自己修改试试。注意 Exit 时一定要选"Yes"保存配置。

　　再输入"make"正式开始编译，一会儿就完了。如果不报错，在/vivi 里面就有你自己的"vivi"了。这个就是要烧写到 Flash 中的 Bootloader。

　　（4）vivi 代码分析

　　vivi 的代码包括 arch，init，lib，drivers 和 include 等几个目录，共 200 多条文件。

vivi 主要包括下面几个目录。

arch：此目录包括了所有 vivi 支持的目标板的子目录，如 s3c2410 目录。

drivers：其中包括了引导内核需要的设备的驱动程序（MTD 和串口）。MTD 目录下分 map、nand 和 nor 三个目录。

init：这个目录只有 main.c 和 version.c 两个文件。和普通的 C 程序一样，vivi 将从 main 函数开始执行。

lib：一些平台公共的接口代码，比如 time.c 里的 udelay() 和 mdelay()。

include：头文件的公共目录，其中的 s3c2410.h 定义了这块处理器的一些寄存器。Platform/smdk2410.h 定义了与开发板相关的资源配置参数，我们往往只需要修改这个文件就可以配置目标板的参数，如波特率、引导参数、物理内存映射等。

（5）vivi 的运行

vivi 的运行也可以分为两个阶段。

vivi 的运行的第一阶段，完成含依赖于 CPU 的体系结构硬件初始化的代码，包括禁止中断、初始化串口、复制自身到 RAM 等。相关代码集中在 head.S（\vivi\arch\s3c2410 目录下）。

vivi 的运行的第二阶段是从 main() 函数开始，同一般的 C 语言程序一样，该函数在 /init/main.c 文件中，总共可以分为 8 个步骤。

① 函数开始，通过 putstr（vivi_banner）打印出 vivi 的版本。vivi_banner 在 /init/version.c 文件中定义。

② 对开发板进行初始化（board_init 函数），board_init 是与开发板紧密相关的，这个函数在 /arch/s3c2410/smdk.c 文件中。开发板初始化主要完成两个功能，时钟初始化（init_time()）和通用 IO 口设置（set_gpios()）。其中，GPIO 口在 smdk2410.h（\vivi\include\platform\目录下）文件中定义。

③ 内存映射初始化和内存管理单元的初始化工作。

```
mem_map_init();
mmu_init();
```

这两个函数都在 /arch/s3c2410/mmu.c 文件中。

```
void mem_map_init(void)
{
#ifdef CONFIG_S3C2410_NAND_BOOT
    mem_map_nand_boot();
#else
    mem_map_nor();
#endif
    cache_clean_invalidate();
    tlb_invalidate();
}
```

如果配置 vivi 时使用了 NAND 作为启动设备，则执行 mem_map_nand_boot()，否则执行 mem_map_nor()。这里要注意的是，如果使用 NOR 启动，则必须先把 vivi 代码复制到 RAM 中。这个过程是由 copy_vivi_to_ram() 函数来完成的。代码如下：

```
static void copy_vivi_to_ram(void)
{
    putstr_hex("Evacuating 1MB of Flash to DRAM at 0x", VIVI_RAM_BASE);
    memcpy((void *)VIVI_RAM_BASE, (void *)VIVI_ROM_BASE, VIVI_RAM_SIZE);
}
```

VIVI_RAM_BASE、VIVI_ROM_BASE、VIVI_RAM_SIZE 这些值都可以在 smdk2410.h 中查到，并且这些值必须根据自己开发板的 RAM 实际大小修改。这也是在移植 vivi 的过程中需要注意的一个地方。

mmu_init()函数中执行了 arm920_setup 函数。这段代码是用汇编语言实现的，针对 arm920t 核的处理器。

④ 初始化堆栈，heap_init()（定义在\vivi\lib\heap.c 文件中）。

```
int heap_init(void)
{
    return mmalloc_init((unsigned char *)(HEAP_BASE), HEAP_SIZE);
}
```

⑤ 初始化 mtd 设备，mtd_dev_init()。

```
int mtd_init(void)
{
int ret;
#ifdef CONFIG_MTD_CFI
    ret = cfi_init();
#endif
#ifdef CONFIG_MTD_SMC
    ret = smc_init();
#endif
#ifdef CONFIG_S3C2410_AMD_BOOT
    ret = amd_init();
#endif
if (ret) {
    mymtd = NULL;
    return ret;
}
return 0;
}
```

这几个函数可以在/drivers/mtd/maps/s3c2410_flash.c 里找到。

⑥ 初始化私有数据，init_priv_data()（定义在\vivi\lib\priv_data\rw.c 文件中）。

⑦ 初始化内置命令，init_builtin_cmds()。

通过 add_command 函数，加载 vivi 内置的几个命令。

⑧ 启动 boot_or_vivi()。

启动成功后，将通过 vivi_shell()启动一个 shell（如果配置了 CONFIG_SERIAL_TERM），

此时 vivi 的任务完成。

启动 head.s 代码执行流程如图 7-20 所示，启动 main.c 代码执行流程如图 7-21 所示。

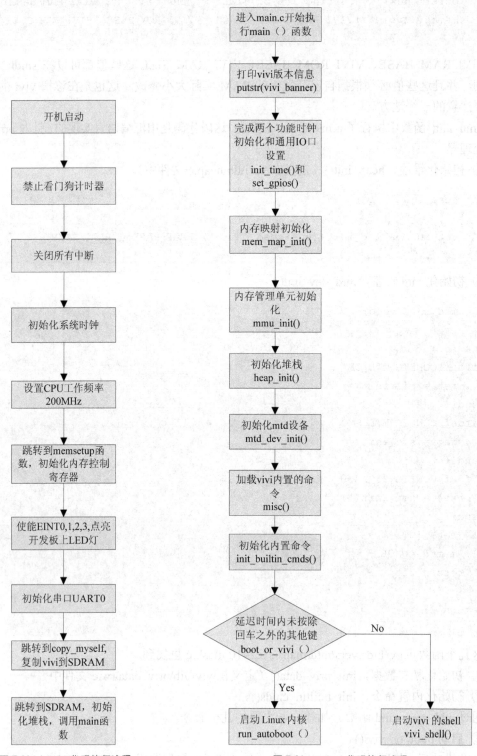

图 7-20 head.s 代码执行流程   图 7-21 main.c 代码执行流程

（6）烧写 vivi

编译好的 vivi 需要烧写到 Flash 中才可以执行系统引导工作，可以用 J-link 或者 JTAT 仿真器来完成烧写操作。在以 UP-NetARM2410-S 实验箱上，用 JTAT 仿真器进行烧写操作过程如下。

① 把并口线插到 PC 的并口，并把并口与 JTAG 相连，JTAG 与开发板的 14 针 JTAT 口相连，打开实验箱。

② 把整个 GIVEIO 目录（在 flashvivi 目录下）复制到 c:\windows 下，并把该目录下的 giveio.sys 文件复制到 c:\windows/system32/drivers 下。

③ 在控制面板里，选添加硬件>下一步>选中—是我已经连接了此硬件>下一步>选中—添加新的硬件设备>下一步>选中—安装我手动从列表选择的硬件>下一步>选择—显示所有设备>选择—从磁盘安装—浏览，指定驱动为 c:\windows\giveio\giveio.inf 文件，单击"确定"按钮，安装好驱动。

④ 在 D 盘新建一个目录 Bootloader，把 sjf2410 和要烧写的 vivi 复制到该目录下，在命令提示符下，进入该目录，运行 sjf2410 命令如下：sjf2410.exe /f:vivi 在此后出现的三次要求输入参数，第 1 次是让选择 Flash，选 0；第 2 次是选择 jtag 对 Flash 的两种功能，也选 0；第 3 次是让选择起始地址，选 0 此后就等待 3～5 分钟的烧写时间，当 vivi 烧写完毕后选择参数 2，退出烧写。至此 vivi 已烧写到 Flash 里，以后加电启动在串口里就能看到信息了。

（7）Bootloader 的操作模式

Bootloader 一般要实现两种操作模式：自举模式和内核启动模式。自举模式的主要作用是目标机通过串口与主机通信，可以接收主机发送过来的映像文件，并将其固化在目标机的 Flash 等固态存储设备中，也可以将 Flash 中的映像文件上传到主机。内核启动模式允许嵌入式系统加电启动后由 Bootloader 从目标机上的 Flash 等固态存储设备上将操作系统加载到 RAM 中运行。一般嵌入式系统中 Bootloader 应能实现这两种模式的切换。

2．嵌入式 Linux 引导过程中的基本概念简介

（1）Bootloader 程序

一般来说，Bootloader 都分为主机端（host）和目标端（target）两个部分。目标端嵌入目标系统中，在启动之后就一直等待和主机端的 Bootloader 程序之间的通信连接。目标端程序需要使用交叉编辑器编译，主机端程序使用本地编译器编译。在主机端和目标端之间的通信方式没有规定，一般由 Bootloader 程序自己规定。

但有些 Bootloader 并不需要提供服务端程序，而是使用标准的终端程序作为主机端的连接程序，可以使用 Linux 下的 minicom、kermit 或者 Windows 下的超级终端作为主机端程序。

一般 Bootloader 提供给用户一个交互 shell，通过交互式完成自由主机控制目标板的过程，Bootloader 可以存放在 Flash 中，也可以下载到 RAM 中，以 bootmem 方式启动。

CPU 总是从一个位置开始启动的，Bootloader 被 CPU 运行，并为操作系统的运行做准备，一般来说，Bootloader 的作用有如下几个方面。

① 初始化处理器。Bootloader 会初始化处理器中的一些配置寄存器，如 ARM720T 体系结构的 CPU 如果需要使用 MMU，就应当在 Bootloader 中进行初始化。

② 初始化必备的硬件。使用 Bootloader 初始化板上的必备硬件，如内存、终端控制器等初始化就是通过它完成的；用于从主机下载系统映像到硬件板上的设备也是由它完成初始化

的。例如，有些硬件板使用以太网传输嵌入式系统映像文件，在 Bootloader 中会使用以太网驱动程序初始化硬件，随后与主机端的程序通信，并完成下载工作。

③ 下载系统映像。系统映像下载只能由 Bootloader 提供。因为 CPU 提供的代码无法完成大系统映像的下载工作，而 Bootloader 下载可以很多的自由度，可以指定内核映像和文件系统映像的下载位置。在目标端的 Bootloader 程序中提供了接收映像的服务端程序，而在主机端的程序提供了发送数据包动作——可以通过串口，也可以通过以太网等其他方式发送。发送系统映像结束之后，如果硬件允许，Bootloader 还可以提供命令将下载成功的映像写入到 Flash ROM 中。一般 Bootloader 都提供了擦写 Flash 的命令，为操作带来很大的便利。

④ 初始化操作系统并准备运行。使用 Bootloader 可以启动已经下载好的操作系统。可以指定 Bootloader 在 RAM 中或者 Flash 中启动操作系统，也可以指定具体的启动地址。

（2）嵌入式系统内核

对于使用操作系统的嵌入式系统而言，操作系统一般是以内核映像的形式下载到目标系统中。以 Linux 为例子，在系统开发完成之后，将整个操作系统部分做成压缩或者没有压缩过的内核映像文件，与文件系统一起传送到目标系统中。通过 Bootloader 指定地址运行 Linux 内核，启动嵌入式 Linux 系统；然后再通过操作系统解开文件系统，运行应用程序。

在内核中通常必须的部件是进程管理、进程间通信、内存管理部分，其他部件，如文件系统、驱动程序、网络协议等，都可以配置，并以相关的方式实现。

（3）根文件系统

在嵌入式系统中的"硬盘"概念一般都以 ramdisk 的方式实现。因为 Flash 在断电后还能继续保存数据的设备，但其价格相对昂贵；然而系统中又无法使用像硬盘这样的大型设备，因此，需要长久使用的文件系统数据，尤其是应用程序的可执行文件、运行库等，运行时都放在 RAM 中。常用的方式就是从 RAM 中划分出一块内存虚拟成"硬盘"，对它的操作与对永久存储器操作一样。在 Linux 中就存在这样的设备，称为 ramdisk，一般使用的设备文件是/dev/ram0。

ramdisk 的启动需要操作系统的支持。Bootloader 负责将 ramdisk 下载到与内核映像不冲突的位置，操作系统启动之后会自动寻找 ramdisk 所在的位置，将 ramdisk 作为一种设备安装（mount）为根文件系统。

当然，根文件系统不一定使用 ramdisk 实现，还可以用 NFS 方式通过网络安装根文件系统，这也是在系统内核中实现的。操作系统启动之后直接通过内核中 NFS 相关代码对处于网络上的 NFS 文件系统进行安装。文件系统启动的方式可以在内核代码中编写或者启动时通过参数指定。

（4）重定位和下载

生成了目标平台需要的 image 文件之后，就可以通过相应的工具与目标板上的 Bootloader 程序进行通信。可以使用 Bootloader 提供的，或者通用的终端工具与目标板相连接。一般在目标板上使用串口，通过主机终端工具与目标板通信。Bootloader 中提供下载等控制命令，完成嵌入式系统正式在目标板上运行之前对目标板的控制任务。Bootloader 指定 image 文件下载的位置。在下载结束之后，使用 Bootloader 提供的运行命令，从指定地址开始运行嵌入式系统软件。这样，一个完成的嵌入式系统软件开始运行了。

（5）Linux 内核源代码中的汇编语言代码

任何一个用高级语言编写的操作系统，其内核代码中总有少部分代码是用汇编语言编写的。其中大部分是关于终端与异常处理的底层程序，还有一些与初始化有关的程序以及一些核心代码中调用的公用子程序。

用汇编语言编写核心代码中的部分代码出于以下几个方面的考虑。

操作系统内核中的底层程序直接与硬件打交道，需要用到一些专用的指令，而这些指令在 C 语言中并无相对应的语言成分。因此，这些底层的操作需要用汇编语言来编写。CPU 中的一些对寄存器的操作也是一样，如要设置一个段寄存器时，也只好用汇编语言来编写。

CPU 中的一些特殊指定也没有相对应的 C 语言成分，如关中断、开中断等。此外，在同一体系系统的不同 CPU 芯片中，特别是新开发出来的芯片中，往往会增加一些新的指令，对这些指令的使用也得用汇编语言。

内核中实现某些操作的过程、程序段或函数，在运行时会非常频繁地被调用，因此，其时间效率就显得很重要。而用汇编语言编写的程序，在算法和数据结构相同的条件下，比使用高级语言编写的效率要高。在此类程序或程序段中，往往每一条汇编指令的使用都需要经过推敲。系统调用的进入和返回就是一个典型例子，系统调用的进出是非常频繁用到的过程，每秒可能会用到成千上万次，其时间效率可谓举足轻重。再者，系统调用的进出过程还牵涉到用户空间和系统空间之间的来回切换，而用于这个目的的一些指令在 C 语言中本来就没有对应的语言成分，所以系统调用的进入和返回显然必须用汇编语言来编写。

在某些特殊的场合，一段程序的空间效率也会显得非常重要。操作系统的引导程序就是一个例子。系统的引导程序通常一定要能容纳在特定的区域中。此时，这段程序的大小多出一个字节也不允许，所以一般使用汇编语言编写。

3. 嵌入式 Linux 引导过程的基本作用

Linux 的特点使得它成为适合嵌入式开发和应用的操作系统。对于使用操作系统的嵌入式系统而言，操作系统一般以内核映像的形式与文件系统一起下载到目标系统中。

一个最基本的嵌入式 Linux 系统从软件的角度可以分为以下 4 个层次。

- 加载程序 Bootloader。
- Linux 内核。
- 文件系统。
- 用户应用程序。

在此过程中 Bootloader 的作用是非常重要的。嵌入式系统中首先要考虑启动问题，当一个微处理器最初启动时，它先执行一个预定地址处的指令，这个地址处存放系统初始化或引导程序，正如 PC 中的 BIOS。在嵌入式系统中由于没有 BIOS，因此将由引导加载程序 Bootloader 实现类似的功能。Bootloader 代码量虽少，但是其作用却非常重要，而且许多代码与处理器体系结构相关而不具备移植性，因此研究相关技术从而写出针对特定处理器的启动代码对嵌入式系统设计尤为重要。总之 Bootloader 负责完成系统的初始化，把操作系统内核映像加载到 RAM 中，然后跳转到内核的入口点去运行。

7.3.2 Linux 启动流程

基本的启动流程主要分成 4 个部分。

（1）在系统加电检测结束以后，由 BIOS 中的代码负责把引导器加载进入机器的内存中，控制权交给引导器。这里又要分成两个部分,因为 BIOS 只负责装入 512 字节的程序,然后把控制权交给这 512 字节。一般的引导器大小超过 512 字节,其余部分再由这 512 字节的代码负责装入。

(2)引导器负责确定 Linux 内核的位置,把 Linux 内核加载进入内存中;同时,确定根文件系统的位置,将根文件系统的镜像加载进入内存中。然后在加载内核的时候给内核传入一些启动参数,用于控制内核执行过程中的一些行为,接下来将控制权交给内核。

(3)内核接管控制权以后,首先解压缩自己,检测设备,加载内部模块。然后根据启动参数挂载根文件系统。挂载完根文件系统后内核启动的第 1 个进程是 init,默认的位置为 "/sbin/init"。如果找不到这个可执行文件,就转而启动 "/bin/sh",提供给用户一个人机交互的界面。

(4)init 进程启动后查找的第 1 个配置文件是 "/etc/inittab",这个文件控制 init 的行动。一般 init 会首先指定启动等级,然后执行 "/etc/rc.d/rc.sysinit",同时 rc.sysinit 启动脚本启动系统服务进程(如 update、syslogd 等)、网络和必要的环境变量设置。最后 inittab 会指定 init 进程去调用 getty 打开多个终端控制台,每个终端控制台会执行 login,从而出现 "login:" 的提示符。整个 Linux 系统启动完成。图 7-22 所示为 Linux 系统启动的流程。

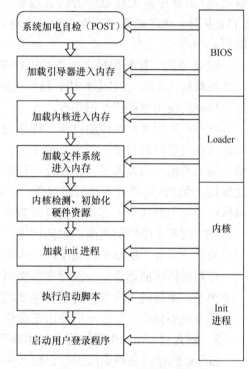

图 7-22 Linux 系统启动流程图

7.3.3 嵌入式 Linux 的移植

所谓 Linux 移植就是把 Linux 操作系统针对具体的目标平台做必要改写之后,安装到该目标平台使其正确地运行起来。这个概念目前在嵌入式开发领域讲得比较多。其基本内容是:获取某一版的 Linux 内核源码,根据我们的具体目标平台对这源码进行必要的改写(主要是修改体系结构相关部分),然后添加一些外设的驱动,打造一款适合于我们目标平台(可以是嵌入式便携设备,也可以是其他体系结构的 PC)的新操作系统,对该系统进行针对我们目标平台的交叉编译,生成一个内核映像文件,最后通过一些手段把该映像文件烧写(安装)到我们目标平台中。通常对 Linux 源码的改写工作难度较大,它要求你不仅对 Linux 内核结构要非常熟悉,还要求你对目标平台的硬件结构要非常熟悉,同时还要求你对相关版本的汇编语言较熟悉,因为与体系结构相关的部分源码往往是用汇编语言编写的。所以这部分工作一般由目标平台提供商来完成。比如说针对目前嵌入式系统中最流行的 ARM 平台,它的这部分工作就是由英国 ARM 公司的工程师完成的,我们所要做的就是从其网站上下载相关版本 Linux 内核的补丁(Patch);把它打到我们的 Linux 内核上,再进行交叉编译就行。

准备交叉编译环境。交叉编译环境工具链一般包括 binutils（AS 汇编器，LD 链接器等），arm-gcc，glibc 等。交叉编译环境的搭建也是个复杂的过程，后面将做进一步介绍。

修改内核目录下的 makefile 文件，主要是以下几行：

```
ARCH := arm
CROSS_COMPILE = /opt/host/armv4l/bin/ armv4l-unknown-linux-
```

此后就可以进行编译。

1．关于交叉编译环境

交叉编译环境的建立最重要的就是要有一个交叉编译器。所谓的交叉编译就是：利用运行在某机器上的编译器编译某个源程序生成在另一台机器上运行的目标代码的过程。编译器的生成依赖于相应的函数库，而这些函数库又得依靠编译器来编译，所以这里有个"蛋和鸡"的关系，所以最初第一版的编译器肯定得用机器码去生成，现在的编译器就不必了。这里我主要用到的编译器是 armv4l-unknown-linux-gcc，它是 GCC 的 ARM 改版。GCC 是个功能强大的 C 语言编译工具，其年龄比 Linux 还长。无论编译器的功能有多么强大，但它的实质都是一样的，都是把某种以数字和符号为内容的高级编程语言转换成机器语言指令的集合。编译工具的基本结构如图 7-23 所示。

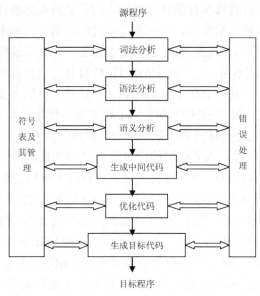

图 7-23　编译工具的基本结构

编译器通常用机器语言或汇编语言编写而成，当然也可以用其他一些高级语言编写。编译过程中，编译器把源程序的各类信息和编译各阶段的中间信息保存在不同的符号表中，表格管理程序负责构造、查找和更新这些表格。错误处理程序主要功能是处理各个阶段中出现的错误。编译过程中，仅有一个编译器是不行的，还必需和其他的一些辅助工具联合，才能工作。这些辅助编译工具主要有以下内容。

解释程序（Interpreter）：它本身与编译器类似也是一种语言翻译工具，它直接执行源程序，尤其是一些脚本语言程序，其优点是简单，好移植，但执行速度与编译好的目标代码相比就要慢许多。

汇编器（Assembler）：它是用于特定计算机上的汇编语言翻译程序。

链接器（Linker）：其作用是把在不同的目标文件中编译或汇编的代码收集到一个可直接执行的文件中。同时它也把目标程序和标准库函数的代码相连。

装载器（Loader）：编译器、汇编器及连接器所生成的代码经常还不能直接执行。它们的主要存储器访问可以在存储器的任何位置，只是在逻辑上相互之间存在一个固定的关系，最终位置的确定和某个起始位置相关。通常这样的代码是可复位的。装载器可处理所有与指定的基地址或起始地址相关的可复位的地址。这样使得代码的编译更加灵活。

预处理器：它是在编译开始时由编译器调用，专门负责删除注释，包括其他文件以及执行宏替换的。

调试器：调试器用于对目标代码的调试，从而达到排除代码中存在的错误。

目前交叉编译技术有两种典型的实现模式，它们分别是：Java 模式即 Java 的字节码编译技术，GNU GCC 模式即通常所说的 Cross GCC 技术。Java 模式最大的特点就是引入了一个自定义的虚拟机（JVM），所有 Java 源程序都会被编译成在这个虚拟机上才能执行的"目标代码"——字节码（Bytecode）。在实时运行时，可以有两种运行方式，一种方式是编译所获得的字节码由 JVM 在实际计算机系统上执行；另一种方式是通过 Java 实时编译器将字节码首先转换成本地机可以直接执行的目标代码，而后交给实际的计算机系统运行，这实际上是两次编译过程，一次是非实时的，另一次是实时的。第一次非实时编译时，Java 编译器生成的是基于 JVM 的"目标代码"，所以它其实也就是一次交叉编译过程。

GCC 模式与 Java 模式不同，它通过 Cross GCC 直接生成目标平台的目标代码，从而能够直接在目标平台上运行。其关键在于对 Cross GCC 选择，我们需要选择针对具体目标平台的 Cross GCC。相对来说，GCC 模式代码比 Java 模式更为优化，效率更高。目前 Linux 操作系统也主要是以 GCC 模式进行移植的。我们将对它做进一步介绍。

GCC 在进行代码编译时，为了保证编译过程与具体计算机硬件平台的无关性，它使用 RTL（Register Transfer Language）寄存器传递语言对目标平台的指令进行描述。GCC 编译过程也是比较复杂的，其基本流程如图 7-24 所示。从 GCC 输出汇编语言源程序，如果我们想要进一步编译成我们想要的机器代码，则还需要汇编器等的协助，这就是我们前面提到的工具链。工具链中通常包括 GNU Binutils，GNU GCC，GNU GLibc。Binutils 中主要包括链接器 ID 和汇编器 as。而 GNU GCC 我们以上已做了不少介绍了。至于 GNU GLibc，它提供了一个 C 库，使得系统能完成基本的系统调用及其他的一些函数调用。

下面我们介绍一下 GCC 交叉编译器的生成过程。生成 GCC 交叉编译器的过程一般包括如下几个步骤。

（1）取得 Binutils、GCC、GLibc 的源码。

你可以到相关网站去获得，网上这方面资源比较丰富。你把这三个文件解压到你自己的目录如：/toolchain/gcc,/toolchain/bu,/toolchain/glibc。

（2）配置并编译 Binutils，得到我们下一步要用到的汇编器和链接器。在配置 Binutils 之前先把 Linux 内核中 GCC 所必需的头文件复制到 GCC 可以找到的目录。如下操作：

```
cp -dr include/asm-arm /toolchain/gcc/arm-linux/include/asm
cp -dr include/linux /toolchain/gcc/arm-linux/include/linux
```

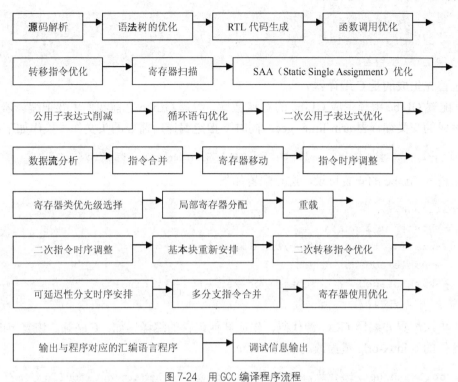

图 7-24 用 GCC 编译程序流程

然后进入 Binutils 目录。

```
./configure --target=arm-linux --prefix=/toolchain/arm
make all install
```

（3）配置并编译 GCC 源代码，生成 GCC 编译器。编译之前先修改 gcc 的 t-linux 文件，此文件放在 gcc/config/arm 目录下。在 t-linux 文件中的 TARGET_LIBGCC2_CFLAGS 后加上 __gthr_posix_h 和 inhibit_libc，操作如下。

进入 gcc/config/arm 目录。

```
mv t-linux t-linux-orig  //备份原来的 t-linux 文件
```

修改如下。

```
sed's/TARGET_LIBGCC2_CFLAGS  =/TARGET_LIBGCC2_CFLAGS = -D__gthr_posix_h
-Dinhibit_libc/' < t-linux-orig > t-linux-core
cp ./t-linux-core ./t-linux
```

然后进入 GCC 安装目录进行编译，如下操作：（\是行连接符号）。

```
./configure \
--target=arm-linux \
    --prefix=/toolchain/gcc \
    --enable-languages=c \
    --with-local-prefix=/toolchain/gcc/arm-linux \
    --without-headers \ (\\不编译头文件)
```

```
    --with-newlib \
    --disable-shared
make all install
```

这里首先生成的是 C 编译器。

（4）配置 GLibc 编译生成 GLibc 的 C 函数库。编译 GLibc 之前我们先要把编译器改为我们刚刚生成的交叉编译器 arm-linux-gcc，同时要指定编译所需要的头文件。操作如下：

```
CC=arm-linux-gcc AR=arm-linux-ar RANLIB=arm-linux-ranlib
```

然后进入 GLibc 的安装目录，进行配置如下。

```
./configure \
    --host=arm-linux \
    --prefix=/toolchain/gcc/arm-linux \
    --enable-add-ons \
    --with-headers=/toolchain/gcc /arm-linux/include
make all install
```

（5）再次配置并编译 GCC 源代码，生成其他语言的编译器如：C++等。恢复 t-linux 文件，用备份的 t-linux-orig 覆盖改动后的 t-linux。

```
cp /toolchain/gcc/config/arm/t-linux-orig /toolchain/gcc/config/arm/t-linux
```

重新编译。

```
./configure \
    --target=arm-linux \
    --prefix=/toolchain/gcc \
    --enable-languages=c,c++ \
    --with-local-prefix=/toolchain/gcc /arm-linux
make all install
```

这部分工作如果从头自己做是比较复杂的，而且必需对你的硬件平台的体系结构非常熟悉，所以我们通常从网上直接下载相关工具包。

2. 修改 Linux 内核源码

在完成交叉编译环境的建立之后，进入下一阶段，对 Linux 内核移植修改。Linux 的移植是一项繁重的工作，其主要包括启动代码的修改，内核的链接及装入，参数传递，内核引导几个部分。Linux 内核分为体系结构相关部分和体系结构无关部分。在 Linux 启动的第一阶段，内核与体系结构相关部分（arch 目录下）首先执行，它会完成硬件寄存器设置，内存映像等初始化工作，然后把控制权转给内核中与系统结构无关部分。而我们在移植工作中要改动的代码主要集中在与体系结构相关的部分。在 arch 目录中我们可以看到有许多子目录，它们往往是用芯片命名的，表示是针对该芯片体系结构的代码。为 arm 系列芯片编译内核，就应修改 ARM 目录下的相关文件。在 ARM 的子目录下我们可以找到一个 boot 目录，在 boot 下有一个 init.S 的文件，.S 表示它是汇编语言文件。这里 init.S 是用 ARM 汇编写成的。这个 init.S 就是引导 Linux 内核在 Arm 平台上启动的初始化代码。它里头定义了一个全局符号 _start，它定义了默认的起始地址。同时它也是整体内核二进制镜像的起始标志。init.S 主要完成以下功能：定义数据段、代码段、bbs（初始化数据段）起始地址变量并对 bbs 段进行初始化。设置寄存器以初始化系统硬件。

关闭中断。初始化 LCD 显示。将数据段数据复制到内存。跳转到内核起始函数 start_kernel 继续执行。对主寄存器的修改。

其源代码读者自己可以进行分析，而至于初始化设置的寄存器则要根据用户的平台，参考相应的芯片手册。一般要做修改的寄存器有：片选组基地址寄存器，DRAM 存储配置寄存器，DRAM 片选寄存器，中断屏蔽寄存器等。此后代码会进入到 entry.S 继续执行，它会继续完成对中断向量表配置等一系列动作。第一阶段的启动过程除了以上所说的之外，还要进行内核的链接与装入等工作。内核可执行文件是由许多链接在一起的目标文件组成的。我们以 ELF（可链接可编译文件，是目前大多数 Linux 系统都能认的一种文件格式）为例。ELF 文件由 text（正文段）、data（数据段）、bbs 等组成。这些段又由链接脚（Linker Description）负责链接装入。链接脚又有输入文件和输出文件。输出文件中输出段告诉链接器如何分配存储器。而输入文件的输入段则描述如何把输入文件与存储器映射。

前面的工作我们已经完成了初始化硬件寄存器、标示根设备、内存映射等工作，其中关于 DRAM 和 Flash 数量，指定系统中可用页面的数目、文件系统大小等信息我们就以参数形式从启动代码传给内核。这样接下来就会完成设置陷阱，初始化中断，初始化计时器，初始化控制台等一系列操作而使内核正确启动。Linux 移植过程中内容非常多，涉及的知识量也很大，而且由于平台的不同、内核版本的不同所涉及的内容往往也有很大不同。所以以上给出内容也仅作为读者参考之用。具体操作时还应收集相关平台及内核版本的详细资料，才能展开相应工作。限于本书篇幅有限我们也无法做更深入的介绍。下面我们以已改造好的 ARM-Linux，针对 UP-NETARM2410-S 平台来讲解内核的裁减，这部分也是其重点内容，而且也是普通读者经常遇到的内容。

3. Linux 内核裁减

这里选用的内核版本号是 Linux-2.6.18（可以从 www.kernel.org 下载）。下载的内核是压缩包，解开压缩包，在源代码目录下使用 make menuconfig（也可以使用 make config 或 make xconfig）。

因为需要对 Linux 进行精简，因此要选择相关的内核选项。

```
File systems  --->
 [*] /dev file system support (EXPERIMENTAL)
      //使用了 devfs 文件系统。
 [*]   Automatically mount at boot


Loadable module support  --->
 [ ] Enable loadable module support
      //对于固定的硬件平台，把要使用到的驱动都编译进入内核中


Network device support  --->
 Ethernet (10 or 100Mbit)  --->
  [*] Ethernet (10 or 100Mbit)
  [*]   EISA, VLB, PCI and on board controllers
  [*]     AMD PCnet32 PCI support
```

```
           //Vmware 软件使用的网卡驱动程序
   [*]     DECchip Tulip (dc21x4x) PCI support
           //Visual PC 软件使用的网卡驱动程序
   [*]     RealTek RTL-8139 PCI Fast Ethernet Adapter support
           //实际 PC 使用的网卡驱动程序
```

在选择相应的配置时，有三种选择方式，它们分别代表的含义如下：

Y：将该功能编译进内核；

N：不将该功能编译进内核；

M：将该功能编译成可以在需要时动态插入到内核中的模块。

如果用户使用的是 make xconfig，那使用鼠标就可以选择对应的选项。这里使用的是 make menuconfig，所以需要使用空格键进行选取。在每一个选项前都有一个括号，有的是中括号有的是尖括号，还有圆括号。用空格键选择时可以发现，中括号里要么是空，要么是"*"，而尖括号里可以是空，"*"和"M"这表示前者对应的项要么不要，要么编译到内核里；后者则多一样选择，可以编译成模块。而圆括号的内容是要用户在所提供的几个选项中选择一项。

注意：其中有不少选项是目标板开发人员加的，对于陌生选项，自己不知道该选什么时建议使用默认值。

这里编译内核的选项还有许多，用户可以根据自己项目的需要选择不同的选项，使制作的 Linux 平台具有不同的特性。

4．Linux 内核的编译

在完成内核的裁减之后，内核的编译就是一个非常简单的过程。用户只要执行以下几条命令即可。

（1）make clean 这条命令是在正式编译用户的内核之前先把环境给清理干净。有时用户也可以用 make realclean 或 make mrproper 来彻底清除相关依赖，保证没有不正确的.o 文件存在。

（2）make dep 这条命令是编译相关依赖文件。

（3）make zImage 这条命令就是最终的编译命令。有时用户可以直接用 make（2.6.X 版上用）或 make bzImage（给 PC 编译大内核时用）。

5．Linux 文件系统的生成

Linux 内核在启动过程中会安装文件系统，文件系统为 Linux 操作系统不可或缺的重要组成部分。用户通常是通过文件系统同操作系统与硬件设备进行交互，在 Linux 系统中硬件也作为文件系统的一部分。

我们通常所说的文件系统分为两个含义，一个含义是磁盘和磁盘机制的文件系统即物理文件系统，另一个含义是用户看得见并能操作的逻辑文件系统。

（1）文件系统的概念

Linux 的一个最重要特点就是它支持许多不同的文件系统。这使 Linux 非常灵活，能够与许多其他的操作系统共存。Linux 支持的常见的文件系统有：JFS、ReiserFS、ext、ext2、ext3、ISO9660、XFS、MINIX、MSDOS、UMSDOS、VFAT、NTFS、HPFS、NFS、SMB、SYSV、PROC 等。随着时间的推移，Linux 支持的文件系统数还会增加。

Linux 是通过把系统支持的各种文件系统链接到一个单独的树形层次结构中，来实现对多文件系统的支持的。该树形层次结构把文件系统表示成一个整体的独立实体。无论什么类型的文件系统，都被装配到某个目录上，由被装配的文件系统的文件覆盖该目录原有的内容。该个目录被称为装配目录或装配点。在文件系统卸载时，装配目录中原有的文件才会显露出来。

在 Linux 文件系统中，文件用 i 节点来表示、目录只是包含有一组目录条目列表的简单文件，而设备可以通过特殊文件上的 I/O 请求被访问。

（2）嵌入式 Linux 系统 MTD 驱动程序层

要使用 cramfs 或 YAFFS 文件系统，离不开 MTD 驱动程序层的支持。MTD（Memory Technology Device）是 Linux 中的一个存储设备通用接口层，虽然也可以建立在 RAM 上，但它是专为基于 Flash 的设备而设计的。MTD 包括特定 Flash 芯片的驱动程序，并且越来越多的芯片驱动正被添加进来。用户要使用 MTD，首先要选择适合自己系统的 Flash 芯片驱动。Flash 芯片驱动向上层提供读、写、擦除等基本的 Flash 操作方法。MTD 对这些操作进行封装后向用户层提供 MTD char 和 MTD block 类型的设备。MTD char 类型的设备包括/dev/mtd0，/dev/mtd1 等，它们提供对 Flash 的原始字符访问；MTD block 类型的设备包括/dev/mtdblock0、/dev/mtdblockl 等，MTD block 类型的设备是将 Flash 模拟成块设备。这样可以在这些模拟的块设备上创建像 YAFFS 或 cramfs 等格式的文件系统。

另外，MTD 支持 CFI（Common Flash Interface）接口。利用它可以在一块 Flash 存储芯片上创建多个 Flash 分区。每一个分区作为一个 MTD block 设备，可以把系统软件和数据等分配到不同的分区上，同时可以在不同的分区上采用不同的文件系统格式。

（3）UP-NetARM2410-S Linux 文件系统构建方案

在 UP-NetARM2410-S Linux 系统中的文件系统分为三类：根文件系统、用户 YAFFS 文件系统和临时文件系统。

根文件系统：根文件系统是系统启动时挂载的第一个文件系统，其他的文件系统需要在根文件系统目录中建立节点后再挂载。UP-NetARM2410-S 有一个 64MB 大小的 NANDFlash，根文件系统和用户文件系统建立在该 Flash 的后大半部分。该 Flash 的前小半部分用来存放 Bootloader 和 kernel 映像。根文件系统选用了 cramfs 文件系统格式。

用户 YAFFS 文件系统：由于 cramfs 为只读文件系统，为了得到可读写的文件系统，用户文件系统采用 YAFFS 格式。用户文件系统挂载于根文件系统下的/mnt/yaffs 目录。

临时文件系统：为了避免频繁的读写操作对 Flash 造成的伤害，系统对频繁的读写操作的文件夹采用了 ramfs 文件系统。根目录下的/var，/tmp 目录为 ramfs 临时文件系统的挂载点。

在嵌入式 Linux 系统中混合使用 cramfs、YAFFS 和 ramfs 三种文件系统的实现思路如下。

配置内核：将内核对 MTD，cramfs，YAFFS 以及 ramfs 文件系统的支持功能编译进内核。

划分 Flash 分区：对 Flash 物理空间进行分区，以便在不同的分区上存放不同的数据，采用不同的文件系统格式；必要时编写 MAPS 文件。

修改系统脚本：在系统启动后利用脚本挂载文件系统。

创建文件系统镜像文件：利用工具生成文件系统镜像文件，并通过 Flash 烧写工具将镜像文件烧写到 Flash 物理空间。

内核配置（运行 make menuconfig）：配置 MTD。要使用 cramfs 和 YAFFS 文件系统，首先需要配置 MTD。在 Memory Technology Devices (MTD) --->选项中选中如下选项。

```
<*> Memory Technology Device (MTD) support MTD 支持
[*]MTD partitioning support MTD 分区支持
```

```
<*> Direct char device access to MTD devices 字符设备的支持
<*> Caching block device access to MTD devices 块设备支持
NAND Flash Device Drivers ---> 对 NAND Flash 的支持
   <*>     SMC Device Support
   <*>     Simple Block Device for Nand Flash(BON FS)
   <*>     SMC device on S3C2410 SMDK
   [*]     Use MTD From SMC
```

配置文件系统。

```
<*>  Kernel automounter version 4 support (also supports v3) 文件系统自动挂载支持
<*>  DOS FAT fs support fs support 对 DOS/FAT 文件系统的支持
<*>   VFAT (Windows-95) fs support
<*>  Yaffs filesystem on NAND 对 YAFFS 文件系统的支持
<*>  Compressed ROM file system support 对 cramfs 文件系统的支持
[*]Virtualmemoryfilesystemsupport(formershmfs) 对 temfs 文件系统的支持
<*> Simple RAM-based file system support
[*] /proc file system support 对/proc 和/dev 设备文件系统的支持
[*] /dev file system support (EXPERIMENTAL)  /dev 设备文件系统支持
[*]    Automatically mount at boot                启动时自动挂载的支持
[*] /dev/pts file system for Unix98 PTYs
NetworkFileSystems --->
<*> NFS file system support                       对 NFS 网络文件系统的支持
[*] Provide NFSv3 client support
```

制作 cramfs 格式的根文件系统。

一个使用 Linux 内核的嵌入式系统中的 root 文件系统必须包括支持完整 Linux 系统的全部东西，因此，它至少应包括：基本的文件系统结构；至少有目录/dev、/proc、/bin、/etc、/lib、/usr；最基本的应用程序，如 sh、ls、cp 等；最低限度的配置文件，如 inittab、fstab 等；设备：/dev/null、/dev/console、/dev/tty*、/dev/ttyS*、对应 Flash 分区的设备节点等；基本程序运行所需的函数库。但由于嵌入式系统资源相对紧缺，在构建的时候要根据系统进行定制。

将文件系统放置到开发板之前需要用 mkcramfs 工具打包，我们所使用的物理文件系统是 cramfs，这个工具可以将制作好的文件系统按照 cramfs 支持的格式进行压缩，可以从 http://sourceforge.net/projects/cramfs/下载 cramfs-1.1.tar.gz。然后执行 tar zxvf cramfs-1.1.tar.gz 进入解包之后生成 cramfs-1.1 目录，执行编译命令：Make 编译完成之后，会生成 mkcramfs 和 cramfsck 两个工具，其中 cramfsck 工具是用来创建 cramfs 文件系统的，而 mkcramfs 工具则用来进行 cramfs 文件系统的释放以及检查。下面是 mkcramfs 的命令格式：

```
mkcramfs [-h] [-e edition] [-i file] [-n name] dirname outfile
```

mkcramfs 的各个参数解释如下：

-h：显示帮助信息；

-e edition：设置生成的文件系统中的版本号；

-i file：将一个文件映像插入这个文件系统之中（只能在 Linux 2.4.0 以后的内核版本中使用）；

bin：用户命令所在目录；

dev：硬件设备文件及其他特殊文件；

etc：系统配置文件，包括启动文件等；

home：多用户主目录；

-n name：设定 cramfs 文件系统的名字；

dirname：指明需要被压缩的整个目录树；

outfile：最终输出的文件。

cramfsck 的命令格式：

```
cramfsck [-hv] [-x dir] file
```

cramfsck 的各个参数解释如下：

-h：显示帮助信息；

-x dir：释放文件到 dir 所指出的目录中；

v：输出信息更加详细；

file：希望测试的目标文件。

小型嵌入式 Linux 系统安排 root 文件系统时有一个常用的利器：BusyBox。BusyBox 编译出一个单个的独立执行程序，就叫作 busybox。但是它可以根据配置，执行 ash shell 的功能，以及几十个各种小应用程序的功能。这其中包括有一个迷你的 vi 编辑器，以及其他诸如 sed,ifconfig,mkdir,mount,ln,ls,echo,cat 等，这些都是一个正常的系统上必不可少的，但是如果我们把这些程序的原件拿过来的话，它们的体积加在一起让用户吃不消。可是 busybox 有全部的这么多功能，大小也不过 100KB 左右。而且，用户还可以根据自己的需要，决定到底要在 busybox 中编译进哪几个应用程序的功能。这样的话，busybox 的体积就可以进一步缩小了。

下面，使用 busybox 生成文件系统中的命令部分，使用 mkcramfs 工具制作文件系统的过程如下：

① 复制 busybox 工具源代码。

```
cd /arm2410s/exp
mkdir rootfs cd rootfs/
cp -arf /arm2410s/busybox-1.00-pre10/ /arm2410s/root/ .
cd busybox-1.00-pre10/
```

注意：busybox-1.00-pre10 为 busybox 工具源代码，root 为 ARM2410-S 教学平台的发布版根文件系统内容。

② 配置、安装 busybox。

make menuconfig 配置界面如下所示。

```
General Configuration --->[*] Use the devpts filesystem for Unix98 PTYs
Build Options --->[*] Build BusyBox as a static binary (no shared libs)
                [*] Do you want to build BusyBox with a Cross Compiler?
```

进行到这一步时注意：

选择交叉编译 (/opt/host/armv4l/bin/armv4l-unknown-linux-gcc) Cross Compiler prefix 回车。

将路径改为/opt/host/armv4l/bin/armv4l-unknown-linux-。

```
Installation Options ---> [ ] Don't use /usr
Init Utilities  ---> 全都不要
Login/Password Management Utilities ---> 全都不要
Networking Utilities --->
* make dep
* make
* make PREFIX=./root install
```

注意：若 make dep 不起作用，请在 busybox-1.00-pre10/目录下用 "rm ./.depend" 命令删除.depend 文件，该文件保存了上次编译的依赖关系。

编译完后，会在当前目录下生成 root 目录，该目录内容如下：

```
[root@BC busybox-1.00-pre10]#ls root/
bin linuxrc sbin usr
```

bin、linuxrc、sbin、usr 目录中包含了常用到的命令，这些命令可以替代 ARM2410-S 教学平台的发布版根文件系统相应目录的命令。

③ 替代教学平台原根文件系统相应目录。

```
cd /arm2410s/exp/rootfs/root/
rm -rf bin/ sbin/ usr/
cp -arf /arm2410s/exp/rootfs/busybox-1.00-pre10/root/* .
```

④ 生成 cramfs 文件系统。

```
cd /arm2410s/exp/rootfs/
mkcramfs root root.cramfs
```

⑤ 烧写根文件系统（root）（参考《2410-S 快速开始手册.pdf》）启动 vivi，在 vivi 状态下，输入烧写根文件的命令为：tftp flash root root.cramfs。

7.4 嵌入式 Linux 系统的软件开发基础

随着嵌入式应用的日益深入，嵌入式系统的软件设计也越来越复杂，这就需要引入操作系统对其进行管理和控制，嵌入式操作系统成为应用软件设计的基础和开发平台。在众多的嵌入式操作系统中，嵌入式 Linux 因其开源性和优良的性能，得到广泛的应用。

由于嵌入式目标系统的资源限制，无法建立复杂的开发平台，所以在嵌入式系统的开发过程中，一般采用交叉开发方式。通常将开发平台与运行平台分开。开发平台建立在硬件资源丰富的 PC 或工作站上，称为宿主机。应用程序的编辑、编译、链接等过程在宿主机上完成，得到可执行文件。应用程序的最终运行平台是和宿主机有很大差别的嵌入式设备。

本节介绍在宿主机开发平台为 Linux 操作系统环境下的软件开发的基础知识。

7.4.1 Linux 常用命令介绍

在 Linux 操作系统环境下进行软件开发，需要熟悉一些常用的 Linux 命令。在 Linux 操作系统中，所有事物都被当作文件来处理：硬件设备（包括键盘和终端）、目录、命令本身，当然还有文件。

大多数的命令格式如下。

```
command [option] [source file(s)] [target file]
```

1．帮助命令

在所有命令中帮助命令是最有用的命令之一。在 Linux 中要了解一个命令的用法，可以通过 man 页面查看命令的详细说明。

2．进入与退出 Linux 系统

进入 Linux 系统时，必须要输入用户的账号，在系统安装过程中可以建立两种账号，即 root 和普通用户。root 是超级用户账号，通常由系统管理员使用，使用这个账号可以在系统中做任何事情。使用普通用户账号可以进行有限的操作。当用户正确输入用户名和口令后，就能合法地进入系统。屏幕将显示如下。

```
[root@loclhost/root]#
```

这时就可以对系统做各种操作了。超级用户的提示符是"#"，其他用户的提示符是"$"。不论是超级用户还是普通用户，需要退出系统时，在 shell 提示符下，键入 shutdown 命令即可。

3．文件操作的常用命令

（1）cp 命令

语法：cp [option]〈source〉〈target〉

功能：将文件或目录 source 复制为 target 文件或目录。

说明：option 选项的含义如下。

- –f：复制时删除已经存在的目录文件而不提示。
- -i：在覆盖目标文件前，将给出提示要求用户确认，回答"y"时目标文件将被覆盖。
- -p：此时 cp 除复制源文件的内容外，还把其修改的时间和访问权限也复制到新文件中。
- -r：若给出的源文件是一个目录文件，此时 cp 将递归复制该目录下所有的子目录和文件，此时目标文件必须是一个目录名。

（2）rm 命令

语法：rm [option] dir

功能：删除一个目录中的一个或多个文件或目录。

说明：option 选项的含义如下。

- -f：忽略不存在的文件，不给出提示。
- -r：将参数中列出的全部目录和子目录递归地删除，若没有该选项，rm 命令不会删除目录。
- -i：进行交互式删除，以免误操作。

例如：rm -rf dir 删除当前目录下名为 dir 的整个目录（包括下面的文件和子目录）。

4．目录操作的常用命令

（1）ls 命令

语法：ls [option] dir/file

功能：显示当前目录文件列表。

说明：option 选项的含义如下。

- -a：显示指定目录下所有子目录与文件，包括隐藏文件。
- -c：按文件的修改时间排序。

（2）cd 命令

语法：cd directory

功能：改变工作目录。

例如：cd / 切换到根目录。

　　　cd .. 切换到上一级目录。

　　　cd /mnt 切换到根目录下的 mnt 目录。

（3）pwd 命令

语法：pwd

功能：显示当前工作目录的绝对路径。

（4）mkdir 命令

语法：mkdir dirname

功能：创建一个名为 dirname 的目录。

（5）rmdir 命令

语法：rmdir dirname

功能：删除一个名为 dirname 的空目录。

（6）网络配置的相关命令

语法：ifconfig 网卡 ip 地址。

功能：设置网卡的 ip 地址。

实例：ifconfig eth0 192.168.0.115　　//设置网卡 eth0 的 ip 地址为 192.168.0.115

（7）ping 命令

语法：ping　ip 地址

功能：测试与 ip 地址的连接是否正常

实例：ping 192.168.0.83　　　　　　　　//测试与 192.168.0.83 的连接是否正常

5. 磁盘管理命令

（1）mount 命令

语法：mount [-t vfstype] [-o option] device dir

功能：在 Linux 系统下挂载设备。

说明：各选项的含义如下。

- -t vfstype：指定文件系统的类型，如 Linux 文件网络共享类型为 nfs。常用的类型还有：

光盘或光盘映像：iso9660；

DOS FAT16 文档系统：msdos；

Windows 9x FAT32 文档系统：vfat；

Windows NT NTFS 文档系统：ntfs；

Mount Windows 文档网络共享：smbfs。

- -o option：用于描述设备或档案的挂载方式。

　-ro：采用只读方式挂载设备。

-rw：采用读/写方式挂载设备。

● device：要挂载的设备。

● dir：设备在系统上的挂载点。

（2）umount 命令

语法：umount dir

功能：卸载已经挂载的设备。

说明：dir 表示设备在系统上的挂载点。

6．其他命令

（1）insmod 命令

语法：insmod [-fkmpsvxX][-o <模块名称>][模块文件][符号名称=符号值]

功能：加载驱动模块。

说明：Linux 有许多功能是模块化设计的，在需要时才载入 kernel。这样可使 kernel 较为精简，进而提高效率。这类可载入的模块，通常是设备驱动程序。

（2）rmmod 命令

语法：rmmod [-as][模块名称...]

功能：卸载驱动模块。

说明：执行 rmmod 指令可删除不需要的模块。

参数：

● –a：删除所有目前不需要的模块。

● –s：把信息输出至 syslog 常驻服务，而非终端机界面。

（3）Ctrl+C 命令

说明：执行该命令终止运行程序。

7.4.2　Linux 系统下的 vi 编辑器

vi 编辑器是所有 UNIX 及 Linux 系统下的标准编辑器。

1．vi 编辑器的工作模式

vi 是命令行编辑器，有 3 种工作模式：命令模式、插入模式和编辑模式。

命令模式是 vi 的默认模式，进入 vi 时，首先进入命令模式（同时也是编辑模式）。在该模式下可以键入命令来删除、更改、移动文本、定位光标、搜索文本字符串或退出 vi 编辑器。在命令模式下，所有命令都要以"："开始，所键入的字符系统均作命令来处理，如"：q"代表退出，"：w"表示存盘。

当键入 i、o、a 命令，就进入了插入模式，用户输入的所有可视字符都添加到文件中，显示在屏幕上。按 Esc 键可以回到编辑模式。

编辑模式和命令模式类似，都是要输入命令的，但它的命令不以"："开始，它直接接收键盘输入的单字符或组合字符命令，如直接按下 u 就表示取消上一次对文件的修改，相当于 Windows 下的 Undo 操作。编辑模式下有一些命令是要以"/"开始的，如查找字符串 string，就输入 string 则在文件中匹配查找 string 字符串。在编辑模式下按下"："就进入命令模式。

2．vi 的基本操作

（1）进入 vi。在系统提示符后输入 vi 及文件名称后，就进入 vi 全屏幕编辑界面。

```
$vi myfile
```

此时是处于命令行模式，按"i"切换到插入模式。

（2）在插入模式下编辑文件，编辑完成后按 Esc 键回到编辑模式。

（3）退出 vi 及保存文件。

在命令模式下，按一下"："冒号键进入命令模式，此时可以保存文件退出 vi。例如：

```
:w filename      ;将文件以指定的文件名 filename 保存
:wq              ;存盘并退出 vi
:q!              ;不存盘强制退出 vi
```

3．vi 的常用命令

（1）光标移动命令

h：光标左移一个字符；

l：光标左移一个字符；

k：光标上移一行；

j：光标下移一行；

Ctrl+b：向文件首翻一页；

Ctrl+f：向文件尾翻一页；

Ctrl+u：向文件首翻半页；

Ctrl+d：向文件尾翻半页；

0：移到文章的开头；

G：移动到文章的最后；

$：光标移动到所在行的行尾；

^：光标移动到所在行的行首。

（2）删除、复制、替换命令

x：删除光标所在处的字符；

dd：删除光标所在行；

yy：复制光标所在行到缓冲区；

p：将缓冲区内的字符贴到光标所在位置；

r：替换光标所在处的字符；

R：替换光标所到之处的字符，直到按下 Esc 键为止；

u：取消上一次操作。

7.5 嵌入式 Linux 下交叉开发环境的建立与软件开发过程

本节将以 UP-NetARM2410-S 教学实验系统为硬件平台，具体介绍嵌入式 Linux 下交叉开发环境的建立方法和应用软件的开发过程。

7.5.1 嵌入式教学实验系统简介

UP-NetARM2410-S 实验箱是基于 ARM 体系结构，由北京博创兴业科技有限公司开发的嵌入式系统实验教学平台。它具有丰富完善的软、硬件资源，并配有详尽的教学实验教程。

该开发平台配置灵活、接口丰富，采用基于统一总线的模块化、开放式结构设计；支持实时操作系统运行，提供完善的 BSP 支持库，支持各种接口的驱动。提供高效适用的文件系统（FS）和图形接口（GUI）技术支持，为用户构建了稳健的嵌入式系统软硬件应用开发平台。图 7-25 所示为 UP-NetARM2410-S 教学实验系统的硬件配置。

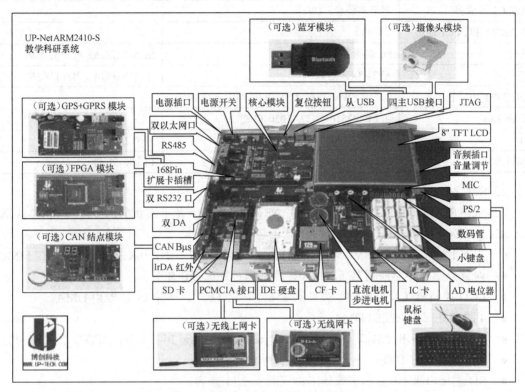

图 7-25 UP-NetARM2410-S 教学实验系统硬件配置

1. 教学实验系统的硬件配置

UP-NetARM2410-S 的硬件配置如表 7-3 所示。

表 7-3　　　　　　　　　　　　　　　**UP-NetARM2410-S 的硬件配置**

配 置 名 称	型 号	说 明
CPU	ARM920T 结构芯片三星 S3C2410X	工作频率 203MHz
Flash	SAMSUNG K9F1208	64M NAND
SDRAM	HY57V561620AT-H	32MB × 2 = 64MB
EtherNet 网卡	AX88796	10/100Mbit/s 自适应
LCD	LQ080V3DG01	8 寸（20.32cm）16bit TFT
触摸屏	SX-080-W4R-FB	FM7843 驱动
USB 接口	2 个 HOST/1 个 Device	由 AT43301 构成 USB Hub
UART/IrDA	2 个 RS232，1 个 RS485，1 个 IrDA	从处理器的 UART2 引出
AD	由 S3C2410X 芯片引出	3 个电位器控制输入

配 置 名 称	型 号	说 明
AUDIO	IIS 总线，UDA1341 芯片	44.1kHz 音频
扩展卡插槽	168Pin EXPORT	总线直接扩展
GPS_GPRS 扩展板	SIMCOM 的 SIM300-E 模块	支持双道语音通信
IDE/CF 卡插座	笔记本硬盘，CF 卡	
PCMCIA 和 SD 卡插座		
PS2	PC 键盘和鼠标	由 ATMEGA8 单片机控制
IC 卡座	AT24CXX 系列	由 ATMEGA8 单片机控制
DC/STEP 电动机	DC 由 PWM 控制，STEP 由 74HC573 控制	
CAN Bus	由 MCP2510 和 TJA1050 构成	
DA	MAX504	一个 10 位 DAC 端口
调试接口	JTAG	14 针，20 针

2. S3C2410X 芯片简介

UP-NetARM2410-S 的核心处理器采用 ARM9 系列中一款非常优秀的处理器 S3C2410X。S3C2410X 芯片集成了大量的功能单元，包括：

- 内部 1.8V，存储器 3.3V，外部 IO 3.3V，16KB 数据 CACH，16KB 指令 CACHE，MMU；
- 内置外部存储器控制器（SDRAM 控制和芯片选择逻辑）；
- LCD 控制器（最高 4K 色 STN 和 256K 彩色 TFT），一个 LCD 专用 DMA；
- 4 路带外部请求线的 DMA；
- 3 个通用异步串行端口（IrDA1.0, 16-Byte Tx FIFO, and 16-Byte Rx FIFO），2 通道 SPI；
- 一个多主 IIC 总线，一个 IIS 总线控制器；
- SD 主接口版本 1.0 和多媒体卡协议版本 2.11 兼容；
- 2 个 USB HOST，一个 USB Device（VER1.1）；
- 4 个 PWM 定时器和一个内部定时器；
- 看门狗定时器；
- 117 个通用 IO；
- 24 个外部中断；
- 电源控制模式：标准、慢速、休眠、掉电；
- 8 通道 10 位 ADC 和触摸屏接口；
- 带日历功能的实时时钟；
- 芯片内置 PLL；
- 设计用于手持设备和通用嵌入式系统；
- 16/32 位 RISC 体系结构，使用 ARM920T CPU 核的强大指令集；
- ARM 带 MMU 的先进的体系结构支持 WinCE、EPOC32、Linux；
- 指令缓存（Cache）、数据缓存、写缓冲和物理地址 TAG RAM，减小了对主存储器带宽和性能的影响；
- ARM920T CPU 核支持 ARM 调试的体系结构；

- 内部先进的位控制器总线（AMBA2.0, AHB/APB）。

S3C2410X 芯片结构框图如图 7-26 所示。

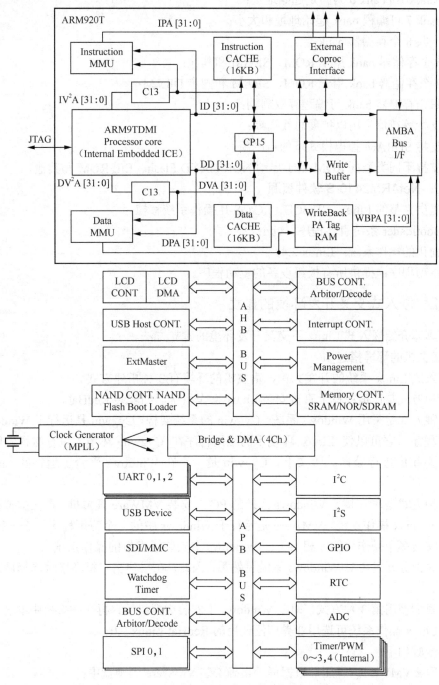

图 7-26 S3C2410X 芯片结构框图

S3C2410X 芯片系统管理包括：

- 小端/大端支持；

- 地址空间：每个 bank128MB（全部 1GB）；
- 每个 bank 可编程为 8/16/32 位数据总线；
- bank 0 到 bank 6 为固定起始地址；
- bank 7 可编程 bank 起始地址和大小；
- 一共 8 个存储器 bank；
- 6 个存储器 bank 用于 ROM、SRAM 和其他；
- 2 个存储器 bank 用于 ROM、SRAM 和同步 DRAM；
- 每个存储器 bank 可编程存取周期；
- 支持等待信号用以扩展总线周期；
- 支持 SDRAM 掉电模式下的自刷新；
- 支持不同类型的 ROM 用于启动 NOR/NAND Flash、EEPROM 和其他。

3. UP-NetARM2410-S 软件资源

- 提供完整的 Linux、WinCE、µC/OS-II 操作系统移植；
- Bootloader 系统引导程序：vivi；
- 固化的操作系统：Linux 2.4；
- 驱动程序：提供所有板级设备的驱动程序。

7.5.2 嵌入式交叉开发环境的建立

本节具体介绍嵌入式 Linux 下交叉开发环境的建立方法。

1. 宿主机的环境搭建

以嵌入式 Linux 系统的开发为例，宿主机的环境有 3 种搭建方式。

第 1 种方式是在宿主机上直接安装 Linux 操作系统，如安装 RedHat。

第 2 种方式是采用 Windows 系统+ Cygwin 的系统架构。Cygwin 是运行于 Windows 中的一个应用程序，它可以使 Linux 环境下的应用程序在 Cygwin 环境下进行编译，即可以在 Windows 系统中进行编译。事实上，Cygwin 是一个在 Windows 平台上运行的 Linux 模拟环境。

第 3 种方式是在安装了 Windows 系统的 PC 上安装 VMWare 虚拟机，再在虚拟机上安装 REDHAT−Linux 操作系统。VMWare 是运行于 Windows 中的一个应用程序，是一个虚拟机，其上可以安装多个操作系统，相当于在 Windows 上安装了虚拟的操作系统。

因为大部分开发者对 Windows 系统更熟悉，因此，在搭建宿主机环境时选择后两种方式的人较多。

这里我们使用第 3 种方式，即在 Windows 下安装虚拟机后，再在虚拟机中安装 Linux 操作系统。Linux 操作系统可选用业界广泛使用的 RedHat Linux 9.0。

具体步骤如下：

- 下载 VMWare，解压后根据提示正确安装 VMWare 到硬盘中；
- 运行 VMWare，根据向导创建一台新虚拟机并选择 Linux 作为客户操作系统；
- 根据向导安装 RedHat Linux 9.0。

2. 虚拟机中启动 Linux 操作系统

在虚拟机中启动 Linux 操作系统的方法是：使用 root 登录，用户名为 root，密码为 123456，如图 7-27、图 7-28 和图 7-29 所示。

图 7-27 输入用户名

图 7-28 输入密码

这时的开发主机就是一个具有双操作系统的机器,对文件和目录的大部分操作可以在熟悉的 Windows 系统下完成,只有代码生成和 Linux 系统直接相关的工作才必须在 Linux 下完成。因此,为了操作方便,需要在两个操作系统间设置文件共享,具体方法是:在虚拟机的 Linux 界面中右击 Red Hat Linux,在弹开的快捷菜单中选择 Settings→Option→Shared Folders 命令,然后在打开的文件共享配置界面中按照 Wizard 的向导添加共享目录,如图 7-30 所示。

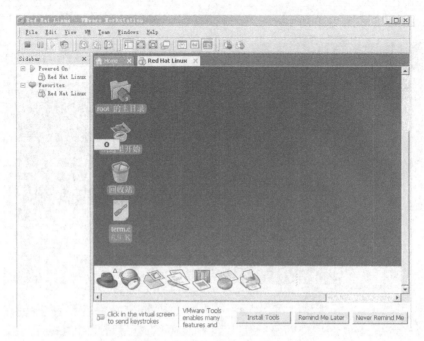

图 7-29　Linux 操作系统启动完成

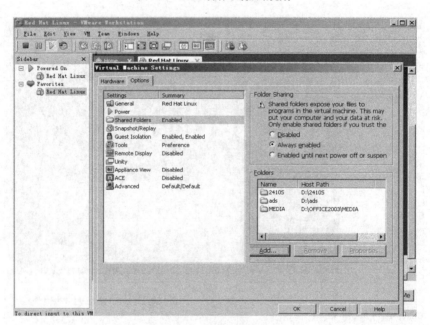

图 7-30　设置文件共享

例如，将 Windows 下的 e 盘设为共享目录，则在 Linux 的/mnt/hgfs/目录下就可以访问到 Windows 下的 e 盘了。

3．开发工具软件的安装

在宿主机上需要建立适合于目标机的交叉编译环境。交叉编译环境的建立最重要的就是要有一个交叉编译器。所谓的交叉编译就是利用运行在主机上的编译器编译某个源程序，生成在另一台机器上运行的目标代码的过程。这里主要用到的编译器是 arm-gcc，它是 GCC 的

ARM 改版。目前 Linux 操作系统主要是以 GCC 模式进行移植的。GCC 输出的是汇编语言程序，如果想要进一步编译成想要的机器代码，则还需要汇编器等的协助。GCC 工具链中通常包含 GNU Binutils，GNU GCC，GNU Glibc。Binutils 中主要包含链接器 ld 和汇编器 as。GNU Glibc 提供了一个 C 库，使得系统能完成基本的系统调用及其他的一些函数调用。

（1）安装 gcc

在 Linux 主窗口中单击鼠标右键，选择"新建终端"命令，打开 Linux 命令行窗口。在目录/mnt/hgfs/e/Linux v7.2/armv4l-tools/下找到 gcc 的安装文件 install.sh 并执行它，如图 7-31 所示。操作命令如下：

```
[ ]#ls
[ ]#./install.sh
```

图 7-31　安装 gcc

安装程序将自动建立/arm2410s 目录，并将所有开发软件包安装到/arm2410s 目录下，同时自动配置编译环境，建立合适的符号连接。安装完成后在目录/opt/host/armv4l/bin/下应该能看到主编译器 Armv4l-unknown-linux-gcc。

（2）配置 PATH 路径

- /root/下有一个".bash_Profile"文件（因为该文件是隐藏文件，所以需用用"ls -a"命令才能显示）；
- 用 vi 编辑器编辑该文件：

```
[ ]#vi .bash_Profile
```

将文件中 PATH 变量改为：

```
PATH=$PATH:$HOME/bin:/opt/host/armv4l/bin/;
```

- 存盘后执行：

```
[ ]#source .bash_profile,
```

以后 armv4l-unknown-linux-gcc 将会被自动搜索到。

4. 宿主机上的开发环境配置

这里的环境配置主要是指网络环境的配置，主要工作内容包括配置 IP 地址、NFS 服务和防火墙。网络配置主要是要安装好以太网卡，对于一般常见的 RTL8139 网卡，REDHAT9.0 可以自动识别并自动安装好，无须用户参与。

（1）配置 IP 地址

在嵌入式系统的交叉开发中，在主机上生成的可执行文件往往通过网络（ftp、nfs 等）下载到目标机中，所以在网络配置时要将主机（host）的 IP 地址与目标机配在同一网段内。

因为我们的目标机——实验箱的 IP 地址是 192.168.0.115，所以可以把主机的 IP 配置成 192.168.0.121，具体配置方法如下：

```
[ ]#ifconfig eth0 192.168.0.121
```

在 Linux 中选择"Red"菜单→"系统设置"→"网络"，打开"网络配置"窗口，如图 7-32 所示。双击设备 eth0 的蓝色区域，进入以太网设置界面，如图 7-33 所示。

图 7-32 "网络配置"窗口

图 7-33 以太网常规设置界面

一般情况下，至此 IP 的配置就结束了，但机房中通过网络复制安装系统的机器要注意：必要时 MAC 地址需要重新探测（以太网设备→硬件设备），重新激活。

（2）关闭防火墙

对于 REDHAT9.0，它默认的情形是打开防火墙，对于外来的 IP 访问它全部拒绝，这样其他网络设备将无法访问它，即无法用 NFS mount 它，许多网络功能都将无法使用。因此，网络安装完毕后，应立即关闭防火墙。操作方法如下：单击"Red"菜单→"系统设置"→"安全级别"，打开"安全级别配置"窗口，如图 7-34 所示，选择"无防火墙"选项如图 7-35 所示。

（3）配置 NFS

单击"Red"菜单→"系统设置"→"服务器设置"→"服务"，在"服务配置"窗口中勾选 nfs，单击"开始"。

（4）NFS 设置

单击"Red"菜单→"系统设置"→"服务器设置"→"NFS 服务器"，打开"NFS 服务器配置"窗口，设置 NFS 共享。单击"增加"出现如下界面，在"目录"文本框中填入需要共享的路径，在主机文本框中填入允许进行连接的主机 IP 地址。选择允许客户对共享目录的操作为只读或读/写，如图 7-36 所示。

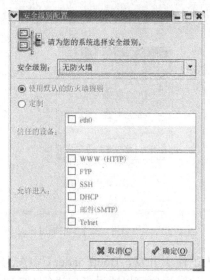

图 7-34 以太网路由设置界面   图 7-35 安全级别设置

对客户端存取服务器的其他设置如图 7-37 所示。

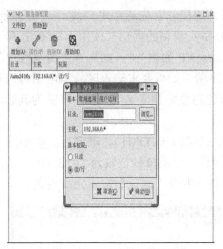

图 7-36 NFS 基本设置   图 7-37 NFS 用户访问设置

当将远程根用户当作本地根用户时，对于操作比较方便，但是安全性较差，如图 7-38 所示。

最后退出时则完成 NFS 配置。配置好后，界面应显示如图 7-39 所示。

至此，交叉开发环境的主机部分配置完成。

5. 目标机的信息输出

目标机 UP-NetARM2410-S 实验箱上烧写了嵌入式 Linux 操作系统内核及文件系统，使用的 BootLoader 程序是 vivi。vivi 是由韩国 Mizi 公司开发专用于 ARM9 处理器的一种 Bootloader。

图 7-38　远程根用户当作本地根用户　　　　　　　　图 7-39　配置好的 NFS

为了便于开发，BootLoader 程序必须与宿主机建立通信，最常用的方式是串口通信。BootLoader 程序可以通过串口进行 I/O 操作，与外界交换数据和信息。

在宿主机这一侧，可以用 Windows 自带的超级终端与目标机通信，也可以在 Linux 系统下用 MINICOM 程序与目标机通信。

下面以使用超级终端为例介绍宿主机与实验箱的通信。首先连接串口线：一端连接 PC 的串口（COM1），另一端连接到 UP-NETARM2410-S 实验箱的串口（使用串口 0）。接下来建立超级终端：运行 Windows 系统下的（以 Windows XP 为例）"开始"→"所有程序"→"附件"→"通讯"→"超级终端"，新建一个通信终端。如果要求输入区号、电话号码等信息请随意输入，出现如图 7-40 所示对话框时，为所建超级终端取名为 arm，可以为其选一个图标，然后单击"确定"按钮。

在接下来的对话框中选择实验箱实际连接的 PC 机串口（COM1），确定后出现如图 7-41 所示的"COM1 属性"对话框，设置通信的格式和协议。设置每秒位数为"115200"，数据位为"8"，无奇偶校验，停止位为"1"，无数据流控制。单击"确定"按钮完成设置。

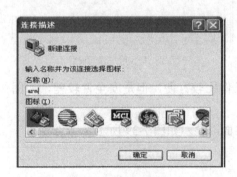

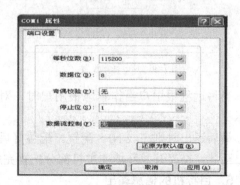

图 7-40　创建超级终端　　　　　　　　　　　　图 7-41　设置串行口

打开实验箱电源，实验箱运行 BootLoader 程序，引导 Linux 操作系统，在主机的超级终端上就可以看到程序输出的信息了。

在这样的交叉开发环境中，虚拟机中 Linux 终端代表的是宿主机，超级终端显示的信息是目标机的信息。

6．程序的运行

动态调试时，在宿主机的 Linux 环境下编译生成的可执行文件可通过 nfs 共享的方式在目标机上运行。具体做法如下。

打开超级终端，打开实验箱电源开关，系统会由 vivi 开始引导。正常启动时会显示启动信息到 "Press Return to start the LINUX now, any other key for vivi"，如果不进行任何操作等待 30s 或按回车键则启动进入 Linux 系统；如果按回车键以外的其他键则进入 vivi 控制台。在这里输入 boot，会引导 Kernel 启动 Linux 系统。Linux 系统启动完成后，屏幕显示：

```
[/mnt/yaffs]
```

目标机文件系统的根目录下有 bin、etc、lib　mnt、root 等目录，在/mnt/目录下有 hdap1、hdap2、hdap3、nfs、udisk、yaffs 等目录，nfs 为空目录，用来挂载主机的共享文件目录。

设主机 IP 地址为 192.168.0.21，主机共享目录为/arm2410s，在主机上编译生成的可执行文件存在该目录下。在超级终端上执行如下挂载命令：

```
[/mnt]mount -t nfs 192.168.0.21:/arm2410s  /mnt/nfs
```

执行完成后到目标机/mnt/nfs 目录下看是否可以列出/arm2410s 目录下的所有文件和目录。如果能看到，则说明挂载成功。挂载成功后可执行程序。

7.5.3　基于 Linux 的应用程序的开发步骤

开发 Linux 应用程序一般分为以下几个步骤：

- 编写源程序；
- 编写 Makefile 文件；
- 编译程序；
- 运行和调试程序；
- 将生成的可执行文件加入文件系统。

其中前 3 个步骤在宿主机上完成，后面的步骤在目标机上完成。

下面以编写 Hello 程序为例，说明应用程序的开发过程。

1．建立工作目录

```
[root@arm2410s]#mkdir hello
[root@arm2410s]#cd hello
```

2．编写源程序

用 vi 编辑器编辑 Hello.c 文件：

```
[root@arm2410s/hello]# vi hello.c
```

在 vi 中输入源程序如下：

```
# include <stdio.h>
main()
```

```
{
    printf("hello world \n");
}
```

3. 编写 Makefile 文件

```
[root@zxt hello]#vi Makefile
```

在 vi 中编辑 Makefile 文件如下:

```
CC= armv4l-unknown-linux-gcc
EXEC = hello
OBJS = hello.o
CFLAGS +=
LDFLAGS+=   static
all: $(EXEC)
$(EXEC): $(OBJS)
$(CC) $(LDFLAGS) -o $@ $(OBJS)
clean:
-rm -f $(EXEC) *.elf *.gdb *.o
```

注意:"$(CC) $(LDFLAGS) -o $@ $(OBJS)"和"-rm -f $(EXEC) *.elf *.gdb *.o"前空白由一个 Tab 制表符生成,不能单纯由空格来代替。

4. 编译程序

在 hello 目录下运行"make"来编译程序。如果进行了修改,重新编译运行。

```
[root@zxt hello]#make clean
[root@zxt hello]#make
```

编译成功后,生成可执行文件 Hello。

注意:以上工作均在宿主机上完成。

5. 下载调试

在宿主机上启动 nfs 服务,并将/arm2410s 设置为共享目录。接下来启动超级终端,在超级终端中建立开发板与宿主机间的通信。通过挂载命令将宿主机的 arm2410s 目录挂载到实验箱的/mnt/nfs 目录下。

```
[/mnt]#mount -t nfs 192.168.0.21:/arm2410s  /mnt/nfs
```

成功挂接宿主机的 arm2410s 目录后,在实验箱上进入/mnt/nfs 目录便相应进入宿主机的/arm2410s 目录。再进入/mnt/nfs/hello,用户可以直接运行刚刚在宿主机上编译生成的可执行文件 Hello,查看运行结果。

```
[/mnt/nfs]#cd hello
[/mnt/nfs/hello]#./hello
hello world
```

实验箱挂载宿主机目录只需要挂载一次便可,只要实验箱没有重启,就可以一直保持连接。这样可以反复修改、编译、调试,直至程序调试通过。

6．可执行文件加入文件系统

程序调试通过后，可以把可执行文件拖放到 usr/bin 目录下，然后使用 mkcramfs 制作工具生成新的文件系统。当系统启动后，就可以在相应目录下执行可执行程序 hello。

思考题与练习

1．分析并说出操作系统、嵌入式系统、嵌入式操作系统的区别与联系。

2．分析嵌入式 Linux 操作系统的特点，并指出其优势。

3．说明嵌入式 Linux 操作系统中进程管理的内容和具体方式。

4．说明嵌入式 Linux 操作系统中存储管理的内容和具体方式。

5．说明嵌入式 Linux 操作系统中文件系统管理的内容和具体方式。

6．说明嵌入式 Linux 操作系统中设备管理的内容和具体方式。

7．简述嵌入式 Linux 引导的具体过程及其作用。

8．根据 7.3 节的内容，描述如何构建一套嵌入式 Linux 操作系统。

9．什么是交叉开发环境？嵌入式 Linux 下交叉开发环境如何建立？

10．开发 Linux 应用程序一般有哪几个步骤？

11．编写一个 Hello 程序，详细说明应用程序的开发过程。

第 8 章　嵌入式系统设计方法及开发实例

8.1　引言

嵌入式系统是技术密集、资金密集、高度分散、不断创新的新型集成知识系统。嵌入式计算机系统同通用型计算机系统相比具有以下特点。

- 嵌入式系统通常是面向特定应用的，嵌入式 CPU 与通用型的最大不同就是嵌入式 CPU 大多工作在为特定用户群设计及特定的应用系统中，它通常都具有功耗低、体积小、集成度高、可靠性高等特点，能够把通用 CPU 中许多由板卡完成的任务集成在芯片内部，从而有利于嵌入式系统设计趋于小型化，移动能力大大增强，跟网络的耦合也越来越紧密。

- 嵌入式系统是将先进的计算机技术、半导体技术和电子技术与各个行业的具体应用相结合后的产物；嵌入式系统的硬件和软件都必须高效率地设计，可裁减、量体裁衣、去除冗余，力争在同样的硅片面积上实现更高的性能，这样才能在具体应用中对处理器的选择更具有竞争力。

- 嵌入式系统和具体应用有机地结合在一起，它的升级换代也是和具体产品同步进行，因此，嵌入式系统产品一旦进入市场，具有较长的生命周期。

- 为了提高执行速度和系统可靠性，嵌入式系统中的软件一般都固化在存储器芯片或单片机本身中，而不是存储于磁盘等载体中。

- 嵌入式系统本身不具备自主开发能力，即使设计完成以后用户通常也是不能对其中的程序功能进行修改的，必须有一套开发工具和交叉开发环境才能进行开发。

多数真正的嵌入式系统的设计实际上是很复杂的，其功能要求非常详细，且必须遵循许多其他要求，如成本、性能、功耗、质量、开发周期等。大多数嵌入式系统的复杂程度使得该系统无法由个人设计和完成，而必须在一个开发团队中相互协作来完成，开发人员必须遵循一定的设计过程，明确分工，相互交流并能达成一致。设计过程还会受到外在和内在因素的影响而变化。外在影响包括消费者的变化、需求的变化、产品的变化、元器件的变化等，内在影响包括工作的改进、人员的变动等。这些都要求嵌入式系统开发人员必须掌握一定的系统设计方面的技术。

通用的软件系统开发是一个模型化过程，同样，对嵌入式系统也要经历可行性分析、需求分析、总体设计、详细设计、软件编码、测试、维护等阶段。在需求分析阶段，要分析用户需求，初步确定硬件和软件，检查分析结果，确定总体功能和性能及相关的约束条件；在概要设计阶段，从功能需求实现总体模型设计，将需求转换为实现方法，包括硬件和软件方法；在详细设计阶段，要进行体系结构设计、软/硬件设计、具体模块设计、算法设计等；在实现阶段，进行软/硬件实现、编码、联调，同时要进行测试。

在嵌入式系统开发过程中，由于是专用的计算机系统，运行在特定的目标环境中，需要同时满足功能、性能等多方面的要求。要考虑到实时性、可靠性、稳定性、可维护性、可升级、可配置、易于操作、接口规范、抗干扰、物理尺寸、重量、功耗、成本、开发周期等多种因素。良好的设计方法在嵌入式系统的开发过程中是必不可少的。首先，好的方法有助于规划一个清晰的工作进度，避免遗漏重要的工作，如性能的优化和可靠性测试对于一个合格的嵌入式产品而言是不可或缺的。其次，采用有效的方法可以将整个复杂的开发过程分解成若干可以控制的步骤，通过现代一些先进计算机辅助设计工具的帮助，可以按部就班、有条不紊地完成整个项目。在嵌入式应用开发中，首要考虑的问题就是硬件初始化、系统的软/硬件协同开发，包括集成开发环境、高级语言的使用、目标板存储器资源以及应用程序初始化。

总体而言，嵌入式系统的开发涉及硬件开发和软件开发两个环节，硬件开发主要涉及硬件选型、电路图设计、制板、调试等步骤。软件开发主要涉及编码、交叉编译、运行调试、测试等。

嵌入式系统开发的一般过程可以描述为：系统定义阶段、系统总体设计阶段、构件设计阶段、编码阶段和集成测试阶段。

- 系统定义阶段：主要确定设计任务和设计目标，定义系统的边界，设计编制规格说明书作为正式设计指导和验收的标准。系统的需求一般分为功能性需求和非功能性需求两方面。功能性需求是系统的基本功能，如输入/输出信号、操作方式等；非功能需求包括系统性能、成本、功耗、体积、重量等因素。在定义阶段核心内容是了解用户的需求，即系统"做什么"，需要开发人员与用户进行充分的交流与沟通，明确系统的功能和实现的性能，产出物是系统规格说明书。

- 系统总体设计阶段：主要描述"怎么做"的问题，即系统如何实现由系统定义规定的那些功能。它需要解决嵌入式系统的总体框架，从功能实现上对软/硬件进行划分。在此基础上，选定处理器和基本接口器件；根据系统的复杂程度确定是否使用操作系统，以及选择哪种操作系统；此外，还需要选择系统的开发环境。系统总体设计阶段的核心工作是确立总体设计方案，包括软/硬件划分、基本硬件配置方案、软件方案、各个模块接口关系、系统体系结构、系统功能与非功能约束、开发环境等。产出物是系统总体设计方案。

- 构件设计阶段：构件通常包括硬件和软件两部分。构件设计使得构件、体系结构和规格说明相一致。构件一般有标准构件和定制构件两种方式。标准构件可以直接使用，如 CPU、存储器以及相关的软件构件。使用这些标准构件不仅节约设计时间，而且有可能较快地实现系统完成的部分功能，同时可以提高系统的可靠性和质量。定制构件是自己设计一些构件，如使用集成电路设计 PCB，做大量定制的编程等。在设计期间，经常会利用一些计算机辅助设计工具和开发平台，并且对每个构件都需要进行功能、性能等方面的测试。构件设计阶段的核心是定义各种构件的功能、性能、接口参数等。产出物为构件设计方案。

- 编码阶段：这一阶段可以看作是构件设计的实现阶段，即设计算法并编写相关代码。产出物是模块开发卷宗。
- 集成测试阶段：将测试完成的软件系统装入制作好的硬件系统中，进行系统集成并综合测试，验证系统功能是否能够准确无误地实现，各方面指标是否符合设计要求，最后将正确无误的软件固化在目标硬件中。必须确保在体系结构和构件设计阶段尽可能容易地按阶段组装系统，并相对独立地测试系统功能。

8.2 软件工程及嵌入式软件工程

随着微电子学技术的飞速发展，计算机硬件的性价比和质量在不断提高。与此同时，计算机软件系统成本却在不断上升，规模越来越庞大，结构越来越复杂。随着市场竞争的加剧，用户需求在不断地变化和提升，开发的软件要不断满足用户的个性化需求，能够快速地适应市场。软件开发的生产率也越来越满足不了计算机应用日益普及的需求，事实上软件也成为计算机发展的关键因素。

在计算机系统发展早期，软件开发基本沿用软件作坊式的个体化开发方法，程序质量低下、错误频出、进度延误、软件可靠性低、开发及维护费用较高等。这样的开发方式已远不能适应现代软件发展要求，导致了"软件危机"。1968 年，北大西洋公约组织正式提出了"软件工程"这个名词。

软件工程（Software Engineering，SE）是"以系统的、学科的、定量的途径，把工程应用于软件的开发、运营与维护；同时，开展对上述过程中各种方法和途径的研究"。软件工程是一门研究用工程化方法构建和维护有效的、实用的和高质量的软件的学科。它涉及程序设计语言、数据库、软件开发工具、系统平台、标准、模式等方面。软件工程强调的是软件产品的生产特性，对软件设计方法论及工程化技术展开研究，将计算机理论与工程方法相结合，辅助以一系列开发工具，为快速开发质量高、满足个性化需求的软件提供科学的方法。

软件工程研究的主要内容有 4 个方面：方法与技术、工具与环境、管理技术、标准与规范，涉及有关的基本概念、工具、方法、方法学等。

目前，嵌入式系统广泛地应用于汽车、轨道交通、航天、军事、医疗器械、工业自动化、通信系统、信息家电、智慧产业、消费类电子产品等众多领域。嵌入式系统的许多功能是通过软件来实现的，软件对于嵌入式系统具有重要的技术和经济意义。同样，在嵌入式的软件开发中也会遇到和通用计算软件开发中遇到的相同问题：开发效率、软件质量、代码复用、可靠性、开发费用等。嵌入式系统软件工程有别于通常的软件工程一些特殊的要求和限制，如存储容量、开发方法、相关工具使用等。相应地，其必须能够适应开发嵌入式系统的一些特殊要求。

嵌入式系统的软件工程，就是研究如何将软件工程内容、方法、原理、模型、工具等在嵌入式系统开发领域得到应用。目前，该系统在发达国家是研究的一个热点和重点。最近几年，国内对嵌入式系统软件方面的重要性及在工程实际中的广泛应用也有了足够的认识。

8.2.1　概述

软件工程是在克服 20 世纪 60 年代末出现的"软件危机"的过程中逐渐形成与发展的。1968 年在北大西洋公约组织举行的软件可靠性学术会议上第一次提出了"软件工程"的概念，其核心是将软件开发纳入工程化的轨道，以保证软件开发的效率和质量。

软件工程有较多的定义，基本思想是强调在软件开发过程中多用工程化原则的重要性，即软件工程是一门指导软件系统开发的工程学科，以计算机理论及其他相关学科的理论为指导，采用工程化的概念、原理、技术和方法进行软件的开发与维护，把经实践证明的科学的管理措施与最先进的技术方法结合起来，软件工程研究的目标是"以较少的投资获取高质量的软件"。

软件工程的发展已经历了 4 个阶段。第 1 代软件工程：20 世纪 60 年代末，软件生产主要采用"生产作坊"方式，主要表现为软件生产效率低下，软件产品质量低劣。第 2 代软件工程：从 20 世纪 80 年代中期开始，面向对象的方法与技术得到迅速发展，软件工程研究重点从程序设计语言逐渐转移到面向对象的分析与设计，并形成一种完整的开发技术体系。第 3 代软件工程：强调"软件过程"的控制与管理，提出了软件项目管理的计划、组织、成本估算、质量保证、软件配置管理等技术与策略。第 4 代软件工程：20 世纪 90 年代起，软件复用和基于构件的开发方法取得重要进展，软件复用技术及构件技术为克服软件危机提供了一条有效途径，提高了软件的效率、质量，降低了成本，已成为当前软件工程的重要研究方向。可以预见未来的软件开发实施模式是构件工程，强调的是软件的快速搭建配置，即复用，而不是从头开发编写原代码。

软件开发是一种组织良好、管理严密、协同完成的工程项目，即按工程化的原则和方法组织管理软件开发工作。软件过程模型也称为软件生存周期模型或软件开发模型，是描述软件过程中如何执行的模型。到目前为止已经提出了多种模型，主要有线性顺序模型即传统的瀑布模型、增量模型、螺旋模型、快速开发模型、喷泉模型、智能模型等。

典型的瀑布模型如图 8-1 所示。其他模型请参考相关资料。

该软件开发模型是 1970 年 W.Royce 提出的，他将软件开发活动中的各项活动规定为依线性顺序连接的若干阶段，最终得到软件系统或产品，在该阶段中的每一个工作都以上一个工作的结果为依据，同时作为下一个阶段的工作基础。

由于瀑布模型无法解决需求不明确或需求反复的情况，会导致软件实施的成本增加，工期进度无法完成，从而带来软件开发的风险，这是该模型的最大缺点，目前已经很少使用这样的模型来开发，更多地是采用快速原型开发模型来实现。

软件开发方法是一种用早已定义好的技术集及符号表示习惯来组织软件生产过程的方法，其目标是要在规定的投资和时间内，开发出符合用户需求的高质量的软件。目前，软件开发方法总体分为两大类：面向过程的开发方法和面向对象的开发方法。

面向过程的软件开发方法把问题进行了分解，按照高内聚性和低耦合性划分功能，各功能模块相互调用，软件维护成本大；核心是从应用功能角度来划分功能模块，定义每个模块完成的功能及接口，再进行系统模块的集成。而面向对象开发方法是找出问题域对象，各对象进行消息传递，从而完成具体的功能，软件复用性高，维护性好；核心是找出系统的对象，定义对象的状态、功能以及对象之间的消息通信。

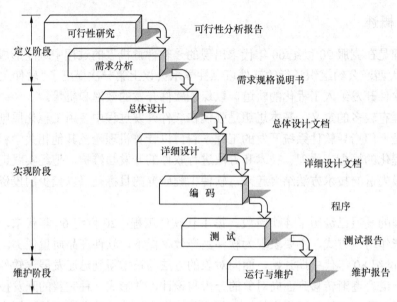

图 8-1　瀑布模型

面向对象的开发方法是 20 世纪 80 年代推出的一种全新的软件开发方法，其基本思想以更接近人类通常思维的方式建立问题领域的模型，以便对客观的信息实体进行结构和行为的模拟，从而使设计的软件能更直接的表现问题的求解过程，面向对象开发方法由 OOA（面向对象分析）、OOD（面向对象的设计）和 OOP（面向对象的程序设计）三部分组成。

嵌入式软件工程是介于传统的软件工程和系统工程之间的一门重要的学科，它借助于这些领域里的一些技术、方法和开发过程，并根据嵌入式系统的特点补充额外的求解方法。各个不同领域的性能要求和约束情况对于嵌入式系统的软件开发有很大影响。除了在传统软件工程中的几乎无须改变就可直接应用的解决方法之外，还出现了一些方法，主要用于解决嵌入式系统中出现的一些特定问题。对于嵌入式系统中所谓的一些非功能性特点的特定要求，如安全性要求、实时性要求、可靠性要求以及系统资源的限制（如存储容量的限制），就是属于嵌入式系统的特定问题。

开发嵌入式软件时，在所应用的方法和技术方面也存在着类似的一些附加措施。除了一些用于软件建模的传统的技术外，还出现了一些用于具有特殊性能要求的软件建模和分析技术，如定量的安全性和可靠性分析技术，以及与实时性要求相关的软件系统时间特性的分析方法。还有一些技术在原则上也能够应用于嵌入式软件的开发过程，如形式化的规范和正确性验证技术。这些技术具有很高的正确性要求，在安全性问题方面将会具有更大的价值。

嵌入式软件的特殊特征对开发过程具有重要影响，如软件的交叉开发、测试及固化，以及软件与硬件的交互。由于不同种类的嵌入式系统的特性不同，因而无法定义某种对嵌入式软件普遍适用的开发过程。总之，嵌入式系统的软件工程，除了包含传统软件工程中的一些开发过程、方法和技术外，还需要一些额外的技术，此外，必须注意到每一个具体应用领域的一些特殊情况。

8.2.2　软件需求

在传统的软件生存周期中，涉及软件需求的阶段称为需求分析。需求分析的主要功能任务是：定义软件的范围及必须满足的约束条件，确定软件的功能和性能及与其他系统的接口，建立数据模型、功能模型和行为模型，最终提供功能需求规格说明，并作为评估软件质量和验收的依据。随着软件需求的不断发展，其内容更加广泛，需求功能是一个包括创建和维护系统需求文档所必须的一切活动、对系统应该提供的服务和所受到的约束进行理解、分析、检验和建立文档的过程。

软件需求的基本任务有以下四个方面：确定系统的综合要求，包括功能、性能、运行环境等；分析系统的数据要求，包括数据格式、预处理、存储、响应等；导出系统的逻辑模型；修正系统的实施计划，包括质量计划、进度计划、成本控制计划、安装培训计划等。

软件需求包括三个不同的层次：业务需求、用户需求和功能需求（也包括非功能需求）。业务需求（Business Requirement）反映了组织机构或客户对系统、产品高层次的目标要求，它们在项目视图与范围文档中予以说明。用户需求（User Requirement）文档描述了用户使用产品必须要完成的任务，这在使用实例（Use Case）文档或方案脚本说明中予以说明。功能需求（Functional Requirement）定义了开发人员必须实现的软件功能，使得用户能完成他们的任务，从而满足了业务需求。作为功能需求的补充，软件需求规格说明还应包括非功能需求，它描述了系统展现给用户的行为、执行的操作等。

需求功能的基本活动包括如下内容：需求获取即深入实际，在充分理解用户需求的基础上，积极与用户交流，捕捉、分析和修订用户对目标系统的要求，并提炼出符合解决领域问题的用户需求。进行需求分析时，应注意一切信息与需求都是站在用户的角度上，尽量避免分析员的主观想象，并尽量将分析进度提交给用户。在不进行直接指导的前提下，让用户进行检查与评价，从而达到需求分析的准确性。需求分析与建模即对已获取的需求进行分析和提炼，进行抽象描述，建立目标系统的概念模型，进一步对模型进行分析；需求规格说明对需求模型进行精确的、形式化的描述；确认需求即以需求规格说明为基础输入，通过符号执行、模拟或快速原型等方法，分析和验证需求规格说明的正确性和可行性，确保需求说明准确、完整地表达系统的主要性能；需求管理活动主要包括跟踪和管理需求变化，支持系统的需求演进。

对于嵌入式系统需求，根据电气电子工程师学会标准（IEEE），"需求（Requirement）"一词在《软件工程专业术语词典》中的定义如下：用户为解决一个问题或是达到某个目标（Object）所需的某种条件或能力；系统或系统的原件必须满足的条件，或是必须具有的能力，以满足合同规定、标准、规范或其他正式发布的文件；对上述定义的条件或能力的文件形式（Documented）的表达。

上述定义不仅是针对整个系统提出的需求，而且也涉及对单个系统元件提出的需求。此外，IEEE 划分了不同类别的需求：功能性的需求对那些系统或系统元件所必须提供的功能进行定义；设计需求指系统或系统元件设计时提出的需求；接口需求指一种需求或边界条件，这种需求或边界条件涉及系统、元件之间或系统与元件之间的相互作用；性能需求规定功能性需求的运行情况，如运行时间、存储需求或精确度；物理需求规定系统或元件的物理特性，如形状、大小或重量；品质属性定义一个系统品质特性，如可靠性、安全性、可维护性或移动性。

8.2.3　软件设计

软件设计是软件开发的关键步骤，它直接影响软件的质量，主要任务是：将分析阶段获得的需求说明转换为计算机中可实现的系统，完成系统的结构设计，包括数据结构和程序结构，最后得到软件设计的说明书。这是一个从现实世界到信息世界的抽象过程，在数据设计中这一步也是很重要的。一般用 E-R 图标表示。软件设计分为总体设计（概要设计）和详细设计两个阶段：概要设计是将软件需求转化为数据结构和软件的系统结构，划分出组成系统的物理元素、程序、数据库、过程、文件、类等；详细设计是通过对结构表示进行细化，得到软件详细的数据结构和算法。

在设计阶段应达到的目标是高可靠性、高可维护性、高可理解性、高效率。

软件体系结构为软件系统提供了一个结构、行为和属性的高级抽象，由构成系统的元素的描述、元素间的相互作用，指导元素集成的模型以及这些模式的约束组成。

完整的应用系统都由若干功能相互独立的子系统聚合而成，每个子系统又都通过某种方式来共享数据，整个系统的结构可分为集中式的仓库模型、分布式结构、多处理器结构、客户/服务器（B/S）模型、分布式对象结构、层次结构等几大类。

图 8-2 所示为典型的三层客户/服务器模型。

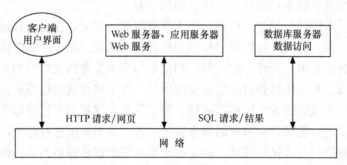

图 8-2　三层 B/S 模型

图 8-3 所示为典型的分布式对象结构模型。

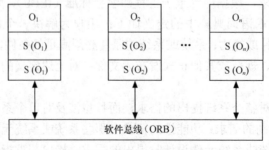

图 8-3　分布式对象结构模型

在嵌入式系统中，基于结构的软件开发是建立在一定基础上的，即嵌入式系统能够在上述软件风格下发展。在需求阶段，必须明确嵌入式系统的结构风格。通过结构风格和所属的模板结构，就可以预先确定嵌入式系统的一个子系统的分类。由此，使复杂性随之降低，而且可以运用知识、预先制造的模型和软件模块开发单个的子系统。对每一个模板结构的子系统可以应用一系列的模型，这些模型可以归入结构空间。如果可能，对实现也可以使用组件和连接器库。

为了转化基于结构设计嵌入式系统的思想，基于结构的软件开发的优点是令人信服的，同时，对知识进行再利用，通过划分子系统降低了复杂程度，支持开放性和分布式，使专门化和分工成为可能。

8.2.4　统一建模语言

面向对象的软件开发是尽可能按照人类认识世界的方法和思维方式来分析和解决问题。20 世纪 80 年代末，面向对象技术成为研究的热点，面向对象的方法是将软件系统看作一系列离散的解空间的集合，并使问题空间的对象与解空间的对象尽量一致。

面向对象方法具有以下主要特点：按照人类习惯的思维方法，对软件开发过程所有阶段进行综合考虑；软件生存周期多阶段所使用的方法、技术具有高度的连续性；软件开发各个阶段有机集成，有利于系统稳定性；具有良好的重用性。

面向对象技术主要包括对象、类、消息、继承、多态性等核心概念。对象是对客观事物或概念的抽象表述。类又称对象类，是指一组具有相同数据结构和相同操作的对象的集合，类是对象的模板。继承是以现存的定义为基础建立新定义的技术，是父类与子类之间共享数据和方法的机制。消息是指对象之间在交互中所传送的通信信息。多态性是指相同的操作、函数、过程作用于不同的对象上并获得不同的结果。

面向对象分析与设计与传统的开发方法相比具有以下优点：在实现的结果和实际问题之间存在一种很接近的匹配关系；促进对象的重用，由于对象的重用成为可能，从而可以减少错误和维护问题，对象的重用还加速了设计和开发的过程；符合人类认知的方式，因为这是我们自然的思考方式；加强数据封装；有助于处理软件开发的复杂性，并帮助生成可修改的、有弹性的软件系统。

UML 是第一代统一的可视化的建模语言，已成为国际软件界广泛承认的标准。20 世纪 80 年代末，形成以 Smalltalk 语言为代表的第一代面向对象的方法。20 世纪 90 年代中期，出现了第二代面向对象方法，如 G.Booch 的面向对象的开发方法、P.Coad 和 E.Yourdon 的 OOA、OOD 方法。这些典型的面向对象的开发方法都是以图形作为主要的描述方式，但在基本概念、具体描述、符号表示等方面依然有差异，各具特色。1996 年推出了统一建模语言（0.9 版），1997 年 1 月，UML 版本 1.0 被正式提交给国际对象管理组织。1997 年 11 月，UML1.1 版被 OMG 正式批准为基于面向对象的技术的标准建模语言。

UML 具有统一标准、面向对象、可视化、描述能力强、独立于过程、易掌握、易用等特点。

UML 的主要内容由 UML 的语义和 UML 的表示法构成。UML 表示法由通用表示和图形表示两部分组成。UML 建模语言的描述方式以标准的图形表示为主，是由视图、图、模型元素和通用机制构成的层次关系。视图是从不同的视角观察和建立的系统模型图。一个视图由多个图构成，主要支持用例视图、设计视图、过程视图、实现视图和配置视图。图用来描述一个视图的内容，是构成视图的成分。UML 定义了五类图，包括用例图、静态图、行为图、交互图和实现图。模型元素代表面向对象中的类、对象、关系、消息等概念，是构成图的最基本的元素。通用机制用来表示其他信息，如注释、模型元素的语义等。

用例模型是从用户的角度来描述系统的功能需求，在宏观上给出模型的整体轮廓。建立用例模型的过程就是对系统进行功能需求分析的过程。

UML 的静态建模机制包括用例图、类图、对象图和包图。

动态模型主要用于描述系统的动态行为和控制结构，包括四类图：状态图、活动图、序列图和协作图。

实现模型描述了系统实现时的一些特性，又称为物理体系结构模型，由构件图和配置图组成。

在嵌入式系统中，同样可以运用 UML 建立相关的模型来实现应用。

下面介绍一个简化的 ATM 自动取款机系统应用实例。

（1）需求分析。一个功能完全的 ATM 系统，必须包括以下的几个功能模块：

- 读卡机模块；
- 键盘输入模块；
- IC 认证模块；
- 显示模块；
- 吐钱机模块；
- 打印报表模块；
- 监视器模块。

对于性能必须满足响应时间小于 2s。

（2）建立用例。用例是角色启动的，ATM 系统根据业务流程大致可以分为以下的几个用例：

- 客户取钱；
- 客户存钱；
- 客户查询余额；
- 客户转账；
- 客户更改密码；
- 客户通过信用系统付款；
- 银行官员改变密码；
- 银行官员为 ATM 添加现金；
- 银行官员维护 ATM 硬件；
- 信用启动来自客户的付款等。

例如，客户的用例关系图如图 8-4 所示。

（3）系统动态建模。它包括许多框图，如活动图（Activity）、序列图（Sequence）、协作图（Collaboration）等。

"开户"活动图如图 8-5 所示。

取 100 元人民币的序列图如图 8-6 所示。

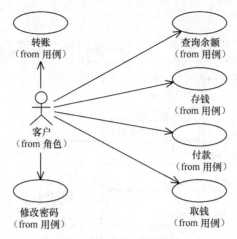

图 8-4 客户的用例关系图

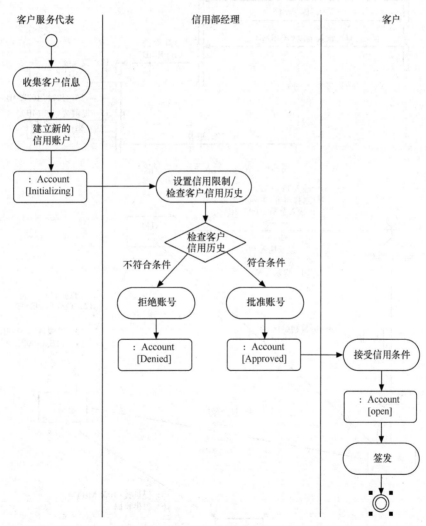

图 8-5 "开户"活动图

取 100 元人民币的协作图如图 8-7 所示。

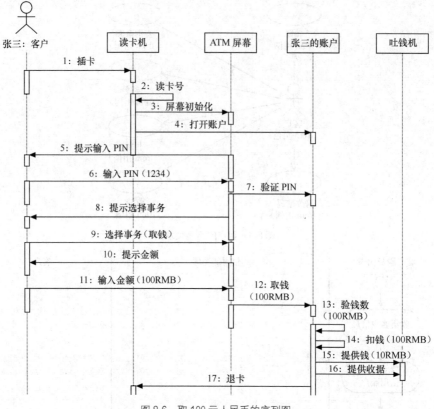

图 8-6　取 100 元人民币的序列图

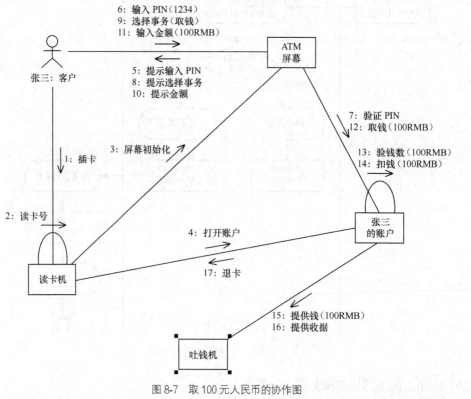

图 8-7　取 100 元人民币的协作图

（4）创建系统包图。它将具有一些共性的类组合在一起，包装类时有常用的几个方法：按版型、按功能、按嵌套及以上方法的组合，如图 8-8、图 8-9 和图 8-10 所示。

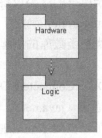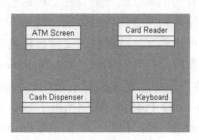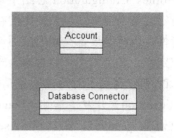

图 8-8 ATM 系统包　　　　图 8-9 Hardware 包内的类　　　　图 8-10 Logic 包内的类

（5）创建类图，如图 8-11 所示。

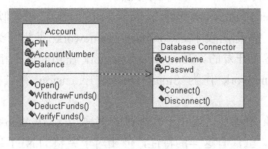

图 8-11 Logic 包内的类

8.2.5 嵌入式软件编程

软件的编程在嵌入式系统的开发中占有越来越重要的地位。

嵌入式系统的计算机并不直接在目标平台上进行程序开发。典型的做法通常主计算机（个人计算机和工作站）使用交叉编辑器，生成适用于不同目标平台的代码。

嵌入式系统中的软件一般必须满足实时的要求，不仅必须在算法上是正确的，而且必须在预先规定的时间点生效。

C 语言产生于 20 世纪 70 年代初，C 语言具有这样的机制：允许数据结构按位方式排列（Alignment）以及对特定存储地址的提取（通过指针）。上述特点以及 C 语言紧凑的语言规模注定使其成为嵌入式系统的编程语言。C 语言具有最小的运行时间系统和较少的存储器需求，这不仅使 C 语言在操作系统（UNIX、Windows NT、Mac OS X）的编程方面取代了汇编语言，而且也成为在嵌入式系统编程时使用得最多的语言。

Java 是一种在软件界应用很多且广受欢迎的一种语言。Java 不依赖于特定设备硬件的执行环境，并且实现了很高的软件模块的重复利用率。

基于 Java 的控制应用需要对语言进行扩展，以能够定义和执行有严格时间要求的任务，以及对硬件组件进行访问。

对于资源有限的设备，Sun 公司定义了 Java 2 Micro Edition（J2ME）。J2ME 的目标平台是具有通信功能的个人移动设备，如移动电话、寻呼机、个人数字的助手（PDA）、个人资讯管理工具（Origanizer），以及与网络始终保持连接的设备，如电视及机顶盒、互联网终端或车载电子娱乐设施。

为了使嵌入式移动设备包括多种多样的特性，J2ME 提出了两个核心概念：Configuration 和 Profile。Configuration 总结了具有类似属性的一类设备。在这里对于所有的这类设备定义了特定的最小要求：可供使用的存储器和网络的可用情况。另外，Configuration 确定了 Java 的特性，所有的设备类别的应用均可追溯到这些属性。支持虚拟机和类别函数库的规模函数也被定义。迄今为止，针对嵌入式系统已经开发了两个 Configuration。

Profile 定义了对给定配置功能性的应用程序接口。最初，为 CDC（Connected Device Configuration）开发了基础（Foundation）Profile。它包括用于 Socket 通信（java.net）、输入/输出处理（java.io）、安全（java.security）及其他的程序包。对 Profile 可以彼此重叠地进行定义，如 Foundation Profile 借助于 Personal Profile 扩展了图形用户接口（java.awt、java.applet）。可选用的 RMI Profile 为 Java 应用提供了 RPC 式通信。可选用的 Profile 为系统所需的功能性与其资源的有限性相匹配提供了一个简单的方法。

微软公司的 Compact Framework 遵循与 Sun 公司的 J2ME 相类似的策略。它是用于桌面系统的.Net Framework 的简化版本。Compact Framework 是为了装有微软公司操作系统 Windows CE 的移动设备而开发的。Compact Framework 在功能性上相当于 J2ME 的 CDC。微软公司将 Compact Framework 作为 Smart Device Extension 集成在它的开发环境 Visual Studio.NET 中。

Compact Framework 的特别之处在于其集成的客户端 XML Web Service 和用于有限资源设备的自身集成数据库。虽然有这样的特性，但相对于完整的.NET 运行环境来说，Compact Framework 中仍去掉了一些功能。

在过去，嵌入式系统的任务是非常简单的，软件的开发也相当简单。现代系统的复杂应用往往要求采用操作系统，以避免硬件过于复杂。这里，嵌入式软件往往并不区分应用程序和操作系统，更多地是把软件系统看成一个整体，它尽可能高效和经济地完成某特定任务。

开发针对某个特定应用的操作系统造成成本的升高，通行的做法是，基于可配置组件的结构提供更有效的解决方案，从多个可用的操作系统的可选库的组件中选择需要的组件进行相应参数的设定。简单的应用可以使用操作系统负责的硬件抽象化，但又不需要并行的任务。另一个应用是简单的基于优先级的调度程序。

8.3　基于嵌入式系统的雷达智能停车位应用实例

8.3.1　背景及简介

智慧交通是智慧城市的重要构成，是解决交通问题的最佳方法。随着我国社会经济和科技的快速发展，城市化水平越来越高，机动车保有量迅速增加，而根据交通运输部预测，到 2020 年我国汽车保有量将超过两亿辆，在未来 10 年，汽车市场每年还将保持高速增长。交通拥挤、管理困难已经成为很多城市面临的共同难题，尤其是对于大中型城市。并且，城市的交通基础设施、管理设施和管理能力的提高跟不上交通需求的发展速度，原有的基础设施缺陷和弊端不断暴露，交通管理的科技化、智能化水平越来越显不足。在此大背景下，对智能交通应用系统的研究和开发，就具有很重要的意义和切实的价值。

雷达传感智能停车位系统，针对于目前交通所存在的主要问题，充分利用信息技术、数据通信传输技术、电子传感技术等的集成及应用，实现对停车位方便的智能管理和准确的智能服务。

目前对停车的管理大都是采用视频抓拍、线圈技术及地感线圈感应的方法来实现信息获取。视频技术原理是使用计算机视频技术检测交通信息，通过视频摄像头和计算机模仿人眼的功能，在视频范围内划定虚拟线圈，车辆进入检测区域使背景灰度发生变化，从而感知车辆的存在，并以此检测车辆的流量。该探测技术可测车流量和占有率等基本交通信息参数，但是难以实现很多车道同时探测，且视频抓拍极大地依赖于外部照明状况和能见度。线圈技术原理是以金属环形线圈埋设于路面下，利用车辆经过线圈区域时因车身铁材料所造成的电感量的变化来探测车辆的存在，该探测技术可测车流量及占有率等基本交通信息参数。但是其也不能多车道同时探测，且该方法成本高、布设工程量大、维护不方便。地感线圈的原理是车辆本身含有的铁磁物质会对车辆存在区域的地磁信号产生影响，使车辆存在区域的地球磁力线发生弯曲，当车辆经过传感器附近，传感器能够灵敏感知到信号的变化，经信号分析就可以得到检测目标的相关信息。安装采用埋设式，在需要检测的车道中央开孔 ∅ 100mm/H 120mm，注入环氧树脂或沥青等。缺点是易受电磁干扰或冰冻等环境影响，不能多车道同时探测。

而相比于以上的传感方法，雷达传感器具有对环境影响不敏感、更好的抗干扰能力、可穿透性强、感应灵敏、准确度高、可同时探测多车道等诸多优点。其可以实现对目标的探测、测距、测角、测速、跟踪、成像等，获取数据全面。雷达是无线电探测和定位的简称，其基本概念在 1885 年至 1888 年之间由德国物理学家赫兹所进行的经典实验首次得到验证，真正实用的雷达是在世纪年代随着重型军用轰炸机的出现而问世的，被广泛应用于军事领域。随着技术的进步和不断开发，当今具有高集成度的小巧轻便的雷达传感器在医学、工业、农业、民用领域也逐步发挥着越来越大的作用。测速是雷达传感器在智能交通领域最为成熟和常见的应用，另外在汽车倒车和智能驾驶中也已经得到较多应用和广泛研究。雷达传感智能停车位系统是其在智能交通领域的又一创新性应用。将雷达传感的方法引入到智能停车的管理，如对智能停车场和路边停车的监控等，无疑节省了智能化成本，降低了工程量，且可以实现不依赖于外部光线和条件的全天候实时灵敏准确的感应。

8.3.2 设计目标

该实例的目标是进行智能停车位管理，对每个车位的占用或空闲状况进行全时段全天候实时检测，打造准确、灵敏的停车场检测系统，及时刷新车位显示信息或用户客户端信息。另外，现今道路两侧停车已成为一个重要的交通问题，一方面，一些道路开发出路边停车位来解决停车难问题，另一方面，特定路段的道路两侧禁停以避免造成交通拥堵及对市容影响。无论是哪种方面，都要涉及对这些特定路段的车辆停放检测，可以说实现对道路两侧车辆停放信息的自动获取，无疑是对现如今和以后城市交通的重大贡献。

本智能停车位系统就是利用传感技术，通过信息系统，将信息反映到网络平台上。停车位信息的获取和信息传输等都离不开嵌入式系统。嵌入式系统可以灵活且有针对性地帮助实现本系统中各个模块的特定功能,如对无线传输数据的收发与处理、设计嵌入式的无线网络模块节点以及专用雷达信号处理算法的功能等等。基于雷达传感的智能交通应用,目前尚处于起步阶段,在我国更是缺少针对于此类应用的开发,而此类集诸多优势的应用,对我国日益严峻的交通问题将带来极大的帮助。与此同时,目前也存在主要的技术问题,其中关键的一点就是对雷达信号的处理算法:比如如何处理回波信号及根据回波信号判定停车位车辆的有无,当一雷达多车位同时检测时,相对前端器件不同位置的车位还要采用不同的信号处理算法,这一关键技术就是由嵌入式系统来实现的。

8.3.3 总体结构和原理

本应用系统实例,包括系统前端、数据传输、系统平台三个部分组成,建立一个以系统平台为中心的可覆盖整个区域的机动车占用车位资源情况的精确管理体系,并利用所掌控的数据信息提供效率更高的增值服务。系统采用模块化结构,扩展性好、可靠性高、更便于维护,可与市政网络直接融合,它把物联网延伸到了机动车车位的管理体系。

系统前端主要功能是将雷达传感器感知现场目标的变化信息,经过信号调理电路去除噪声干扰,在高速 AD 采集后,通过 DSP 的数字化处理,再结合软件的分析和算法,最终确定目标的真实变化情况。数据传输是系统当中系统前端与数据集中器的数据通信和数据集中器与系统平台的数据通信。系统平台包括基础硬件设施、网络及安全系统、数据存储备份系统、应用系统平台、监控中心应用软件等五个组成部分。基础硬件设施主要是为现场采集数据和图像提供处理和应用的一个可扩展、稳定可靠、安全的支撑平台。网络系统是用于传输数据和图像的通道,主要由交换机、路由设备和交换设备组成。安全系统由防火墙、入侵检测、防病毒网关软件等组成。数据存储备份系统是为现场采集数据和图像提供存储、数据备份恢复的硬件平台。系统平台功能包括:①交通流量及停车数据统计。统计任一点的交通数据分析结果,并生成报表。可选定雷达传感器、通道名称、统计类型、报表类型、统计时间等条件,统计指定时间段内的交通流量及停车数据。②交通大数据分析。分析城市道路交通流量,建立数据挖掘模型,找出关联及分类知识,为政府制定交通规划、预警、应急指挥提供决策依据。③增值业务服务。系统实行会员制或其他形式,开展预付费或用市民卡现场刷卡业务;会员可以提前预定车位,有些地域由于受条件限制,车位较少,有时不好停车,比如在停车位比较紧张的医院旁边和一些繁忙的办事机构就会有预定车位的需求;系统与导航关联,显示地段的车位信息情况,引导一些外地车辆停车入位。④运维管理。用户能够通过运维管理功能界面,实时了解系统及其中的设备当前的运行状况,当系统或设备运行异常时,系统能够将异常的情况反映在信息提示列表中,用户就能够根据异常设备的情况及时采取维护措施。⑤配置管理。通过配置客户端子界面,用户能够实现对于组织资源、用户、报警、备份、系统设置和参数的配置管理,用户针对其实际需要,结合系统当前使用的实际情况,对系统的参数进行个性化的修改与配置,提高用户业务流程的针对性,并实现操作过程的便捷与高效。

本系统的总体结构可以大致描述如图 8-12 所示。系统采用一雷达多车位同时感知的布局方案,雷达传感器置于前端电路中,通过模拟电路和 FPGA 嵌入式程序实现雷达信号的三角波调制发射、信号接收和混频、差频信号的采样和处理等一系列核心功能;另外在此系统前端中包含短距离数据传输模块,因为前端电路与数据集中器之间距离一般在百米以内，所以采用无线数据通信比较好，可选择蓝牙、Wi-Fi、ZigBee、FM 等通信方式，将判定后的结果传递到集中器；集中器与系统平台可通过 DTU，利用 2G/3G/4G 公网进行通信，集中器将其汇总的数据信息发送到系统平台，实现对停车位状态信息的发布、计费等功能。

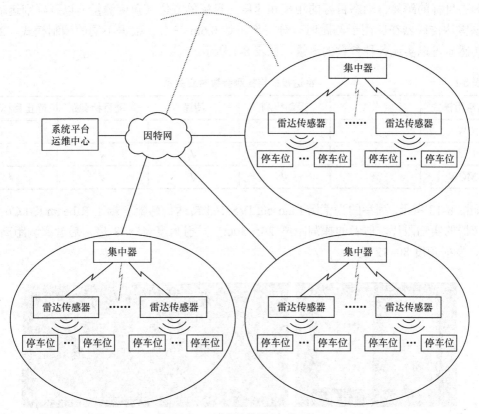

图 8-12　系统结构原理拓扑图

8.3.4　系统前端及嵌入式信号处理

系统前端器件包括雷达传感器、信号调制及发射模块、回波信号采集与处理模块、无线发射模块等几个部分组成。它由专用电源模块进行供电，提供各个分模块所需电压。

（1）雷达传感器

雷达传感器常用的频段主要有 10GHz、24GHz、35GHz 和 77GHz 频段，其中 24GHz 和 77GHz 因为在大气中衰落性能较好，所以常被运用于智能交通、交通测速、汽车变道辅助系统、汽车 ACC 雷达巡航系统、工业控制、天车防撞、智能家居、安防、机场防入侵、体育运动等领域。而 24GHz 相比 77GHz 而言，生产技术和测量技术更为成熟，且具有价格优势。测速最为常见的运用是雷达测速仪和卡口测速雷达，目前主流的雷达测速仪和卡口测速雷达均采用 24GHz 雷达传感器。相比传统的喇叭天线，24GHz 雷达传感器具有波束角度小、灵敏度高、体积小巧等优势。测距最为常见的运用是汽车防撞控制，相比图像检测、超声波检测等方式，雷达具有更好的抗干扰能力，即使是恶劣环境条件下，对测量结果影响也较小。这使得雷达成为 ACC 巡航系统、汽车盲点检测系统、汽车防撞控制系统的主流检测方式，国家也出台了相关法律法规，引导 24GHz 雷达传感器用于车载雷达，为普及化使用提供政策支持和行业指引。测方位角常见的运用有交通监控。

24GHz 雷达传感器采用世界最先进的平面微带技术，具有体积小、集成化程度高、感应灵敏等特点。产品多工作于 CW 和 FMCW 模式，功能应用多样，包括：探测动态目标的速度、静态目标的距离、动态目标的距离和速度、目标的方位（角度测量）以及判别运动的方向。该雷达传感器在应用于测距时，分辨率可达 0.6m 左右。根据不同的调制模式，24GHz 雷达传感器可以实现各种参数的测量，如表 8-1 所示。

表 8-1   雷达模式与检测参数对应关系

雷达常用模式	复杂度	运动检测	测速	运动目标测距	静止目标测距
CW	低	✓	✓		
FSK	中	✓	✓	✓	
FMCW	高	✓	✓	✓	✓

如图 8-13 所示，列举的为德国 Innosent IVS-163 雷达传感器和瑞士 Rfbeam K-LC6-V2 雷达传感器的实物照片，前者的探测距离 20～30m，发射角度 45×38 度，后者探测距离 50～100m，发射角度 80×12 度。

图 8-13   两种不同型号的雷达传感器

（2）信号调制、采集及处理

雷达调制信号的产生、回波信号采集和处理是由专用集成电路和基于嵌入式系统的数字信号处理来实现。其中最核心的就是对雷达回波信号的处理，是将雷达传感器输出微弱的中频信号经过放大、滤波、高速 AD 采集、存储、数字滤波、快速傅里叶变换（FFT）、Z 变换、恒虚警处理、算法分析，最终得到与实际相符的目标信息，并将目标信息通过传输单元发送到数据集中器。

雷达信号处理和数据处理技术是雷达的神经中枢。对雷达回波信号的分析处理可以精确得到目标的运动速度、运动方向、目标与雷达之间的距离以及目标方位等信息。如今，雷达的应用需求和技术发展促进了雷达信号处理和数据处理技术的飞速发展。无论在信号形式、处理算法，还是在信号处理和数据处理系统的设计方法、硬件的结构和实时处理软件编程等方面都有了长足的进步。

雷达传感器工作时输出的中频信号需经一系列滤波、放大和数字信号处理后，才更易于从中分析得到所需的目标信息。尤其是当雷达工作于 FMCW 模式时，输出信号要先经滤波处理滤掉调制信号后才能进行放大处理，否则会使得调制信号被过分放大导致信号饱和失真。

数字信号处理过程包括 A/D 转换、数字滤波、FFT 变换等部分，测距应用中还可以进行线性调频 Z 变换（Chirp-Z）来提高测距精度。

经过处理后的有效信息，将通过数据链路定时传送给数据集中器。

图 8-14 为设计出的专用集成电路板实物图和整体功能示意图。该专用集成电路板主要由 FPGA 芯片、CPU 芯片、滤波放大电路、D/A 转换器、A/D 转换器和雷达传感器等模块组成。实物图所示为电路板的正反两面，雷达传感器、FPGA 和 CPU 分别安装于电路板的两个面。这些模块之间的连接关系见功能解析图所示，具体对应的连接端口我们将在下面进一步说明。

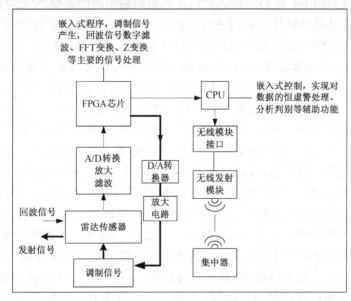

图 8-14　集成电路实物照片及功能解析示意图

FMCW 雷达传感器工作时，由 FPGA 编译产生具有一定幅度和频率的调制信号（连续波信号），压控振荡器 VCO 在调制信号的作用下产生一定范围内的发射信号（调频连续波信号），且发射信号的频率按照调制信号的规律进行变化，从而实现 FMCW 工作模式。该发射信号经定向耦合器后一路通过发射器辐射至空间，另一路则与反射回来的回波信号进行混频，此时的回波信号与之前的发射信号相比，其频率已经发生变化，经混频器之后所得到的信号就是差频信号。我们所需要的目标信息就包含在此差频信号中，因此，将该差频信号经过 FPGA 嵌入式系统处理之后便可得到目标的距离、速度等相关信息。这就是 FMCW 雷达传感器系统的基本工作原理。

我们知道，嵌入式系统通常是面向特定应用的。本实例通过嵌入式系统，将 FPGA、CPU 外接口接入外部软件的数字信号处理程序，形成对混频信号的实时数字信号处理控制。因为采样的速率较高，若频繁地中断 DSP 则会造成处理器处理时间的大量浪费，所以 A/D 采样的数据先送往先进先出存储器（First In First Out，FIFO），然后再集中交给 DSP。而且，利用 FIFO 的读使能和写使能可以控制对 ADC 采样数据的保存和读取。经 FFT 及相应的 Chirp-Z 变换等数字处理运算，最终可分析得到我们所需的信息。

我们结合图 8-14 和下面各个模块的具体电路图来描述系统前端的功能和工作过程：图 8-15 为 FPGA 和 CPU 的线路图及它们的端口连接示意图。在集成电路板上，两者的对应接口之间通过埋线彼此连接。FPGA 芯片选用 Xilinx Spartan 6 系列的 XC6SLX9-2 TQ144I，其可以实现数字时钟管理、VCO 控制电压产生、IQ 数据采集、FFT 变换和数据算法处理等功能。FPGA 通过 DAC 产生周期为 12.8ms 的三角波数字信号，由其输出接口通过引线接入到 D/A 转换器的输入端口，转换后的模拟三角波信号接入到一个二级放大电路的输入端口 Vout。D/A 转换器和调制信号的放大电路如图 8-16 所示。从放大电路的 VCOin 端口输出到雷达传感器的 VCOin 接口，实现雷达传感器调制信号的发射。雷达传感器可以接收 I/Q 两路回波信号，两路信号分别由 Iin 和 Qin 输入接口接入到两路相同的滤波/放大电路，输出信号要先经高通滤波处理滤掉调制信号后再进行二级放大处理，否则会使得调制信号被过分放大导致信号饱和失真，外接滤波放大电路的目的主要是为了去掉调制信号和进一步放大输出信号。经过滤波放大后分别由 Iout 和 Qout 输出端口接入到 A/D 转换器的 Iout 和 Qout 输入端口。回波信号 I/Q 两路滤波放大电路如图 8-17 所示。FPGA 通过同步串口选择性读取 A/D 转换器的 I 信号和 Q 信号，然后实现对信号的 FFT 及其他 DSP 算法和处理。I/Q 信号的 A/D 转换器电路如图 8-18 所示。通过处理后的信息提取和判定所检测的每个停车位车辆的有无状态，该信息继而通过 FPGA 的输出接口发送到 CPU 输入端，以做进一步的辅助处理，之后 CPU 将信号连接到无线发射模块。该系统前端的嵌入式 CPU 选用基于 ARM Corte-M4 为内核的 STM32F407 高性能处理器。Cortex-M4 处理器是由 ARM 专门开发的最新嵌入式处理器，用以满足需要有效且易于使用的控制和信号处理功能混合的数字信号控制，也就是既有微控制器的"控制"能力，又有 DSP 的"处理"能力。其高效的信号处理功能与低能耗、低成本和易于使用的优点的组合，为本系统提供了灵活解决方案。STM32F407 主系统由 32 位多层 AHB 总线矩阵构成，借助总线矩阵，可以实现主控总线到被控总线的访问，这样即使在多个高速外设同时运行期间，系统也可以实现并发访问和高效运行。它实现了一套完整的 DSP 指令和内存保护单元（MPU），从而提高应用程序的安全性，采用高速嵌入式存储器，配备了标准和先进的通信接口。STM32F407 集成了单周期 DSP 指令和浮点单元（Floating Point Unit，FPU），提升了计算能力，可以进行一些复杂的计算和控制，具有高集成度和超快速数据传送的优点。其适合于类似本系统的智能终端前端设备，完成前端辅助的功能。

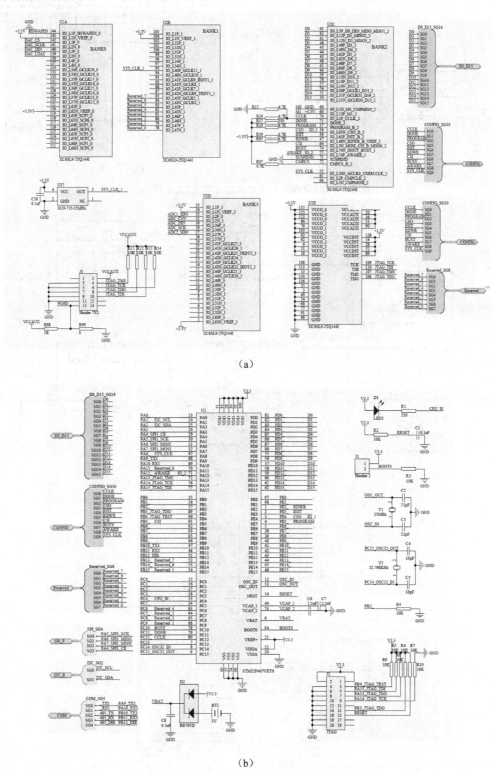

（a）

（b）

图 8-15 FPGA（a）和 CPU（b）的线路解析图

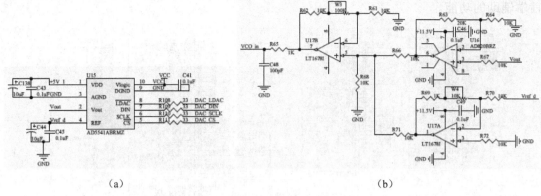

图 8-16　D/A 转换器（a）和调制信号的放大电路（b）

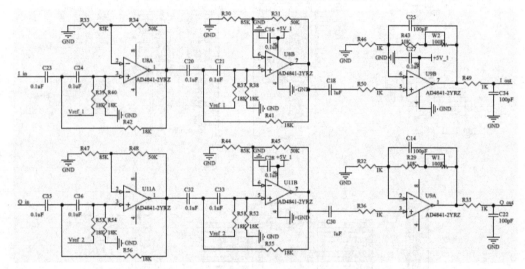

图 8-17　回波信号 I/Q 两路滤波放大电路图

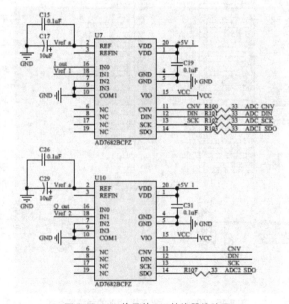

图 8-18　I/Q 信号的 D/A 转换器线路图

采用三角波调制的雷达，发射信号的频率为对称三角形，在单个周期内，前半个周期为正向调频，后半个周期为负向调频。图 8-19 表示的是目标与雷达相对静止时发射信号、接收信号及差频信号频率与时间的相关曲线。图 8-19 中，实线表示发射信号，虚线表示接收信号，T 表示发射信号的调制周期，ΔF 表示调频带宽，f_{diffup} 表示发射信号与接收信号经混频后在正向调频的差频信号频率，f_{diffdown} 表示发射信号与接收信号经混频后在负向调频段的差频信号频率，在这里两者相等，令 $f_{\text{diffup}} = f_{\text{diffdown}} = f$。差频信号的频率 f 与目标物距离满足下面的线性关系公式。

$$R = \frac{C_0 \times T}{4 \times \Delta F} f$$

目标物距离越远，差频信号的频率越高，反之越低。分析雷达传感器所输出的差频信号，得到 f 的信息，再根据公式，即可得到目标的距离信息。图 8-20 所示为进行信号处理的测试经过 DSP 处理后的频谱图，上下图分别为目标停车距离为 3m 和 6m 时对应的差频信号频谱测试图。其峰值差频频率分别出现在约 850Hz 和约 1600Hz，与目标距离具有良好的对应关系。同样，分析雷达传感器的差频信号，再根据差频信号频率和被测目标距离的关系公式，可得到目标的距离信息。

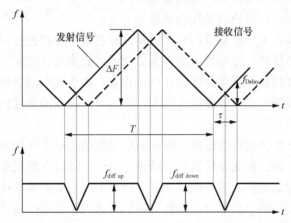

图 8-19　目标静止时发射、接收及差频信号频率与时间的相关曲线

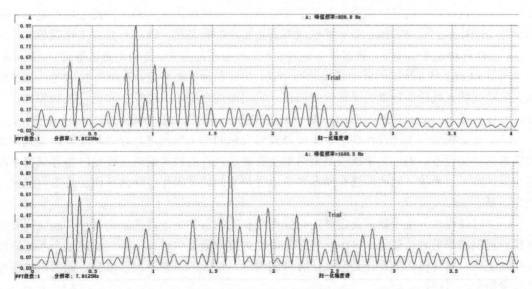

图 8-20　信号处理测试得到的频谱图

8.3.5　无线通信模块开发

将系统前端对停车位检测的结果，实时传送到系统平台上，就需要用通信模块来实现，这同样离不开嵌入式系统的应用。我们通过设置集中器，来实现对数据接收、集中、打包、转发功能。通过 MODBUD 协议采用主从方式与雷达传感器通信，通过 ZigBee 模块建立无线网络，采集车位状态数据。通过 DTU 模块，GPRS 3G/4G 网络或因特网等公网实现集中器与系统平台的数据传输。图 8-21 为集中器系统框图。

集中器主要分为 5 个模块：控制模块、通信模块、存储模块、时钟模块和电源模块。

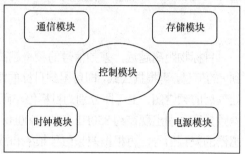

图 8-21　集中器系统框图

（1）控制模块。由于集中器需要进行大量的数据分析与处理工作，因此需要一块拥有智能处理功能的单片机芯片作为控制模块，控制模块是整个集中器的核心，单片机要定时地产生抄读数据的命令并通过通信模块发送出去，完成数据的采集、处理和编码等操作，再通过无线通信将采集到的数据上传给主站，单片机要控制存储模块及时有效对数据进行保存和提取，集中器的各种参数可以通过通信模块进行设置。集中器必须通过无线通信模块与前端器件进行通信。通信数据的波特率需要根据外围电路的设计自行设定。由于集中器处理的数据量比较大，程序也比较复杂，因此需要一个大容量的内部程序存储器。选用的单片机应当具有电路简单、体积小和功耗低的特点。

（2）通信模块。集中器与前端器件之间的通信主要是通过无线模块进行的无线通信，集中器通过无线模块定时地向前端器件发送数据抄读命令，接收到数据发送命令后，前端器件将存储器中保存的车位数据等通过无线模块发送给集中器。集中器的接收端先把接收的信号进行滤波处理，滤除无用的干扰信号，滤波后的信号进入无线通信模块，信号经过相关的处理，变成数字信号送入集中器的控制模块。RF 发射是主要的耗能元件，选择无线通信芯片时，必须考虑功耗、芯片的发射频带宽度及工作可靠性、传输距离等要素，为此采用的无线通信模块是 ZigBee 芯片。ZigBee 是一种低成本真正单片的收发器，该芯片具有工作频带宽、功耗低、工作环境温度范围宽、数据传输速度快、工作电压范围宽、传输距离远等优点。ZigBee 是基于 IEEE802.15.4 标准的低功耗局域网协议。根据国际标准规定，ZigBee 技术是一种短距离、低功耗的无线通信技术，又称紫蜂协议。它主要适合用于自动控制和远程控制领域，可以嵌入各种设备。简而言之，ZigBee 是一种便宜的、低功耗的近距离无线组网通信技术。

（3）存储模块。按照设计要求，集中器要对大量的车位数据进行存储和处理，因此需要大容量的存储设备。由于集中器需要定时地接收前端器件的数据同时需要定时将存储器中的数据发送给平台系统，因此所选存储器要能承受频繁的读写操作。存储模块必须安全稳定，数据不易丢失。

（4）时钟模块。集中器需要定时向采集终端和前端器件发送数据采集指令，因此需要时钟模块提供精确的时钟信号。时钟模块的作用是为集中器提供时钟信号，保证整个系统同步有序地工作。时钟模块的设计必须保证时钟的精确，每天的误差不大于 0.5s。同时，外围电路尽量简单，以降低功耗。

（5）电源模块。稳压电源由电源变压器、整流电路、滤波电路和稳压模块组成。在 ARM 板上进行实现。

集中器与系统前端间采用无线 ZigBee 传输方式传输数据，此方案传感器直接可以成为网络节点传输信息。例如，当传感器 1 与数据集中器出现网络故障无法通信时，可以将数据传给传感器 2，然后发送给集中器，传感器 7 与集中器距离太远无法通信，可以将数据通过传感器 2 发送给集中器。

无线传输模块使用 MODBUS 传输协议封装数据。

MODBUS 是一种单主站的主/从通信模式，如图 8-22 所示，MODBUS 网络上只能有一个主站存在，主站在 MODBUS 网络上没有地址，从站的地址范围为 0～247，其中 0 为广播地址，从站的实际地址范围为 1～247。

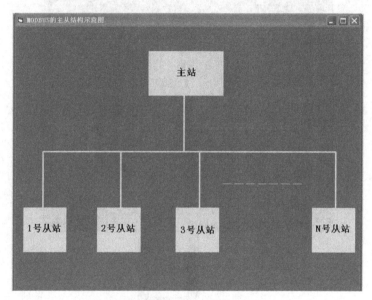

图 8-22　MODBUS 主从结构示意图

该实例中，数据集中器所选用的 ARM Cortex-A8 处理器，是增强的 32 位 RSIC CPU，具有单错检测（奇偶校验）的 32KB 指令和 32KB 数据高速缓存、具有错误纠正码（ECC）的 256KB 高速缓存、支持移动双倍速率同步动态随机存储器、具有 SGX530 3D 图形引擎和可编程实时单元子系统（PRUSS），使用户可以创建各种超越本地外设的数字资源。PRUSS 独立于 ARM 核，这就允许设备有独立的操作和时钟，在复杂系统解决方案中有更大的灵活性。在低功耗模式下，以 800MHz 频率运行，功耗仅为 0.5mW，体现了高性能、低功耗的特点。

由于数据集中器采用一个主站数个从站的结构，所以要求集中器所使用的处理器具有管理更多智能终端的能力，这也是选用 ARM Cortex-A8 的原因之一，此外其使用 Linux 开放式系统，可以灵活高效地进行集中器控制模块的编译和构建。

图 8-23 为数据集中器硬件实物图，另外需要专用电源板对其进行供电。ARM 处理器被集成于核心板中，核心板工作频率高达 800MHz，并集成 512MB DDR3SDRAM、256MB/512MB NandFlash 内存资源、千兆以太网卡芯片和丰富的信号接口，构成一个最小嵌入式系

统。ARM 处理器核心板通过双排插针接口安装于集中器电路板上，通过串口与 ZigBee 模块和高速网口相连，集中器电路板中有两个高速网口，利用此可以方便地实现对 ARM 在线编程和调试，也具有了更强的通信功能。在网络层，ARM Cortex-A8 的作用相当于网关，通过ARM 的嵌入式开发，其实现对短距离无线网和公网快速网之间的数据转发，从而将系统前端数据最终发送到系统平台。

图 8-23　数据集中器电路实物图

　　电路、元器件及接口实际上就是定义了物理层的内容，通过 ARM 嵌入式的开发设计，实现的是网络层、数据链路层和运输层的内容，这里就包括定义通信协议、程序设计、实现可靠传输、与应用层的对接等。

　　MODBUS 通信标准协议可以通过各种传输方式传播，如 RS232C、RS485、光纤、无线电等。MODBUS 具有两种串行传输模式，ASCII 和 RTU。它们定义了数据如何打包、解码的不同方式。支持 MODBUS 协议的设备一般都支持 RTU 格式。

　　通信双方必须同时支持上述模式中的一种。实际也就是发送与接收双方商量一下，定好规则，发送方想要接收方做某件事，就发送某种格式的信息给接收方，接收方收到信息后，按照事先约定好的规则分析信息，执行命令。系统开始工作后，首先初始化芯片，然后读取存储器中的数值，根据读取值判断系统的工作状态，进入相应的状态。初始化芯片包括主控模块中单片机的初始化和无线通信模块芯片的初始化。

　　集中器数据收发的程序设计分为数据发送和数据接收两个部分，数据接收的程序流程图如图 8-24 所示，数据发送的程序流程图如图 8-25 所示。

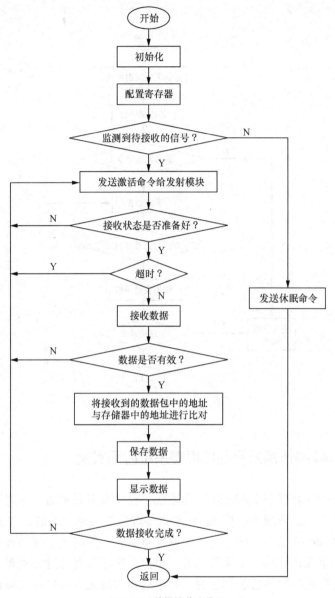

图 8-24　数据接收流程图

　　轮询方式是采用主从通信模式，即整个系统中只有一个节点为主节点，总线上的所有其他节点都是从节点。通信方式一般是主节点循环轮询（POLL）各个从节点。各个从节点都有自己的网络通信识别号，当主节点的轮询信息中包含自己的网络通信识别号时，此从节点则对此帧进行应答，其他节点则忽略此帧，不做任何处理。如设计 5s 轮询一次，用户实际传输的比特率可达到 11.5kbit/s，也就是 50ms 发送一个 60 字节的包，一帧间隔时间为 2.4ms，$T=50+2.4+50+2.4\text{ms}=104.8\text{ms}$，若一共有 20 个传感器，则 $T_{总}=104.8\times20=2096\text{ms}$。若集中器发送"数据发送命令"，在规定时间（50ms）内没有收到数据，则再次询问发送，如果 3 次尝试都没有成功，则认定该传感器故障，并继续轮询下一个传感器。集中器每次轮询时忽略出问题的传感器，如果后台发送指令给集中器复位全部轮询，表示传感器问题已经解决，下次轮询时即全部轮询。

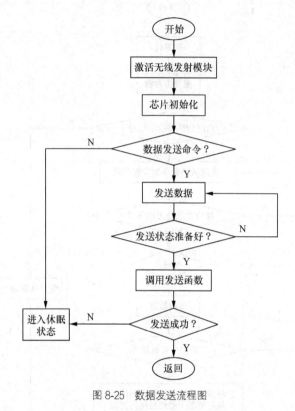

图 8-25 数据发送流程图

8.4 基于 Android 操作系统平台的点餐系统应用实例

本应用实例介绍一套基于 Android 操作系统平台的点餐系统服务管理系统。系统由前台移动点餐客户终端和后台管理中心构成。移动点餐客户终端是一个嵌入式系统，在基于 ARM 的处理器上移植 Android 操作系统平台，在移动点餐客户终端上实现功能包括点餐、查找菜谱、查看订单、调整确认订单、上菜确认等。用户在餐厅包间通过该点餐客户终端实现自动点餐，信息通过餐厅无线网络传输到后台，整个过程实现无人值守，从而提高工作效率，提升餐厅的服务质量。

8.4.1 Android 简介

Android 一词的本义指"机器人"，2003 年美国有一家以 Android 为名的小公司成立，开发手机平台。Google 收购 Android 之后，于 2007 年 11 月 5 日发布了开源的 Android 平台——一款包括操作系统（基于 Linux 内核）、中间件和关键应用的手机平台，并组建了开放手机联盟（Open Handset Alliance），包括 Google、中国移动、T-Mobile、宏达电、高通、摩托罗拉等领军企业。

它采用了软件堆层（Software Stack）的架构，主要分为三部分：底层以 Linux 核心为基础，由 C 语言开发，只提供基本功能；中间层包括函数库（Library）和虚拟机（Virtual

Machine），由 C++开发；最上层是各种应用软件，包括通话程序、短信程序等，应用软件则由各公司自行开发，以 Java 编写。

另外，为了推广此技术，Google 和其他几十个手机公司建立了开放手机联盟。Android 在未公开之前常被传闻为 Google 电话或 gPhone。大多传闻认为 Google 开发的是自己的手机电话产品，而不是一套软件平台。2010 年 1 月，Google 开始发表自家品牌手机电话的 Nexus One。

8.4.2 Android 架构

Android 会同一个核心应用程序包一起发布，该应用程序包包括 E-mail 客户端，SMS 短消息程序、日历、地图、浏览器、联系人管理程序等。所有的应用程序都是用 Java 编写的。

Android 应用程序框架开发者也完全可以访问核心应用程序所使用的 API 框架。该应用程序架构用来简化组件软件的重用；任何一个应用程序都可以发布它的功能块并且任何其他的应用程序都可以使用其所发布的功能块（不过得遵循框架的安全性限制）。该应用程序重用机制使得组建可以被用户替换。Android 系统架构如图 8-26 所示。

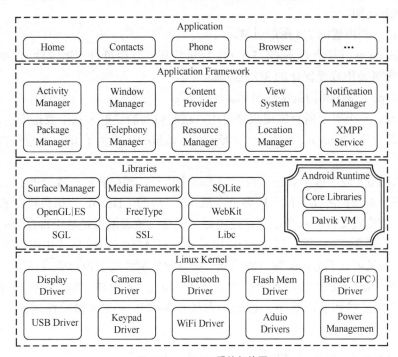

图 8-26 Android 系统架构图

以下所有的应用程序都由一系列的服务和系统组成。

① 一个可扩展的视图（Views）可以用来建应用程序，包括列表（Lists）、网格（Grids）、文本框（Text boxes）、按钮（Buttons），甚至包括一个可嵌入的 Web 浏览器。

② 内容管理器（Content Providers）使得应用程序可以访问另一个应用程序的数据（如联系人数据库），或者共享它们自己的数据。

③ 一个资源管理器（Resource Manager）提供非代码资源的访问，如本地字符串、图形和分层文件（Layout Files）。

④ 一个通知管理器（Notification Manager）使得应用程序可以在状态栏中显示客户通知信息。

⑤ 一个活动类管理器（Activity Manager）用来管理应用程序生命周期并提供常用的导航回退功能。

⑥ Android 程序库。Android 包括一个被 Android 系统中各种不同组件所使用的 C/C++库集。该库通过 Android 应用程序框架为开发者提供服务。

以下是一些主要的核心库。

系统 C 库。一个从 BSD 继承来的标准 C 系统函数库，专门为基于 Linux 的设备定制。

- 媒体库：基于 Packet Video Open Core；该库支持录放，并且可以录制许多流行的音频、视频格式，还有静态映像文件，包括 MPEG4、H.264、MP3、AAC、AMR、JPG、PNG。
- Surface Manager：对显示子系统的管理，并且为多个应用程序提供 2D 和 3D 图层的无缝融合。
- LibWebCore：一个最新的 Web 浏览器引擎，用来支持 Android 浏览器和一个可嵌入的 Web 视图。
- SGL：一个内置的 2D 图形引擎。
- 3D Libraries：基于 OpenGL ES 1.0 APIs 实现，该库可以使用硬件 3D 加速（如果可用）或者使用高度优化的 3D 软加速。
- FreeType：位图和向量字体显示。
- SQLite：一个对于所有应用程序可用，功能强劲的轻型关系型数据库引擎。

Android 运行库。Android 包括了一个核心库，该核心库提供了 Java 编程语言核心库的大多数功能。

每一个 Android 应用程序都在它自己的进程中运行，都拥有一个独立的 Dalvik 虚拟机实例。Dalvik 是针对于同时高效地运行多个 VMs 来实现的。Dalvik 虚拟机执行.dex 的 Dalvik 可执行文件，该格式文件针对最小内存使用做了优化。该虚拟机是基于寄存器的，所有的类都经由 JAVA 汇编器编译，然后通过 SDK 中的 dx 工具转化成.dex 格式由虚拟机执行。

Dalvik 虚拟机依赖于 Linux 的一些功能，如线程机制和底层内存管理机制。

Linux 内核 Android 的核心系统服务依赖于 Linux 2.6 内核，如安全性、内存管理、进程管理、网络协议栈和驱动模型。Linux 内核也同时作为硬件和软件堆栈之间的硬件抽象层。

8.4.3 Android 未来及前景

老牌智能手机软件平台制造商 Symbian 发言人表示：Google 的 Android 只不过是另一个 Linux，Symbian 对其他软件与其形成的竞争并不感到担心。除了北美之外，Symbian 在其他地区智能手机市场都占有大部分市场份额。

与 iPhone 相似，Android 采用 WebKit 浏览器引擎，具备触摸屏、高级图形显示和上网功能，用户能够在手机上查看电子邮件、搜索网址、观看视频节目等，比 iPhone 等其他手机更强调搜索功能，界面更强大，可以说是一种融入全部 Web 应用的单一平台。

但其最震撼人心之处在于 Android 手机系统的开放性和服务免费。Android 是一个对第三方软件完全开放的平台，开发者在为其开发程序时拥有更大的自由度，突破了 iPhone 等只能添加为数不多的固定软件的枷锁；Android 与 Windows Mobile、Symbian 等厂商不同，其操作系统免费向开发人员提供，这样可节省近三成成本。

Android 项目目前正在从手机运营商、手机厂商、开发者和消费者那里获得大力支持。Google 移动平台主管安迪·鲁宾（Andy Rubin）表示，与软件开发合作伙伴的密切接触正在进行中。从 2010 年 11 月开始，Google 开始向服务提供商、芯片厂商和手机销售商提供 Android平台，并组建"开放手机联盟"，其成员超过 30 家。

8.4.4　Android 应用程序基础

Android 提供的关键类有：Activity、Service、BroadcastReceiver、ContentProvider、Intent。Android 应用程序使用 Java 作为开发语言。aapt 工具把编译后的 Java 代码连同其他应用程序需要的数据和资源文件一起打包到一个 Android 包文件中，这个文件使用.apk 作为扩展名，它是分发应用程序并安装到移动设备的媒介，用户只需下载并安装此文件到他们的设备。单一.apk 文件中的所有代码被认为是一个应用程序。

从很多方面来看，每个 Android 应用程序都存在于它自己的世界之中。

默认情况下，每个应用程序均运行于它自己的 Linux 进程中。当应用程序中的任意代码开始执行时，Android 启动一个进程，而当不再需要此进程而其他应用程序又需要系统资源时，则关闭这个进程。

每个进程都运行于自己的 Java 虚拟机（VM）中，所以应用程序代码实际上与其他应用程序的代码是隔绝的。

默认情况下，每个应用程序均被赋予一个唯一的 Linux 用户 ID，并加以权限设置，使得应用程序的文件仅对这个用户、这个应用程序可见。当然，也有其他的方法使得这些文件同样能为别的应用程序所访问。

使两个应用程序共有同一个用户 ID 是可行的，这种情况下他们可以看到彼此的文件。从系统资源维护的角度来看，拥有同一个 ID 的应用程序也将在运行时使用同一个 Linux 进程，以及同一个虚拟机。

1．应用程序组件

Android 的核心功能之一就是一个应用程序可以使用其他应用程序的元素（如果那个应用程序允许的话）。比如说，如果你的应用程序需要一个图片卷动列表，而另一个应用程序已经开发了一个实用的而又允许别人使用的图片卷动列表，你可以直接调用那个卷动列表来完成工作，而不用自己再开发一个。你的应用程序并没有吸纳或链接其他应用程序的代码，它只是在有需求的时候启动了其他应用程序的那个功能部分。

为达到这个目的，系统必须在一个应用程序的一部分被需要时启动这个应用程序，并将那个部分的 Java 对象实例化。与在其他系统上的应用程序不同，Android 应用程序没有为应用准备一个单独的程序入口（比如说，没有 main()方法），而是为系统依照需求实例化提供了基本的组件。

2．Activity

Activity 是为用户操作而展示的可视化用户界面。例如，一个 Activity 可以展示一个菜单项列表供用户选择，或者显示一些包含说明的照片。一个短消息应用程序可以包括一个用于显示作为发送对象的联系人的列表的 Activity，一个给选定的联系人写短信的 Activity 以及翻阅以前的短信和改变设置的 Activity。尽管它们一起组成了一个内聚的用户界面，但其中每个 Activity 都与其他的保持独立。每个都是以 Activity 类为基类的子类实现。

一个应用程序可以只有一个 Activity，或者如刚才提到的短信应用程序那样，包含很多个。每个 Activity 的作用，其数目取决于应用程序及其设计。一般情况下，总有一个应用程序被标记为用户在应用程序启动的时候第一个看到的。从一个 Activity 转向另一个的方式是靠当前的 Activity 启动下一个。

每个 Activity 都被给予一个默认的窗口以进行绘制。一般情况下，这个窗口是满屏的，但它也可以是一个小的位于其他窗口之上的浮动窗口。一个 Activity 也可以使用超过一个的窗口——比如，在 Activity 运行过程中弹出的一个供用户反应的小对话框，或是当用户选择了屏幕上特定项目后显示的必要信息。

窗口显示的可视内容是由一系列视图构成的，这些视图均继承 View 基类。每个视图均控制着窗口中一块特定的矩形空间。父级视图包含并组织它的子视图。叶节点视图（位于视图层次最底端）在它们控制的矩形中进行绘制，并对用户的直接操作做出响应。所以，视图是 Activity 与用户进行交互的界面。比如说，视图可以显示一个小图片，并在用户指点它的时候产生动作。Android 有很多既定的视图供用户直接使用，包括按钮、文本域、卷轴、菜单项、复选框等。

视图层次是由 Activity.setContentView()方法放入 Activity 的窗口之中的。上、下文视图是位于视图层次根位置的视图对象。

3．服务

服务没有可视化的用户界面，而是在一段时间内在后台运行。比如说，一个服务可以在用户做其他事情的时候在后台播放背景音乐、从网络上获取一些数据或者计算一些东西并提供给需要这个运算结果的 Activity 使用。每个服务都继承 Service 基类。

媒体播放器播放列表中的曲目是一个不错的例子。播放器应用程序可能有一个或多个 Activity 来给用户选择歌曲并进行播放。然而，音乐播放这个任务本身不应该为任何 Activity 所处理，因为用户期望在他们离开播放器应用程序而开始做别的事情时，音乐仍在继续播放。为达到这个目的，媒体播放器 Activity 应该启用一个运行于后台的服务。而系统将在这个 Activity 不再显示于屏幕之后，仍维持音乐播放服务的运行。

用户可以连接至（绑定）一个正在运行的服务（如果服务没有运行，则启动之）。连接之后，可以通过那个服务暴露出来的接口与服务进行通信。对于音乐服务来说，这个接口可以允许用户暂停、回退、停止以及重新开始播放。

如同 Activity 和其他组件一样，服务运行于应用程序进程的主线程内。所以它不会对其他组件或用户界面有任何干扰，它们一般会派生一个新线程来进行一些耗时任务（比如音乐回放）。

4．广播接收器

广播接收器是一个专注于接收广播通知信息，并做出对应处理的组件。很多广播是源自于系统代码的，比如，通知时区改变、电池电量低、拍摄了一张照片或者用户改变了语言选项。应用程序也可以进行广播，比如通知其他应用程序一些数据下载完成并处于可用状态。

应用程序可以拥有任意数量的广播接收器以对所有它感兴趣的通知信息予以响应。所有的接收器均继承 BroadcastReceiver 基类。

广播接收器没有用户界面。然而，它们可以启动一个 Activity 来响应它们收到的信息，或者用 NotificationManager 来通知用户。通知可以用很多种方式来吸引用户的注意力——闪动背灯、震动、播放声音等。一般来说是在状态栏上放一个持久的图标，用户可以打开它并获取消息。

5．内容提供者

内容提供者将一些特定的应用程序数据供给其他应用程序使用。数据可以存储于文件系统、SQLite 数据库或其他方式。内容提供者继承于 ContentProvider 基类，为其他应用程序取用和存储管理的数据实现了一套标准方法。然而，应用程序并不直接调用这些方法，而是使用一个 ContentResolver 对象，调用它的方法作为替代。ContentResolver 可以与任意内容提供者进行会话，与其合作来对所有相关交互通信进行管理。

每当出现一个需要被特定组件处理的请求时，Android 会确保那个组件的应用程序进程处于运行状态，或在必要的时候启动它，并确保那个相应组件的实例的存在，必要时会创建那个实例。

6．激活组件 Intent

当接收到 ContentResolver 发出的请求后，内容提供者被激活。而其他三种组件，即 Activity、服务和广播接收器被一种叫作 Intent 的异步消息所激活。Intent 是一个保存着消息内容的 Intent 对象。对于 Activity 和服务来说，它指明了请求的操作名称以及作为操作对象的数据的 URI 和其他一些信息。比如说，它可以承载对一个 Activity 的请求，让它为用户显示一张图片，或者让用户编辑一些文本。而对于广播接收器而言，Intent 对象指明了声明的行为。比如，它可以对所有感兴趣的对象声明照相按钮被按下。

8.4.5　Android 开发环境搭建

1．搭建 Android 开发环境

① 下载安装 jdk；
② 下载解压 Eclipse；
③ 下载解压 Android SDK。

2．Eclipse 配置

① 安装 Android 开发插件。打开 Eclipse，在菜单栏中选择 Help→Install New SoftWare 命令，单击 Add 按钮，输入网址 https://dl-ssl.google.com/android/eclipse/。

② 配置 Android SDK。单击 Window→Preferences→Android 命令，选择 Android SDK 解压后的目录；选择 Window→Android SDK and AVD manager 命令，新建 AVD（Android Vitural Device），选中 Vitural Devices，再单击 New 进行参数设置，完成后就可以建立 Android 工程开始编码。

8.4.6　Android 工程目录结构

1．src 目录

src 目录中存放的是该项目的源代码，其内部结构会根据用户所声明的包自动组织。程序员在项目开发过程中，大部分时间是对该目录下的源代码文件进行编写。

2. gen 目录

该目录下的文件是 ADT 自动生成的，并不需要人为地去修改，实际上该目录下只定义了一个 R.java 文件，该文件相当于项目的字典，项目中用户界面、字符串、图片、声音等资源都会在该类中创建唯一的 ID，当项目中使用这些资源时，会通过该类得到资源的引用。

3. Android 目录

该目录中存放的是该项目支持的 JAR 包，同时还包含项目打包时需要的 META-INF 目录。

4. assets 目录

该目录用于存放项目相关的资源文件，如文本文件等，在程序中使用 getResources.getAssets().open（"text.txt"）得到资源文件的输入流 InputStream 对象。

5. res 目录

该目录用于存放应用程序中经常使用到的资源文件，包括图片、声音、布局文件及参数描述文件等，包括多个目录，其中以 drawable 开头的三个文件夹用于存放图片资源。layout 文件夹用于存放应用程序的布局文件。raw 用于存放应用程序所得到的声音等资源。values 存放的则是所有 XML 格式的资源描述文件，例如字符串资源的描述文件 strings.xml、样式的描述文件 styles.xml、颜色的描述文件 colors.xml、尺寸的描述文件 dimens.xml，以及数组描述文件 arrays.xml 等。res/layout/这个目录存放的就是布局用的 xml 文件，一般默认为 main.xml。res/values/这个目录存放的是一堆常量的 xml 文件。res/drawable/存放的是一些图片，当然图标也在这里。

6. AndroidManifest.xml 文件

该文件为应用程序的系统控制文件，每一个应用程序都必须包含它，是应用程序的全局描述文件，让外界知道应用程序包含哪些组件、哪些资源及何时运行该程序等，包含的信息如下。

① 应用程序的包名：该包名将作为应用程序的唯一标识符。

② 所包含的组件：Activity、Service、BroadcastReceiver 及 ContentProvider 等。

③ 应用程序兼容的最低版本。

④ 声明应用程序需要的链接库。

⑤ 应用程序自身应该具有的权限的声明。

⑥ 其他应用程序访问应用程序时应该具有的权限。

7. default.properties 文件

该文件为项目的配置文件，不需要人为改动，系统会自动对其进行处理，其中主要描述了项目的版本等信息。

8.4.7 点餐系统实现

1. 主要文件说明

AndroidManifest.xml——全局配置文件，定义 application 及 activity。

DcmsApp.java——用来设置全局变量，这里用来保存已选菜肴信息及价格。

Dishes.java——点菜功能实现类。

dishes.xml——点菜界面定义文件。

2. AndroidManifest.xml 文件清单

```xml
<?xml version="1. 0" encoding="utf-8"?><!-- XML 的版本以及编码方式 -->
<manifest xmlns:android="http://schemas.android.com/apk/res/android"
     package="com.acoming"
     android:versionCode="1"
     android:versionName="1. 0"><!-- 声明包名及版本号 -->
        <application android:icon="@drawable/icon" android:label="@string/
app_name"
                 android:name=".DcmsApp" android:theme="@android:style/Theme.
NoTitleBar. Fullscreen"><!--声明应用程序图标、应用程序名-->


            <activity android:name=".Dishes"
                     android:label="@string/app_name"><!-- 项目名称以及 label -->
              <intent-filter>
                  <action android:name="android.intent.action.MAIN" />
                  <category android:name="android.intent.category.LAUNCHER" />
              </intent-filter>
          </activity>
      </application>

      <uses-permission android:name="android.permission.INTERNET"/><!-- 使用
网络连接相关配置 -->
      <uses-sdk android:minSdkVersion="4" /><!—应用程序支持最低系统版本号 -->
</manifest>
```

3. DcmsApp.java 文件清单

```java
public class DcmsApp extends Application {    //全局类,用于定义、设置全局变量
    private List<Map<String, String>> dishesList;//用于保存已选菜肴
    private int dishesPrice;                //用来保存已选菜肴总价
@Override
    public void onCreate() {                //继承父类 Activity 加载时执行方法
        super.onCreate();
        setDishesList(DISHESLIST);         // 初始化全局变量
        setDishesPrice(DISHESPRICE);       // 初始化全局变量
    }

    public List getDishesList() {           //取得已选菜单列表
        return dishesList;
    }

    public void setDishesList(List<Map<String, String>> dishesList){//设
置已选菜单列表
```

```
    //判断是否重复点餐，重复则数量累加
        if (dishesList != null) {
            for (int i = 0; i < dishesList.size(); i++) {
                for(int j = i + 1; j < dishesList.size(); j++) {
                    if(dishesList.get(i).get("ItemID")
                            .equals(dishesList.get(j).get("ItemID"))) {

                        dishesList.get(j).put(
                                "ItemCount",
                                (Integer.parseInt(dishesList.get(j).get(
                                        "ItemCount")) + Integer
                                    .parseInt(dishesList.get(i).get(
                                        "ItemCount")))
                                    + "");
                        dishesList.remove(i);
                    }
                }
            }
            this.dishesList = dishesList;
        }
        else{
            this.dishesList=new ArrayList();
        }
    }

    public int getDishesPrice() {//获取已选菜肴总价
        return dishesPrice;
    }

    public void setDishesPrice(int dishesPrice) {//设置已选菜肴总价
        this.dishesPrice = dishesPrice;
    }

    private static final int DISHESPRICE = 0;// 已选菜肴总价初始化数值
    private static final List DISHESLIST = new ArrayList();// 已选菜肴集合初始
化类型
}
```

4. Dishes.java 文件清单

```
public class Dishes extends Activity {
    ListView listView;
    View tempView;
    Button showButton;
    Button addButton;
```

```
ImageView imageView;
LinearLayout linearLayout;
TextView textView;
EditText countEditText;
Button countButton1;
Button countButton2;

Intent intent;
Bundle bundle;
int index;
List selectedList;
DcmsApp dcmsApp;
int selectedPrice;
Map<String, String> selectedMap;
int selectedCount;
int itemPrice;
Map<String, String> item;
List<Map<String, String>> data;
String key;

@Override
public void onCreate(Bundle savedInstanceState) {
    super.onCreate(savedInstanceState);
    setContentView(R.layout.disheslist);//显示 disheslist.xml 设置的 UI

    //初始获取 XML 定义的元素
    listView = (ListView) findViewById(R.id.disheslist_list);
    imageView = (ImageView) findViewById(R.id.disheslist_image);
    showButton = (Button) findViewById(R.id.disheslist_widget5);
    addButton = (Button) findViewById(R.id.disheslist_widget4);
    linearLayout = (LinearLayout) findViewById(R.id.disheslist_layout);
    textView = (TextView) findViewById(R.id.disheslist_top);
    intent = new Intent();
    dcmsApp = (DcmsApp) getApplicationContext();
    data = new ArrayList<Map<String, String>>();

    data = dcmsApp.getDishesMenu("ALL_SUISINE");//从网络获取菜单信息
    if(data==null){
        Toast.makeText(getApplicationContext(),"网络异常，请检查网络！",
                Toast.LENGTH_SHORT).show();
        goBack();
        return;
    }
```

```
        //设置页面内容
        // 绑定 Layout 里面的 ListView
        ListView list = (ListView) findViewById(R.id.disheslist_list);

        // 生成动态数组，加入数据
        ArrayList<HashMap<String, Object>> listItem = new ArrayList<HashMap<
String, Object>>();
        for (int i = 0; i < data.size(); i++) {
            HashMap<String, Object> map = new HashMap<String, Object>();
            map.put("ItemName", data.get(i).get("ItemName"));
            map.put("ItemPrice",
                    "单价: "
                                + (("null".equals(data.get(i).get
("ItemPrice"))) ? "0"
                                        : data.get(i).get("ItemPrice"))
                                + "元/份        ");
            listItem.add(map);
        }
        // 生成适配器的 Item 和动态数组对应的元素
        SimpleAdapter listItemAdapter = new SimpleAdapter(this, listItem,
// 数据源
                R.layout.dishesitem,// ListItem 的 XML 实现
                // 动态数组与 ImageItem 对应的子项
                new String[] { "ItemName", "ItemPrice" },
                // ImageItem 的 XML 文件里面的一个 ImageView,两个 TextView ID
                new int[] { R.id.ItemName, R.id.ItemPrice });

        // 添加并且显示
        list.setAdapter(listItemAdapter);
        //列表增加事件监听
        listView.setOnItemClickListener(new OnItemClickListener() {
            @Override
            //单击事件
            public void onItemClick(AdapterView<?> arg0, View arg1, int arg2,
                    long arg3) {
                if (tempView != null) {
                    tempView.setBackgroundColor(Color.BLACK);
                }
                arg1. setBackgroundColor(Color.GREEN);//设置选中项背景颜色
                tempView = arg1;
                index = arg2;
            }
        });
```

```
            setLayout();//根据获取屏幕状态(横/竖)改变布局

        //按钮增加事件监听
        addButton.setOnClickListener(new Button.OnClickListener() {//选定菜肴
            //单击事件
            public void onClick(View v) {
                if(data.size()>0&&index<data.size()){
                item = data.get(index);//取得选中项信息
                selectedMap = new HashMap<String, String>();

                LayoutInflater factory = LayoutInflater.from(Dishes.this);
                final View v1 = factory.inflate(R.layout.dishescount, null);
                // R.layout.login 与 login.xml 文件名对应,把 login 转化成 View 类型
                //建立弹出对话框
                AlertDialog.Builder dialog = new AlertDialog.Builder(
                        Dishes.this);
                dialog.setTitle("您选择的是: " + item.get("ItemName"));

                dialog.setView(v1);// 设置使用 View
                                                // 设置控件应该用 v1.findViewById 否则出错
                countEditText = (EditText) v1
                        .findViewById(R.id.dishescount_count);
                //菜肴数量减少按钮
                countButton1 = (Button) v1.findViewById(R.id.dishescount_
button1);
                //菜肴数量增加按钮
                countButton2 = (Button) v1.findViewById(R.id.dishescount_
button2);
                                    countButton1.setOnClickListener(new Button.
OnClick Listener() {

                    public void onClick(View v) {
                    int temp=Integer.parseInt((countEditText.getText()==null)?
"0":count EditText.getText()+"");
                        if(temp>0){
                            countEditText.setText((temp-1)+ "");

                        }
                        else{

                            countEditText.setText("0");
                        }

                    }
```

```
                        });

                        countButton2. setOnClickListener(new Button.OnClickListener() {
                          public void onClick(View v) {
                                int temp=Integer. parseInt((countEditText.getText()==
null)? "0": countEditText.getText()+"");
                                        countEditText.setText((temp+1)+ "");


                          }
                        });
                        //确定按钮设置
                        dialog.setPositiveButton("确定",
                              new DialogInterface.OnClickListener() {
                                  //选择信息设置给全局变量
                                  public void onClick(DialogInterface dialog,
                                        int whichButton) {
                                        if(countEditText
                                                .getText()!=null){
                                        selectedList = dcmsApp.getDishesList();
                                        selectedMap.put("ItemID", item.get
("ItemID"));

                                        selectedMap.put("ItemCount", countEditText
                                              .getText().toString());
                                        selectedList.add(selectedMap);
                                        dcmsApp.setDishesList(selectedList);
                                        selectedPrice = dcmsApp.getDishesPrice();
                                        selectedPrice = selectedPrice
                                              + Integer.parseInt("null".
equals(item

                                                        .get("ItemPrice")) ?
"0" : item

                                                        .get("ItemPrice"))
                                              * Integer.parseInt(countEditText
                                                    .getText().toString());
                                        dcmsApp.setDishesPrice(selectedPrice);
                                        //设置页面上方信息提示
                                                textView.setText("您已经选了" +
selectedList.size()

                                              + "道菜，共计" + selectedPrice + "元");
                                  }}
                              });
                        //取消按钮设置
                        dialog.setNegativeButton("取消",
                              new DialogInterface.OnClickListener() {
```

```
                                    @Override
                                    public void onClick(DialogInterface dialog,
                                            int which) {
                                        // TODO Auto-generated method stub
                                    }
                                });
                        dialog.show();
                        }
                    }
                });
            refresh();
        }
    public void refresh() {//刷新页面
            //获取已选菜肴信息
            selectedList = dcmsApp.getDishesList();
            selectedPrice = dcmsApp.getDishesPrice();
            //设置信息提示
            textView.setText("您已经选了" + selectedList.size() + "道菜, 共计"
                    + selectedPrice + "元");
        }
    public void setLayout() {//设置布局判断横竖屏
            LinearLayout.LayoutParams linearParams = (LinearLayout.LayoutParams)
listView
                    .getLayoutParams(); // 取控件 mGrid 当前的布局参数
                        if (this.getResources().getConfiguration().orientation ==
Configuration.ORIENTATION_PORTRAIT) { // 竖屏
            linearLayout.setOrientation(LinearLayout.VERTICAL);//设置对齐方式
            linearParams.height = 370;//设置高度
        } else {//横屏
            linearLayout.setOrientation(LinearLayout.HORIZONTAL); //设置对齐方式

            linearParams.height = 350; //设置高度
        }
        listView.setLayoutParams(linearParams);
    }
    //设置返回按钮事件
    public boolean onKeyDown(int keyCode, KeyEvent event) {
        if (keyCode == KeyEvent.KEYCODE_BACK && event.getRepeatCount() == 0) {
            goBack();
            return false;
        }
        return false;
    }
}
```

5. disheslist.xml 文件清单

```xml
<?xml version="1. 0" encoding="utf-8" ?>
<!--主布局方式 -->
<LinearLayout
android:layout_width="fill_parent"
android:layout_height="fill_parent"
xmlns:android="http://schemas.android.com/apk/res/android"
android:orientation="vertical">
<LinearLayout
android:layout_width="fill_parent"
android:layout_height="wrap_content"
xmlns:android="http://schemas.android. com/apk/res/android"
android:orientation="vertical">
<LinearLayout
 android:layout_width="fill_parent"
 android:layout_height="wrap_content">
<!--提示信息 -->
 <TextView
 android:id="@+id/disheslist_top"
 android:layout_width="fill_parent"
 android:layout_height="30px" android:text="@string/TEMP" />
 </LinearLayout>
<LinearLayout
android:id="@+id/disheslist_layout"
 android:layout_width="fill_parent"
 android:layout_height="wrap_content">
<!-- 菜肴信息列表 -->
 <ListView
 android:id="@+id/disheslist_list"
 android:layout_width="fill_parent"
 android:layout_height="310px"
 android:layout_weight="1"
 android:scrollbars="vertical" />
<!--菜肴图片显示 -->
 <ImageView
 android:id="@+id/disheslist_image"
 android:layout_width="300px"
 android:layout_height="300px"
 android:src="@drawable/dishes1"
 android:layout_gravity="center_horizontal" />
  </LinearLayout>
<LinearLayout
 android:layout_width="fill_parent"
 android:layout_height="wrap_content">
```

```
<!--选择菜肴 -->
<Button
android:id="@+id/disheslist_widget4"
android:layout_width="wrap_content"
android:layout_height="wrap_content"
android:layout_alignParentLeft="true"
android:text="@string/ADD" />
<!--查看已选菜肴 -->
<Button
android:id="@+id/disheslist_widget5"
android:layout_width="wrap_content"
android:layout_height="wrap_content"
android:layout_alignParentRight="true"
android:text="@string/SHOW" />
</LinearLayout>
</LinearLayout>
</LinearLayout>
```

思考题与练习

1. 针对一个嵌入式系统，请简述需求的基本任务，谈谈你对需求分析的重要性和困难性的理解。

2. 请简述面向对象的开发过程与面向过程开发的不同。

3. UML 是什么？简述 UML 的实际建模过程。

4. 针对一个热水器系统，请简述其开发的步骤和实现原理。

5. 请设计一个智能家居控制系统，能够控制空调器、热水器等家居设备。

附录 A GPIO 端口寄存器及引脚配置

表 A-1　　　　　　　　　　　　GPIO 端口 D 寄存器及引脚配置

相关寄存器	地　　址	读/写	描　　　述	复位值
GPDCON	0x56000030	读/写	端口 D 引脚配置寄存器,使用位[31:0], 分别用于配置端口 D 的 16 个 I/O 引脚 00:输入　　01:输出 10:功能引脚 11:保留	0x0
GPDDAT	0x56000034	读/写	端口 D 数据寄存器,使用位[15:0]	—
GPDUP	0x56000038	读/写	端口 D 上拉寄存器,位[15:0]有意义 0:对应引脚有上拉功能 1:对应引脚无上拉功能	0xF000
保留	0x5600003C	—	端口 D 保留寄存器	—

表 A-2　　　　　　　　　　　　GPIO 端口 E 寄存器及引脚配置

相关寄存器	地　　址	读/写	描　　　述	复位值
GPECON	0x56000040	读/写	端口 E 引脚配置寄存器,使用位[31:0], 分别用于配置端口 E 的 16 个 I/O 引脚 00:输入　　01:输出 10:功能引脚 11:保留	0x0
GPEDAT	0x56000044	读/写	端口 E 数据寄存器,使用位[15:0]	—
GPEUP	0x56000048	读/写	端口 E 上拉寄存器,位[15:0]有意义 0:对应引脚有上拉功能 1:对应引脚无上拉功能	0x0
保留	0x5600004C	—	端口 E 保留寄存器	—

表 A-3　　　　　　　　　　　　GPIO 端口 G 寄存器及引脚配置

相关寄存器	地　　址	读/写	描　　　述	复位值
GPGCON	0x56000060	读/写	端口 G 引脚配置寄存器,使用位[31:0], 分别用于配置端口 G 的 16 个 I/O 引脚 00:输入　　01:输出 10:功能引脚 11:保留	0x0

相关寄存器	地　　址	读/写	描　　述	复位值
GPGDAT	0x56000064	读/写	端口 G 数据寄存器，使用位[15：0]	—
GPGUP	0x56000068	读/写	端口 G 上拉寄存器，位[15：0]有意义 0：对应引脚有上拉功能 1：对应引脚无上拉功能	0xF800
保留	0x5600006C	—	端口 G 保留寄存器	—

表 A-4　　　　　　　　　GPIO 端口 H 寄存器及引脚配置

相关寄存器	地　　址	读/写	描　　述	复位值
GPHCON	0x56000070	读/写	端口 H 引脚配置寄存器，使用位[21：0], 分别用于配置端口 H 的 11 个 I/O 引脚 00：输入　　　01：输出 10：功能引脚 11：保留	0x0
GPHDAT	0x56000074	读/写	端口 H 数据寄存器，使用位[10：0]	—
GPHUP	0x56000078	读/写	端口 H 上拉寄存器，位[10：0]有意义 0：对应引脚有上拉功能 1：对应引脚无上拉功能	0x0
保留	0x5600007C	—	端口 H 保留寄存器	—

附录 B 杂项控制寄存器

表 B-1 杂项控制寄存器

相关寄存器	地　　址	读/写	描　　述	复位值
MISCCR	0x56000080	读/写	用于控制数据端口上的上拉电阻、高阻状态、USB 连接选择和 CLKOUT 的选择	0x10330

表 B-2 杂项控制寄存器（MISCCR）的位描述

MISCCR	位	描　　述
保留	[21:20]	保留为 00
nEN_SCKE	[19]	SCLK 使能位。在电源关闭模式下用于保护 SDRAM 0：正常状态　　　　　1：低电平
nEN_SCLK1	[18]	SCLK1 使能位。在电源关闭模式下用于保护 SDRAM 0：SCLK1= SCLK　　　1：低电平
nEN_SCLK0	[17]	SCLK0 使能位。在电源关闭模式下用于保护 SDRAM 0：SCLK0= SCLK　　　1：低电平
nRSTCON	[16]	nRSTOUT 软件复位控制位 0：nRSTOUT=0　　　　1：nRSTOUT=1
保留	[15:14]	保留为 00
SBSUSPND1	[13]	USB 端口 1 模式，0：正常　　　1：浮空
SBSUSPND0	[12]	USB 端口 0 模式，0：正常　　　1：浮空
保留	[11]	保留为 0
CLKSEL1	[10:8]	CLKOUT1 引脚输出信号源选择 000：MPLL CLK　　　　001：UPLL CLK 010：FCLK　　　　　　011：HCLK 100：PCLK　　　　　　101：DCLK1　　　　11x：保留
保留	[7]	保留为 0
CLKSEL0	[6:4]	CLKOUT0 引脚输出信号源选择 000：MPLL CLK　　　　001：UPLL CLK 010：FCLK　　　　　　011：HCLK 100：PCLK　　　　　　101：DCLK1　　　　11x：保留
USBPAD	[3]	USB 连接选择，0：与 USB 设备连接　　1：与 USB 主机连接
EM_HZ_CON	[2]	MEM 高阻控制位，　0：高阻态　　1：保持前一状态
SPUCR_L	[1]	数据口低 16 位[15：0]上拉控制位，　0：上拉　　1：无上拉
SPUCR_H	[0]	数据口高 16 位[31：16]上拉控制位，0：上拉　　1：无上拉

附录 外中断相关控制寄存器

表 C-1			外中断控制寄存器及引脚配置	
相关寄存器	地　　址	读/写	描　　述	复位值
EXTINT0	0x56000088	读/写	外中断触发方式寄存器 0，使用位[4n+2:4n]分别对 EINTn 进行设置，n 取值范围是 7～0 EINT7～EINT0 中断请求信号触发方式选择。 000：低电平触发 001：高电平触发 01x：下降沿触发 10x：上升沿触发 11x：双边沿触发 位[4n+3]保留	0x0
EXTINT1	0x5600008C	读/写	外中断触发方式寄存器 1，使用位[4n+2:4n]分别对 EINT(n+8)进行设置，n 取值范围是 7～0 EINT15～EINT8 中断请求信号触发方式选择同上 位[4n+3]保留	0x0
EXTINT2	0x56000090	读/写	外中断控制寄存器 2 使用位[4n+2:4n]分别对 EINT(n+16)进行设置，n 取值范围是 7～0 EINT23～EINT16 中断请求信号触发方式选择同上 使用位[4n+3]分别对 EINT(n+16)进行滤波使能设置，n 取值范围是 7～0 0：禁止滤波　　1：使能滤波	0x0

表 C-2			外中断滤波控制寄存器及引脚配置	
相关寄存器	地　　址	读/写	描　　述	复位值
EINTFLT0	0x56000094	读/写	保留	—
EINTFLT1	0x56000098	读/写	保留	—

续表

相关寄存器	地 址	读/写	描 述	复位值
EINTFLT2	0x5600009C	读/写	外中断滤波控制寄存器 2，使用位[8n+7]分别对应 FLTCLK(n+16)的外中断 19～16 滤波器时钟选择，n 取值范围是 3～0； 0：PCLK 1：外部/振荡时钟（由 OM 引脚选择） 使用位[8n+6:8n]分别对应 EINTFLT (n+16)的外中断 19～16 宽度选择，n 取值范围是 3～0	0x0
EINTFLT3	0x560000A0	读/写	外中断滤波控制寄存器 3，使用位[8n+7]分别对应 FLTCLK(n+20)的外中断 23～20 滤波器时钟选择，n 取值范围是 3～0；0：PCLK 1：外部/振荡时钟（由 OM 引脚选择） 使用位[8n+6:8n]分别对应 EINTFLT (n+20)的外中断 23～20 宽度选择，n 取值范围是 3～0	0x0

表 C-3 外中断屏蔽寄存器及引脚配置

相关寄存器	地 址	读/写	描 述	复位值
EINTMAK	0x560000A4	读/写	使用位[23:4]分别对应 EINT23～EINT4 是否屏蔽对应的中断 0：允许中断 1：禁止中断 注意：EINT3～EINT0 不能在此被屏蔽，需在 SRCPND 中屏蔽	0x0

表 C-4 外中断挂起寄存器及引脚配置

相关寄存器	地 址	读/写	描 述	复位值
EINTPEND	0x560000A8	读/写	使用位[23:4]分别对 EINT23～EINT4 设置是否请求中断挂起 0：不请求挂起 1：请求挂起 注意：对某位写 1，则将相应标志位清 0	0x0

附录  通用状态寄存器

表 D-1 通用状态寄存器及引脚配置

相关寄存器	地　　址	读/写	描　　述	复位值
GSTATUS0	0x560000AC	只读	外部引脚状态寄存器 [3]: 引脚 nWAIT 的状态 [2]: 引脚 nCON 的状态 [1]: 引脚 R/nB 的状态 [0]: 引脚 nBATT_FLT 的状态	—
GSTATUS1	0x560000B0	只读	芯片 ID（标识）寄存器	0x32410000
GSTATUS2	0x560000B4	读/写	复位状态寄存器 [0]: 上电复位控制状态 PWRST，系统上电复位时该位置 1，对该位写 1 清 0 [1]: 掉电模式复位状态 OFFRST，系统从掉电模式唤醒后该位置 1，对该位写 1 清 0 [2]: 看门狗复位状态 WDTRST，由看门狗定时器置 1，对该位写 1 清 0	0x1
GSTATUS3	0x560000B8	读/写	信息保存寄存器，复位时被清 0，其他情况下数据不变	0x0
GSTATUS4	0x560000C0	读/写	信息保存寄存器，用法同上	0x0

参 考 文 献

[1] 夏靖波，王航，陈雅蓉. 嵌入式系统原理与开发（第 2 版）. 西安：西安电子科技大学出版社，2010.

[2] 田泽. 嵌入式系统开发与应用（第 2 版）. 北京：北京航空航天大学出版社，2010.

[3] 杜春蕾. ARM 体系结构与编程（第 2 版）. 北京：清华大学出版社，2015.

[4] 杨宗德. 嵌入式 ARM 系统原理与实例开发. 北京：北京大学出版社，2010.

[5] 邱铁. ARM 嵌入式系统结构与编程. 北京：清华大学出版社，2013.

[6] 周维虎. ARM 嵌入式系统设计与开发指南. 北京：中国电力出版社，2009.

[7] 周立功. ARM 嵌入式系统基础教程（第 2 版）. 北京：北京航空航天大学出版社，2008.

[8] 李驹光. ARM 应用系统开发详解：基于 S3C4510B 的系统设计. 北京：清华大学出版社，2006.

[9] 刘凯. ARM 嵌入式应用技术基础. 北京：清华大学出版社，2009.

[10] 徐英慧，马忠梅，王磊，王琳. ARM9 嵌入式系统设计——基于 S3C2410 与 Linux. 北京：北京航空航天大学出版社，2009.

[11] 张绮文，谢建雄，谢劲心. ARM 嵌入式常用模块与综合系统设计实例精讲. 北京：电子工业出版社，2007.

[12] 李庆诚. 嵌入式系统原理. 北京：北京航空航天大学出版社，2007.

[13] 孙天泽. 嵌入式 Linux 操作系统. 北京：人民邮电出版社，2009.

[14] 冼进. 嵌入式 Linux 应用开发详解. 北京：电子工业出版社，2007.

[15] 赵苍明. 嵌入式 Linux 应用开发教程. 北京：人民邮电出版社，2009.

[16] 韦东山. 嵌入式 Linux 应用开发完全手册. 北京：人民邮电出版社，2008.

[17] 张石. ARM 嵌入式系统教程. 北京：机械工业出版社. 2008.